高等学校教学用书

土木工程概论

（第 2 版）

胡长明　白茂瑞　主编

北　京
冶金工业出版社
2009

内 容 简 介

本书主要介绍建造各类工程项目的工程技术。其主要内容包括:勘察与"风水",土木工程材料,房屋建筑工程,公路工程,城市道路工程,铁路工程,桥梁工程,隧道及地下空间的开发与利用,水利工程,土木工程施工,计算机在土木工程中的应用,土木工程类科技论文的写作等。

本书可作为大专院校有关专业的教学用书,也可供冶金工业、建筑工业、建筑材料专业的科研技术人员阅读。

图书在版编目(CIP)数据

土木工程概论 / 胡长明,白茂瑞主编 . —2 版 . —北京:
冶金工业出版社,2009. 9
高等学校教学用书
ISBN 978-7-5024-4992-6

Ⅰ. 土… Ⅱ. ①胡… ②白… Ⅲ. 土木工程—高等
学校—教材 Ⅳ. TU

中国版本图书馆 CIP 数据核字(2009)第 126843 号

出 版 人 曹胜利
地 址 北京北河沿大街嵩祝院北巷 39 号,邮编 100009
电 话 (010)64027926 电子信箱 postmaster@ cnmip. com. cn
责任编辑 章秀珍 贾 玲 美术编辑 李 新 版式设计 张 青
责任校对 侯 珇 责任印制 牛晓波
ISBN 978-7-5024-4992-6
北京虎彩文化传播有限公司印刷;冶金工业出版社发行;各地新华书店经销
2005 年 6 月第 1 版,2009 年 9 月第 2 版,2009 年 9 月第 3 次印刷
787mm×1092mm 1/16;15 印张;402 千字;227 页;6001-8000 册
32. 00 元

冶金工业出版社发行部 电话:(010)64044283 传真:(010)64027893
冶金书店 地址:北京东四西大街 46 号(100711) 电话:(010)65289081
(本书如有印装质量问题,本社发行部负责退换)

第2版前言

　　土木工程专业既是一个老专业，又是一个不断革新和发展的新专业。土木工程技术几乎遍及各个领域，如城乡建筑工程、市政工程、铁路公路交通工程、水利工程、采矿工程、军事工程、各类地下工程、地下空间的开发利用等。我国在20世纪30年代就修建了跨越钱塘江的铁路公路双层大桥，修成了长度大于10km的铁路隧道，特别是在青藏高原上修建了高原冻土铁路隧道，露天采场剥离土石方层厚已达几百米，修建了纵、横贯山河大地的输油、输气管道，并修建了世界级的长江三峡水利水电工程。1998年我国建成了高88层、420.5m的上海金茂大厦，稍后又建成了高101层、492m的上海环球金融中心，英国、法国、日本修了海底隧道，我国也正在规划、勘察海底隧道。这些都是人们利用自然、造福人类的重大成果，是世界级的土木工程项目。这些工程的建设和建成得益于数学、力学理论的发展，也得益于工程材料、工程机械的进步和发展。

　　本书是《土木工程概论》第2版，作者在第1版的基础上又增加了3章，并对第1版的有些内容进行了增删。

　　本书由胡长明、白茂瑞主编；白茂瑞编写第7、8、10、11、12章，赵树德编写第1、5章，周雪峰编写第2章，胡长明编写第3、4、6、9章。本书由赵树德教授主审。本教材授课学时可为30学时左右。

　　本书可作为大专院校有关专业的教学用书。也可供冶金工业、建筑工业、建筑材料专业的科研技术人员阅读。

　　由于作者水平所限，不妥之处敬请读者批评指正。

作　者

2009年5月26日

第 1 版前言

土木工程(Civi Engineering)是指建造各类工程项目的工程技术,包括建造在地面以上、地下、水中的各类工程,其建造过程包括工程的勘测、设计、施工、经济、管理等方面,还包括建造材料、设备,建成以后的运行维护等方面的专业技术。

土木工程既是个古老的专业,又是在不断变革、更新、发展的专业,它的涵盖面很广,是一个大学科。时代的发展,体制、政策的变化,要求土木工程专业的毕业生基础扎实、知识面广、适应能力强。人类包括每个人对土木工程专业的认识必然是一个由浅入深、由此及彼、由表及里的过程。我们编写《土木工程概论》就是要从知识和学科的角度把土木工程专业的大学生领进门,再求发展。

《土木工程概论》一书由白茂瑞、胡长明主编;白茂瑞编写绪论,第6、7、8、9章;胡长明编写第1、2、4、5章;赵树德编写第3章。本书由赵树德教授主审。本教材授课学时可为30学时左右。

本书的编写得到西安建筑科技大学李慧民教授、刘晓君教授及李智令、梁森、吕新江等的大力支持,在此表示衷心感谢。

本书的不妥之处,敬请读者批评指正。

作　者

2005 年 5 月 16 日

目　　录

1 勘察与"风水"

1.1 勘 察 概 论

本节全名应该是工程地质(包括水文地质)勘察或勘测,勘察就是调查,对工程建设问题,要取得发言权,就得先调查。

1.1.1 勘察的目的和重要性

从事工程建设必须先了解拟建场地的自然环境,区域和场地的稳定性条件,工程地质和水文地质条件,岩土体在工程荷载作用下及工程活动条件下的稳定性、强度及变形规律。工程地质勘察的目的就是以各种手段和途径了解、掌握上述各方面的情况,在此基础上,再根据工程项目的特点和要求对拟建场地做出综合评价,提出对策及方案建议,作为工程设计和施工的基本依据。

工程地质勘察工作是做好设计和施工的前提,是国家基本建设程序中极重要的环节。必须先勘察、再设计、再施工。如果实际工作中违反了上述基本建设工作的基本工作程序,则设计、施工将是盲目的、冒险的、不安全的,势必造成巨大的浪费,这方面的教训是很多的,如1958年,更有甚者是"文革"中搞的一些工程,打着破除迷信的幌子,干着反科学的事情,有的工程后来被迫拆除,有的工程后来被迫搬迁,不但造成国家财产的巨大损失,也常造成人员伤亡。

1.1.2 岩土工程勘察等级的划分

所有工程都是在地壳表层岩、土层中开挖基坑,所以称为岩土工程,按传统的技术,工程材料主要是土、木,所以又称土木工程。社会越进步,科学越发展,工程规模越来越大,难度也越来越大,因而社会分工越来越细,学科分门别类也越来越细。

1.1.2.1　工程重要性等级的划分

一级:重要工程,破坏后果很严重,修复困难。

二级:一般工程,破坏后果严重,修复不容易。

三级:次要工程,破坏后果不严重,修复不难。

1.1.2.2　场地复杂程度等级划分

符合下列条件之一者为一级场地:

(1)对建筑抗震危险的地段;

(2)不良地质现象强烈发育;

(3)地质环境已经或可能受到强烈破坏;

(4)地形地貌复杂。

符合下列条件之一者为二级场地:

(1)对建筑抗震不利的地段;

（2）不良地质现象一般发育；

（3）地质环境已经或可能受到一般破坏；

（4）地形地貌较复杂。

符合下列条件之一者为三级场地：

（1）地震设防烈度不大于 6 度或对建筑物抗震有利的地段；

（2）不良地质现象不发育；

（3）地质环境基本未受破坏；

（4）地形地貌简单。

上述等级划分中对建筑的危险、不利、有利地段是指：

危险场地（地段）一般指地震时可能发生滑坡、崩塌、地陷和地裂；泥石流的场地均属危险场地（地段），还包括活动断裂带，可能的发震断层附近。

不利场地（地段）一般指软弱场地土、易液化土层、条状突出的山脊（梁）、高耸孤立的山丘、非岩质陡坡、采空区、可曲凸岸，岸边斜坡、地貌单元边界带、岩（土）性能不均匀的土层，如故河道、断层破碎带、暗埋的塘、浜、沟、谷及半挖半填的地基。

有利场地（地段）一般指开阔平坦的坚硬场地土及密实均匀的中硬场地土。

上述等级划分中"不良地质现象"是指滑坡、崩塌、岩体强风化、岩溶、土洞、采空区、地面塌陷、地裂缝、洪水及泥石流、冲沟、岸坡冲刷、强烈潜蚀、流沙、易液化地层、黄土湿陷、软黏土高灵敏度、膨胀土胀缩、冻胀及融陷等。

上述等级划分中"地质环境"指拟建场地的岩土工程地质性质、地形、地貌、地质构造、诱发地震、水文地质条件，物理地质现象（通常指不良地质现象）、地质物理环境（如地应力、地热等）、天然建筑材料、岩溶洞穴、地下采空区、地面沉降、塌陷、裂缝、土质污染等。

1.1.2.3　地基复杂程度等级划分

符合下列条件之一者为一级地基：

（1）岩土类型多、性质变化大，地下水对工程影响大，需要进行特殊处理的地基；

（2）多年冻土，湿陷、膨胀、盐渍、污染严重的特殊性岩土，其他情况复杂需要作专门处理的岩土。

符合下列条件之一者为二级地基：

（1）岩土类型较多，性质变化较大，地下水对工程有不利影响；

（2）一级地基中所列特殊性岩土以外的特殊性岩土。

符合下列条件者为三级地基：

（1）岩土类型简单，性质变化不大，地下水对工程无影响；

（2）无特殊性岩土。

1.1.2.4　岩土工程勘察等级划分

根据工程重要性等级、场地复杂程度等级和地基复杂程度等级，可按下列条件划分岩土工程勘察等级。见《建筑地基基础设计规范》（GB150007—2002）。

甲级　在工程重要性、场地复杂程度和地基复杂程度等级中，有一项或多项为一级；

乙级　除勘察等级为甲级和丙级以外的勘察项目；

丙级　工程重要性、场地复杂程度和地基复杂程度等级均为三级。

建筑在岩质地基上的一级工程，当场地复杂程度等级和地基复杂程度等级均为三级时，岩土工程勘察等级可定为乙级。

1.1.3 工程地质勘察的阶段及任务

1.1.3.1 选址勘察及可行性研究

根据国家政治、经济、文化、国防等方面的需要,做出规划,确定项目之后,就要选择地址,进行勘察。选址勘察首先要符合总体规划和布局的要求,也要有一个大致的地理范围倾向。

在选址勘察中的主要任务是:

(1)收集倾向区域的区域地质、地形地貌、地层、岩性、不良地质现象,地下埋藏物,地质构造、地震地质、新构造运动、水文地质等资料及当地的建筑经验。

(2)在收集和分析资料的基础上,通过对倾向场地的现象踏勘,也包括访问、查阅地方志,了解和分析判断场地地貌、不良地质现象、地层成因、基本岩性、地下埋藏物、地质构造、地震、新构造运动、地下水状况等工程地质、水文地质条件。

(3)对于拟选场地,根据需要进行必要的工程地质测绘及必要的勘探工作。拟选场地应避开以下地段或地区,如不良地质现象发育或正在发育,对拟选场地有直接的或潜在的危害;地基岩土性能严重不良,对建筑物抗震有危险;洪水、泥石流及地下水对地基有严重不良影响;有地下文物、矿产或有采空区、不稳定的岩溶区等。

(4)对拟选场地所在区域的稳定性做出评价,对影响场地取舍的主要工程地质及水文地质及其他条件做出评价,并拟选场地的取舍做出评价,评价内容除技术问题之外,还应包括技术经济分析。

上述分析和评价工作也称为可行性研究。

对拟选场地进行可行性研究评价时,除上述内容之外,还应该注意下列问题:

(1)当地的基础设施,通常称为三通条件,即通路、通水、通电等是否满足工程需要。

(2)当地的科技协作环境状况。

(3)项目的安全、隐蔽条件,包括项目本身的安全及该项目是否危害其他方面的安全。

(4)当地的工农业生产状况及供应条件。

(5)城市规划及气象环境。

(6)当地的水资源情况,包括水量和水源。

(7)项目建成后对环境的污染、防治及保护。

(8)占用耕地情况。

上述(6)、(7)、(8)三项,当前尤其显得重要。

1.1.3.2 初步勘察

在选址及可行性研究确定地址后,进行初步勘察,以确定建筑、结构、地基、基础、施工的技术方案及估计技术经济状况。

初勘阶段的工作任务是:

(1)了解可行性研究报告,收集工程场地的地貌图及有关工程的初步资料,如工程性质及规模等。当地质条件复杂时应进行工程地质测绘和勘探工作。

(2)初步查明工程场地的地质构造、地层构造、岩土的物理、力学、水理性质等。

(3)初步查明工程场地的不良地质现象的成因、分布范围、发展趋势及对场地稳定性的危害程度,研究场地的地震效应及新构造运动对场地稳定性的影响。

(4)初步查明地下水的类型、埋藏条件、地下水位及变动、补给及排泄条件,场冻结深度、冻胀及融沉,了解水质情况及对人员健康及对建筑材料的腐蚀,对环境污染的影响。

1.1.3.3 详细勘察

详细勘察的目的是为建筑物的地基、基础设计、地基的改良与处理、不良地质现象危害的防治等方面提供足够的、定量的、可靠的岩土技术资料,要对地基的稳定性及承载力做出评价,对地基、基础的具体方案提出建议和论证。

在详细勘察之前,应取得下列资料:

(1)附有坐标及地形资料的建筑物总平面布置图。

(2)各建筑物的地面整平标高,建筑物的性质、规模、结构特点,可能采用的基础形式、尺寸、预计埋置深度。

(3)有特殊要求的地基、基础设计及施工方案。

详细勘察阶段的工作任务是:

(1)查明建筑物范围内的岩土类别、地层构造及其厚度、坡度;岩土的物理、力学、水理性质;确定地基的承载力和变形特征并预测沉降。对深基础如桩基,要提出(确定)桩基承载力,提出桩形、桩形尺寸、桩距、排列方式、桩长等基本参数。

(2)查明建筑物范围内不良地质现象的类型、成因、分布、发展趋势及危险程度,提出防治工程设计与施工所需要的技术数据。

(3)查明地下水的埋藏条件、水位变化、渗流情况、岩土地层的透水性,必要时提出降水设计方案及有关参数。

(4)查明场地内水质、土质污染情况及对建筑材料的侵蚀情况。查明地下水在施工及生产过程中可能发生的变化及对建筑物的影响并提出防治措施。

(5)对深基础开挖应提供稳定性计算和支护设计所需的岩土技术参数;论证和评价基坑开挖、降低地下水等对邻近工程的影响。

(6)判断场地的地震效应、易液化地层情况等。

1.1.3.4 施工勘察

在工程开工以后的施工过程中,遇到下列情况时应进行施工(补充)勘察:

(1)对重要建筑物的地基,需要在施工中开挖基槽后进行检验核实。

(2)工程地质、水文地质条件复杂,在施工开挖后出现与勘察报告不相符的情况,如地层构造、分布及性质,新构造运动迹象,洞穴、夹层、污染土、地下水异常等,需进一步查明和论证。

(3)修改地基、基础设计,需配合设计,施工单位研究地基处理与加固或在现场研究处理复杂问题。

(4)在地基处理及深基坑开挖过程中,需要进行检验和监测,测试工作。

(5)在重大建筑物施工中发现岩洞及土洞发育。在施工过程中出现边坡失稳、地基事故,需要进行观测和处理。

1.1.4 工程地质勘察与设计、施工的关系

勘察、设计、施工三者之间的关系,既有基本建设工程程序问题,也有工作中的互相配合问题。三者之间的关系可见表1-1。

表1-1 勘察、设计、施工的关系

勘 察	设 计	施 工	工程经济
选址勘察及可行性研究	设计任务书		
初 勘	初步设计及招标	确定施工单位	概算

勘　察	设　计	施　工	工程经济
详　勘	技术设计	施工准备及 施工组织设计	修正概算
	施工图设计		施工预算
施工勘察	设计修改	进行施工及竣工验收	决　算

注：中小型工程可将初步设计和技术设计合并为扩大初步设计。

1.2　工程地质勘察方法

1.2.1　工程地质测绘与调查

进行现场踏勘、工程地质测绘和调查，收集各种有关资料，为评价场地工程地质条件及确定勘探工作内容提供依据。对建筑物场地的稳定性研究提供依据是工程地质测绘与调查的重点内容。

在选址勘察阶段，应收集拟选场地的地形地貌，地层及成因、年代、接触关系、风化状况、物理、力学性质、地质构造类型、产状及分布，不良地质现象，新构造运动，水文及水文地质、地下埋藏物（如矿产、文物、古墓、洞穴等），当地的建筑经验、教训，工程活动可能带来的影响等各方面的资料。除勘察外，进行工程地质测绘是收集资料、补充现有资料不足，核实资料数据的主要手段，是在不开挖、不钻孔的情况下获得资料的方法。

地质情况调查包括访问老人、查阅地方志书，寻找和察看古代留下来的地震、水文标志等，从调查访问中能够得到反映当地实际情况的资料，如确定当地的百年洪水位，常通过调查访问的方式获得。

对于大型、超大型岩土工程，涉及范围大，情况复杂，可利用遥感（遥远感应）技术进行测绘和勘察。遥感技术是用飞机、人造卫星，在复杂的地壳范围内，迅速地把研究对象或现象单独拍摄下来，并能在光谱中把可见光的不同波段所反映的现象特征显示在照片上，这样就能够提供各种物质或现象的特殊性的信息。判断这些航空照片或卫星照片，称为照片地质学。利用遥感技术可以测绘地形地貌，地质构造、地层岩性、不良地质现象，地下埋藏物、新构造运动现象、水文及水文地质情况等，也可以利用遥感技术找矿、考古、探查地热、监测环境污染及生态环境变化等。

1.2.2　坑（井）探

坑（井）探也称掘探，这是在场地上开探坑或探井。探坑（井）的平面形状通常为矩形或圆形，平面尺寸大小以便于操作为准，探坑的平面尺寸大小也和深度有关。探坑（井）的深度视地层构造、土质及地下水位而定。当探坑（井）的平面尺寸较大并较深时，应注意坑（井）壁的支撑和加固，确保安全。开挖坑（井）后，可直接观察地层构造、产状、厚度及土的颜色、湿度、颗粒、密实度、软硬、包含物等土性特征，还可以直接发现地下水位、洞穴存在情况等。在坑（井）壁上直接取土样，进行室内试验，得到定量数据，也可以在探坑底进行原位（现场）试验，如荷载试验、现场剪切试验，十字板剪切试验，无侧限抗压强度试验。

坑（井）探不需要专门的机具，以手工方式便可施工。但深度不能太大，只能在地下水位以上进行。

如果不取土样，只需对地层构造、厚度及土的外观物理性质作定性描述，尤其需要探测地下洞穴时,可使用洛阳铲进行,这种方式称为孔探。洛阳铲是清代嘉庆年间(19世纪初)在洛阳民间出现的一种打制的铁器,当地称为搡铲。当时可能用探(盗)墓,新中国成立后用于考古和基本建筑勘探。因为这种工具首先出现在洛阳的基本建设工地上,用来探查古墓葬,故1954年正式定名为洛阳铲。现在的洛阳铲铲头部分是一个长约17~20cm,横断面为大半圆形(直径6.5~7.0cm),下端带环形刀刃的铁器,铲头上部连着一段带套圈的铁把,在套圈内装上木杆,约2.0m长,木杆上端带小孔,可以拴绳子。使用时靠人力和重力插入土中,土塞进大半圆形的铲头中,拔出洛阳铲,将土带到地面上进行观察和描述。如有地下洞穴、古墓,很容易发现,当然,也发现土中的草根、树皮、碎砖瓦、虫壳、软硬夹层等杂质,一经发现,可利用洛阳铲探测边界的深度,最大探测深度可达10m以上,适用于地下水位以上的地层勘探工作。

1.2.3 钻探

钻探需要专门的钻机。通过钻探可以鉴别与划分土层,也可取土样,作室内试验取得土的物理、力学指标,还可以在钻孔中进行原位试验,如声波速测试,旁压仪测试和十字板剪切仪试验等。

钻机可以在地下水位以上及以下工作。钻机类型很多,有手动的小钻,也有大直径的钻机,钻孔直径可达1~2m或更大。钻孔深度不等,最大可达几百米。在建筑工程钻探中常用的钻机是SH-30型及其改进型,用油压或电动机作动力,钻孔深度可达30m。可以用回转和冲击两种方式钻进。这类钻机对黏性土、砂类土、砾石、卵石地层都适用。所以这类钻机在建筑工程中和路桥工程中得到了广泛应用。

在钻探中如仅需取出扰动土用以鉴别土层、厚度及特征时,这种钻孔称为鉴别孔。如钻到不同深度,需在钻头上接装薄壁取土器,用压入法或冲击法沉入地层中取出土样,进行室内试验,这种钻孔称为技术孔。通常,技术孔要在钻孔总数中占有一定的比例。钻孔的深度依勘察阶段和工程地质条件和探孔性质由勘察规范给出,见当前应用的岩土工程勘察规范。

1.2.4 触探

触探分为静力触探和动力触探,属原位测试。

静力触探是通过机械或液压传动方法(静压力)将装在触探杆上的触探头(单桥或双桥)压入土中,受到土的阻力时,触探头上的电阻应变片能够反映出电阻值的变化,通过电阻应变仪测得数据。根据已建立的电阻值变化——探头阻力——土性指标之间的关系,测得土性指标,比如地层承载力,压缩模量等。

动力触探是使用一定重量的穿心锤,自一定高度自由落下,再用锤击的办法将带有触探头的贯入器入土中一定深度,根据锤击次数的多少判断各层土的性质。根据动力触探设备情况,主要是锤重、落距、触探仪构造,可分为轻型、中型、重型、标准贯入,特重型动力触探仪。标准贯入试验(SPT)得到了广泛应用。

标准贯入试验的操作要点是:先用钻机钻孔至试验土层标高以上15cm处,避免试验土层受扰动。标贯试验设备和重型动力试验设备大同小异。标贯试验穿心锤重63.5kg,自由落距76cm,将贯入器竖直打入土中15cm,不计击数,然后将贯入器继续打入土中,记下每打入土中30cm的锤击数N',因为触探杆较长,在孔中会有摩擦,消耗能量,所以上述所得平均击数还得进行杆长修正$N = \alpha N'$,修正表见岩土工程勘察规范。因为标准贯入试验全世界都统一标准,所以击数N不带脚标。根据N与土的物理、力学指标的经验、统计关系,得到相关的常用的物理力学指标。

常用的还有轻型动力触探,先用小钻机钻孔至试验土层顶面,穿心锤重10kg,自由落距50cm,竖直打入30cm,记下锤击数,以N_{10}表示。轻型动力触探通常只适用于深度4.0m以内的一般黏性土和素填土,粉细砂,用于浅基础勘察。根据N_{10}与土的物理、力学指标的经验、统计关系,得到相关的常用的物理、力学指标。

1.2.5 现场试验

现场试验也称原位试验。原位(现场)试验类型也很多,如静力触探、动力触探、荷载试验、旁压仪试验、十字板剪切试验、现场大型剪切试验、现场孔隙水压力测试、现场波速测试、现场地应力测试、现场抽(注)水试验等。静力、动力触探试验已讲过,这里讲的是荷载试验和十字板剪切试验。

1.2.5.1 荷载试验

试验装置如图1-1所示。现场荷载试验的目的是确定地基承载力和变形模量并预测沉降。现场荷载试验是在现场,开挖试坑,试坑底面标高与基础底面标高一致,试坑平面尺寸应使之大于试验承压板宽度(方形板)或直径(圆形板)的三倍或更大,以避免坑周土体承压板下地基变形的限制影响。在试坑中心部位通过承(传)压板对地基施加垂直荷载,承压板要有足够的刚度,保证均匀传力。测出承压板所受压力即地基所受压力p与地基下沉量S,图1-1中观测地基沉降用的基准梁应避开试坑沉降的影响。根据计算公式得到地基的变形模量,用于预测地基沉降。根据荷载试验数据绘制出$p-S$曲线(p是横坐标,S是纵坐标),可以确定地基的承载力。

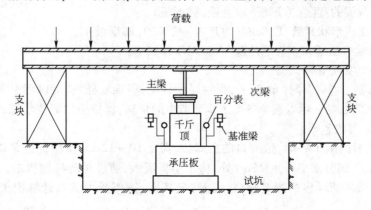

图1-1 荷载试验装置

现场荷载装置图1-1中的主梁、次梁要有足够的刚度,千斤顶向上顶不动,反作用力就通过承压板作用在地基上。当用上部堆载方式加荷时,支块起安全作用。也可不在上部堆载,而在主梁、支梁两端设置地锚,如用桩作地锚,此时,要求地锚有足够的抗拔力,主梁、次梁有更大的刚度。地基荷载试验也可以不在顶部堆载,也不用地锚,也不用主梁、次梁,而用斜撑式加荷结构,斜撑的底部放在千斤顶上的垫块上,两根斜撑杆撑到试坑的坑壁上,千斤顶加荷时,通过斜撑由试坑壁提供反力,此时试坑应开挖深一些或应在试坑上部地面上堆载,以保证提供足够的反力,此时试坑壁上产生被动土压力。

荷载试验的承压板常用厚钢板、钢筋砼厚板或矮墩。承压板面积通常为$2500 \sim 5000\text{cm}^2$,硬土、密实土可以小些,松软土大些,甚至更大。

加荷时应注意分级加荷,一级荷载约为$10 \sim 25\text{kPa}$。第一级加荷约为坑底原来的自重应力。试验所加的总荷载应逼近地基土的极限荷载。每一级加荷后,要观测沉降和沉降速率,当百分表读数小于 0.1mm/h,则可加下一级荷载,依次类推。

在不断地分级加荷、试验观测过程中,当发现承压板周围地面有坑挤出、隆起、裂缝现象时,或当沉降急剧增大(沉降曲线陡降),或荷载不变,沉降在 24h 内几乎等速沉降,或沉降量已达到 $S/b \geqslant 0.06 \sim 0.08$($b$ 为荷载板宽度或直径),或试验加荷已等于设计承载力的两倍时,试验应当终止(正常的或不正常的即试验还未完成)。

根据试验过程和读数,绘出 p-S 曲线,如图 1-2 所示,p 代表地基所受的压力(kPa),S 代表地基沉降(m·m),若 p-S 曲线如图 1-2 中的(1)曲线,它有明显的线性段末尾的折点,则该折点对应的荷载就称为地基承载力。如 p-S 曲线如图 1-2 中的(3)曲线,它没有折点,则取 $S/b = 0.015 \sim 0.02$ 对应的荷载作为地基承载力。

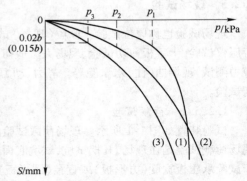

图 1-2　荷载试验的 p-S 曲线

地基承载力确定之后,还要预估地基沉降,必须用到地基变形模量 E_0,按下式计算:

$$E_0 = \frac{1-\mu^2}{S_1} p_1 bW$$

式中　μ——土的泊松比;

p_1、S_1——p-S 曲线线性段末尾折点对应的压力 p 和沉降量 S;

b——荷载板的宽度(方形板)或直径(圆形板);

W——承压板形状系数,取 0.88(方形板)或 0.79(圆形板)。

现场荷载试验方法适用于天然地基、人工地基和桩基。

1.2.5.2　十字板剪切试验

对于饱和软黏土,其内摩擦角 $\phi \to 0$,很容易受扰动,很难取样,就可以用十字板剪切仪在现场(原位)测其抗剪强度。可以避免各个工作环节中的扰动,保持土的原位状态,如天然含水量、结构状态、天然应力状态等。

十字板是横断面呈十字形,带刃口的金属板,高度 10 ~ 12cm,转动直径 5.0 ~ 7.5cm,试验时先用钻机钻孔至试验土层以上 75cm 处,将十字板沉入,通过对转杆加扭矩,十字板转动,在土体中切出一个圆柱形(包括侧面和顶、底面)破坏面,按照受力关系计算出土的不排水抗剪强度:

$$S = \frac{2M}{\pi D^2 (H + D/3)}$$

式中　H、D——十字板的高度和转动直径;

M——剪切破坏时的扭力矩。

因为饱和软黏土 $\phi \to 0$,所以本质上 $S = C$(土的黏(内)聚力)。软黏土表层有一个硬壳层,强度较高,要注意利用。硬壳层以下,S 随深度呈线性增加。

1.2.6　地球物理勘探

地球物理勘探简称物探。它兼有勘探和测试的功能,它是通过测量地球物理场的变化来测定深处工程地质、水文地质状况。所谓地球物理场是指存在于地球表层的具有物理作用的空间。组成地壳物质在重力、波速、电场、磁场、放射性等方面的特性存在着差异,凭借仪器对上述物理量进行测试,以一种间接的方法为工程地质勘探服务。

根据地球物理场特征,物探的种类很多,如重力法、波速法、电场法、磁场法、放射性法等。在工程勘探中常用波速法,测试中的波是地震波(用爆破法形成)或声波,二者的主要区别是声波的频率远高于地震波。

地球物理勘探方法主要用于找矿、找石油、研究大地构造、地震情况等。在工程地质、水文地质中的应用是其一个方面。

1.2.7　室内试验

在勘察工作中,除了现场(原位)试验外,还要取大量的试样作室内试验。室内试验的项目通常包括:作颗粒分析、矿化分析、测颗粒密度、天然重度,天然含水量,液限及塑限含水量,相对密实度、渗透系数、压缩系数、击实试验、抗剪强度特征、进行水质分析、单向及三向抗压强度试验、黄土湿陷性试验、膨胀土冻土试验及相应的计算等,每一种试验的操作要求参见土工试验方法标准(规程)。

1.2.8　试验资料整理

不论现场(原位)试验,还是室内试验,都要整理试验资料,由此得出相应的结论或发现问题。由于岩土材料的不均匀性、地质史上的多变性与复杂性,也由于采样、运输、制备过程中的扰动,试验设备、试验方法、试验操作等存在的误差,都对试验结果有影响,所以试验结果具有离散性和误差,有的误差是可以避免的,有的误差是不可避免的,我们对事物的本质特征和过程特征在认识上(所用理论本身)也存在误差。对于大量的具有不同离散特性和误差程度的试验结果,需要用概率统计的方法整理资料,判断测试结果的可靠性程度,得到合理的数据结果。

概率论与数理统计简称概率与统计,是大学一、二年级的一门正式课程,这是高等数学的一个分支,希望大家一定要学好,非常有用。

1.3　专门(业)勘察工作

所谓专门(业)勘察工作,和基本建设有关的有以下若干种:

(1)城市规划和工业、民用建筑工程地质勘察。

(2)道路和桥梁工程地质勘察。

(3)水利水电工程地质勘察。

(4)地建筑工程地质勘察。

(5)线路、机场场道工程地质勘察。

(6)核电站工程地质勘察。

(7)天然建筑材料工程地质勘察。

(8)海洋工程的工程地质勘察。

1.4　勘察报告书与应用

1.4.1　勘察报告书的内容编写

根据岩土工程勘察的任务书,经过工作,其成果要用报告书及附录、附图、附表的形式表达。勘察报告书的内容如下:

(1)前言。前言中包括:任务委托单位、承担单位、拟建场地概况(包括相对地理位置、交通条件、水文及气象环境等)、勘察的目的、要求与任务,已有资料的说明、勘察工作时间及日期等。

(2)拟建工程概述。

(3)勘察方法和勘察工作量布置。这部分内容包括:勘察工作布置原则,掘探(坑、井、孔探)和钻探方法说明,取土器规格及取样方法说明,取样质量评估,现场或原位试验及测试的种类、仪器和试验、测试方法说明、资料整理方法说明、试验、测试成果质量评估、室内试验项目、试验方法、资料整理方法说明、试验成果的质量评估。

(4)场地条件。场地条件包括地形地貌、地质构造、岩土物理、力学性质、地下水埋藏、运动、补给、排泄状况、水质分析、土的深度、不良地质现象、地震设防烈度、新构造运动表现、地基承载力及变形特征等。

(5)场地稳定性和适宜性评价。

(6)岩土技术参数的分析与选用。

(7)岩土利用、整治、改造方案及论证,包括开挖方案、降水方案、支护方案、基础工程方案和地基处理方案等。

(8)工程施工和使用期间可能发生的岩土工程问题的预测及监控,关于防治问题的建议。

(9)对勘察任务书中提出的问题和实际工作中发现的问题做出明确的回答。

(10)说明运用勘察报告书应该注意的事项及对今后应该进行的岩土工程方面的工作提出建议。

上述(5)、(6)、(7)、(8)各项称为岩土工程的分析与评价。关于岩土物理、力学指标得到有两种方式:一种是由试验中直接测得;另一种是通过反分析法,这是一种间接方式。反分析法就是通过实测变形,反求作用力及力学参数,即通过实测结果的定量化,反求原因的定量化。例如通过建筑物和地面沉降观测,反求岩土变形参数,再推求地下水过量开采而引起的地面沉降。通过实测挡土墙位移,反求土压力和锚杆锚固力;通过现场抽水试验,反求土的渗透系数。通过实测地基的失稳变形或边坡滑动,反求土的抗剪强度等。

不论哪种方式得到的物理、力学指标都有明显的离散性,整理资料时都要应用概率统计方法分析其误差,得出在一定可靠度条件下各指标的分布范围(置信限)。为安全计,常取偏于安全的数值,有时取平均值。

1.4.2　勘察报告的图件

勘察报告书必有一些附录、附图、附表,它包括:

(1)勘探孔平面布置图。

(2)工程地质柱状剖面图(探孔剖面图)和工程地质剖面图,即沿勘探线把若干探孔剖面图连在一块。

(3)现场试验和室内试验成果总表。

1.4.3　单项报告

(1)岩土工程验槽报告。

(2)岩土工程测试报告及沉降观测及监测报告。

(3)岩土工程事故调查和分析报告,如建筑物倾斜及纠偏。

(4)场地地震液化及地震反应报告。

1.5 "风水"概说

1.5.1 "风水"探源

"风水"这个词对于大学生来说,虽不陌生,但也只是听说而已,真正了解得不多。从传言来看,它带有浓厚的迷信色彩,无非是潜在的祸与福。是的,风水的传言中带有迷信色彩,但这些不是风水概念本身的东西,是封建文人加给它的糟粕,封建文人、资产阶级甚至打着研究周易的幌子贩卖黑货,有的唯利是图,甚至打着现代科技的旗号,骗人敛财,他们都利用了人们趋利避害的心理。所以对于风水,首先需要清原正本的工作。科学和迷信是不相容的。

什么是风水呢?风水就是环境。风水是民俗学中的大事情。在风水的本义中包括地貌、地质、水文、气象、风向、朝向、区域民俗等。民俗学是广义的文化形态,风水也是一种广义的文化,广义的文化受到哲学的影响。

风水,古称堪舆,按许慎注《淮南子》:堪舆即天道、地道即上懂天文,下懂地质、地理。后来堪舆演变为风水,还是天上、地下的意思。"所谓风者,取其山势之藏纳,土色之坚厚,不冲冒四面之风。"气体的运动为风,气是构成自然万物的基本要素,气有阴、阳之分,民间在风水选择时(阳宅即生前居住的房屋、阴宅即坟墓,古代迷信,认为人死后还有灵魂存在。阴宅又扩展为庙宇、宗祠。)极为重要,认为蕴藏山水之气,聚气是理想的选择。"所谓水者,取其地势之高燥,无使水近夫亲肤而已,若水势屈曲而又环向之,就是风水好"。"水者,地之气血,如筋脉之通流者也。""风水之法,得水为上,藏风次之。"

在中国的古代哲学中,在风水理论(学说)中,"天人合一"是一个重要命题,既是一个概念,也是一个成语。这个概念产生于先秦时代——西周时代,到西汉时董仲舒才提出这一概念。作为一个概念,"天人合一"文字极短,外延极窄,内涵极广,所以要正确理解它,不容易。在哲学界,有唯物主义的解释,更有唯心主义的解释。所以我们不能只看名词,要看清了论者对天人合一内涵的解释和应用,才能判断是与非,才不容易上当。相对而言,汉代哲学家王充、宋代哲学家张载(陕西凤翔府眉县人)对天人合一的解释是偏重于唯物主义的。以后明代王夫之(船山),清代戴震对天人合一的解释又有唯物主义的发展。

五行学说又是风水理论中的重要概念。"五"指五种物质(金、木、水、火、土)、五个方位(东、西、南、北、中)、五类气候(与五个方位相对应)、五种颜色(红、黄、蓝、白、黑)。"行"指它们互相有联系且是运动变化的。物质是第一性的,所以是朴素的唯物主义。中华民族有五千多年的历史,前四千年中华民族的政治、经济、文化中心即中央政权(首都)大都在黄河流域,西安及其附近地区,所以以该地区为中;以东,气候温暖,植被发育原野呈青蓝色,故以木称东方,春天,青蓝色;以西,气候温凉,内陆干燥,土色灰白,肥沃如脂,故以金称西方,秋天,白色;以南,气候炎热多雨,植被茂盛,土壤呈红色,故以火称南方,夏天,红色;以北,气候寒冷,甚至滴水成冰,是黑土地,故以水称北方,冬天,黑色;再说中,气候适宜,长夏黄土遍地,故以黄土称为中央,四季和长夏,黄色。北京故宫西侧中山公园社稷坛的五色土就是国土五色的缩影。

中国的五行思想又与阴阳八卦相联系,五行和八卦原本是两个不同的系统,初期都带有朴素的唯物主义色彩,到了战国时期二者合流,用循环变化的观点又被设置在罗盘(有如地质罗盘,内容更多),演变成一种宇宙模式,用以推演自然和社会的变化、判断吉凶祸福。这一步,在演变过程中,风水先生加进了许多唯心主义的黑货。前面提到宇宙模式,什么是宇宙呢?古往今来谓之宙,四方上下谓之宇。宙是时间,宇是空间,在时间方面,一年有春、夏、秋、冬四季,十二个月,每天有十二时辰(天干地支中的地支);在空间方面有东、西、南、北,四面八方,天地上下左右前后称六合。春季称东方,夏季称南方,秋季称西方,冬季称北方,把时间的四季和空间的四方配合起来,成为时空合一,宇宙一体的图式。后来又将许多事物类比为四时四方,形成了一个普遍的万物时空合一的模式,在此基础上建立了一个普遍宇宙体系理论。在这个过程中有许多唯心主义的东西,牵强附会。什么是八卦呢? 分先天八卦和后天八卦,先天八卦是用以明理,其排法乾南、坤北、离东、坎西、震东北、兑东南、巽西南、艮西北。后天八卦用以推气,它的排法是震在东方为春为木,离在南方为夏为火,兑在西方为秋为金,坎在北方为冬为水,八卦中的四卦与四季、四方、五行相配合。虽然先、后八卦有区别,但目的相同,都是想探究自然规律,一些人又主张天人合一,认为自然界的规律和社会规律是相同的,这是唯心主义的结论。古代天人合一是不发达的农业社会靠天吃饭的产物,人以土为本,以水为命,顺天时,因地利、靠人和把天、地、人看作一个统一的整体。古代自然科学、科学技术不发达,人世间的事则更复杂,要认清自然和社会的发展、变化规律谈何容易,人的认识受文化、阶层、世界观、环境、社会等多方面影响,要取得认识上的统一又谈何容易,甚至根本不可能。在某些方面如环境保护、荒漠化、环境污染等,人与自然界作些类比,甚至牵强附会些。这种情况是存在的,在这种情况下,也只有在这种情况下,说天人合一还可以。但是现代人对天人合一作了太多的解释,相当广泛,需要首先弄清天人合一这一命题、概念的本意,再弄清天人合一的演绎和不同时代,不同历史阶段的解释和应用。当然,现代人的解释和应用,也算天人合一这一命题、概念的一个演绎阶段吧。

1.5.2 "风水"理论的应用

1.5.2.1 找龙脉

在中华民族的文化里,龙象征吉祥、尊严、权力。什么是龙呢? 从古到今,从故宫到地方,在庆典和装饰、工艺制作中如何表现龙呢? 龙和许多动物似像非像,似是而非,实际上龙是中华民族在多年的积累演变中虚构组合的一种图腾标识,代表着一种民族文化。什么是龙脉呢? 古书上说龙脉即山脉,指山为龙,像形势之腾伏,山之绵延走向之脉,有来龙去脉的成语,推究原委,又说地脉之行止起伏曰龙,山乃地脉行止起伏的外形,亦即生气的来源。好的风水应有旺龙远脉,山势要奔驰远赴,首尾相顾,屈曲生动。祖山有耸拔之势,山要有屏障之势,行度要有起伏曲折之势。这里没有迷信,是讲地形地貌,再加上一些象征性的意义。风水先生加上祸福吉凶的判断和推测,判断祸福吉凶是为了演绎故事赚(骗)钱。没有自然的山,也要造一座假山,如北京故宫北门外的景山。

1.5.2.2 识土性——察砂

风水术语砂指主山周围的小山或丘陵,反映着山的群体概念,龙为君道,砂为臣道。砂以其所处的位置可分为侍奉砂、卫砂、护砂、迎砂、案砂、朝砂、水口砂。水口砂乃风水围合的关键即水流去处两岸之山,称天门地户,极为重要,既要险要,又须至美。

1.5.2.3 观水——水要抱

风水理论认为吉地不可无水,相风水须观山形,亦须察水势,风水之法,得水为上,未看山时先看水,有山无水休寻地。讲究水的功用利害与其形势、质量的关系。认为水与生态环境即所谓地气、生气息息相关。认为山水之血脉乃为水,水者地之气血,喻水为血脉财气,如筋脉之流通也,故曰水具材也,水飞走则生气散,水融注则内气聚。现代科学已证明:水土质量与当地人民健康,地方病甚至生存条件密切相关。许多地方病是怪病,老百姓称它为水土病。

水为风水看重,还在于和水利、水害有关,包括交通便利和以水设险便利。风水家重水也和与水有关的地质灾害有关,以崩塌、滑坡、泥石流为例,它对人们造成的灾害很大,仅次于地震。

又以河曲处建宅,古代就在(陕宅、汭宅)不祥之说。如广东韶关就在两条河流交汇的凹岸处。

风水理论看重水也和景观作用和人们的审美观念有关。《诗经》中有许多篇反映了中国的这种文化传统。人们崇尚、赞美并欣赏自然之美,寄托着天人合一的想法即想求得人与自然的和谐共存精神。大山堂堂为众山之主,山以水为血脉,以草木为毛发。水随山而行,山界水而止,界分其域,止其逾越,聚其气而施耳,所谓金城环抱。山主静,水主动,山为阴,水为阳,山水交会,动静相济,阴阳合和,乃为情之所钟处。

1.5.2.4　点穴

犹如人身之穴位,取义至精。点穴方法须权衡龙、砂、水,穴者,山水相交,阴阳融凝,情之所钟处也。选穴的关键在于内气萌生,外气成形,内外相乘,风水自成。穴是城市规划,城市定位的基点,称点穴,在大格局中称区穴,穴的中(核)心称明堂,权衡龙、砂、水,择定明堂及穴位,以罗盘后对来龙(即大山,主山),前向案山(小山、矮山),组织明堂的中轴线,南向为正,居中为尊,四至山水环抱。穴位和明堂确定之后还要挖探井(称金井)验土,以定虚实。

1.5.2.5　定向

龙、砂、水、穴等自然条件及其相互关系确定后,要确定城市的位向。风水思想认为面南靠北为吉向,背山面水,坐北朝南,左青龙,右白虎,龙抬头,虎低头,明堂如龟盖,南水环抱如弓,如北京天安门前的金水河。

阳宅(房屋,院落)、庙宇、宗祠,阴宅(坟墓,前面引述古文中,有些就引自《葬经》)再大至城市,小区规划都可以参考风水理论,以期把工作做得更好。这里没有迷信,没有神鬼,没有唯心主义,没有不可知论,如安徽省某地肺癌病人特别多,为什么呢?查明地下断裂带交汇切割,从裂缝里冒出大量的氡气,使百姓受害肺癌病很多。怎么办呢?改变城市规划,加大建筑物间距,加强通风,情况就好多了。是实实在在的科学知识,学问及工程应用。这就是风水理论中的合理部分,至于风水理论中的迷信、鬼神等糟粕部分,本应剔除,因为它无用有害。

1.5.3　"风水"举例

1.5.3.1　古都西安(长安)及附近地区的风水

西安是我国首批公布的历史文化名城之一,西安在陕西关中,古称长安,历史悠久,文化灿烂。这属于城市规划和发展,是中国历史上时间最长的古都城,选址时一定要看风水。所谓关中是指宝鸡至潼关这八百里秦川(春秋、战国时这里属秦国),西安居中,东有函谷关,西有大散关,南有武关,北有萧关,故名关中。关中四周皆有山川险隘作天然屏障,具有很强的独立性和封闭性。由关中东可联络中原,西通千陇河西,南越秦岭,可抵巴蜀江汉,北邻黄土高原,可进出阴山南北,长城内外,在军事上极为重要。

关中不但有关山带河之险,而且有沃野千里之富,作为母亲河的黄河,位于南北东西,又有泾、渭、浐、沣等八水绕长安,直奔黄河,犹如条条血脉、筋脉之流通,气候适中,提供了充沛的水源,滋润农业富庶,交通发达,文化发展,自古以来有天府的美誉。

刘邦时曾想定都洛阳,娄敬、张良却力谏建都关中,说秦地被山带河,四塞以为固。卒然有急,百万之众可具。因秦之故,资甚美膏腴之地。此所谓天府。张良称关中西安为金城千里,天府之国。

唐朝安史之乱过后,当时唐代宗曾想迁都洛阳,大将郭子仪劝阻说,臣闻雍州之地,古称天府。右控陇蜀,左扼崤函,前有终南,太华之险,后有清渭、浊河之固;神明之奥,王者所都。地方数千里,带甲十余万。兵强士勇,雄视八方。有利则出攻,无利则入守,此用武之国非诸夏所同。秦汉因之,卒成帝业。

1.5.3.2　清代帝陵选址与风水

清帝陵分为东陵、西陵。东陵在河北省遵化县,西陵在河北省易县。帝陵选址一定要看风水。葬者,藏也,无风、蚁、水三者侵体之害。所谓风者,取其山势之藏纳,土色之坚厚,不冲冒四面之风。所谓水者,取其地势之高燥,无使水近夫亲肤。皇帝的遗骸要和大地山川相佩相称以达到永存常在。陵寝营造应与山川浑然一体。穴就是放置棺椁的位置,南为正向,这是整个陵寝建造布局的核心,是中轴线,对帝王来讲,这关系到国(帝)运盛衰的大事。所谓龙脉就是山脉或来脉,来龙,要求山势不宜孤峰独秀,最好主山(龙)背后还有少祖山、祖山等几层,来脉要峰峦高峙耸拔,端正尊贵,如屏如帐(障),东陵的主山是昌端山,一峰掛易,状如华盖,后龙灵山自太行逶迤而来。西陵的祖山则阴山,主山太宁山重峦突出。来龙左右必有起伏的小山——砂,亦称左右护砂或龙、虎砂山,对穴区形成环抱、拱卫、辅弼的形势。土壤的质地、色泽、含水情况也须检验。水法也很重要,风水中讲究得水为上。在风水中讲相土尝水,水有好的味道即水质要好,这和陵区绿化、环境关系密切,还要防止水害,不浸泡,不冲刷。穴区四至尤其前面要有相当的面积,所谓福厚之地、雍容不迫,明堂要平坦宽畅。陵寝以风水为重,荫护以树木为先,树木繁茂,草木郁盛,生气相随,树木绿化对景观效果起很大作用。

1.5.3.3　陕西岐山公庙的风水

首先弄清周公是谁? 为什么要给他修庙? 周公即西周初年政治家,姓姬名旦,周文王的第四个儿子,周武王的弟弟,因封地在当时的周(今陕西岐山县以北),所以称周公。帮助武王伐纣,灭殷商,建立西周,武王死后,成王年幼,由周公摄政,当兄弟势力联合东部势力谋反叛乱时,他出师东征,平定反叛。大规模分封诸侯,营建东都洛阳。相传周公制作礼乐,建立典章制度(见《尚书》)。周公是古代一位杰出的政治家和思想家,开创了中国古代政治制度,在思想、文化方面,建树颇多。被后世的孔、孟奉为元圣。后世对周公更多的是褒扬,是纪念。唐初唐高祖李渊下令修了周公祠,宋代的皇帝又封周公为文宪王,他的祠堂就称为庙了。

岐山县城西北十五里(7.5km)处的凤凰山谷,"有卷者阿(注意阿读音。卷者曲也,阿者大陵也。),飘风自南。"周公庙就坐落在这里。凤凰鸣矣,于彼高岗,梧桐生矣,于彼朝阳,这里是风水宝地。此地背靠凤凰山。北高南低,东、西、北三面环山,南与平地相接,开阔宽敞,呈反凹字形,温和的熏风从南面吹进,站在凤凰山顶,周公庙一带的山形地貌一目了然。神奇的凤凰山东西横亘,向北是望不到尽头的山脉,向南是缓降的山坡,远处与渭北高原连为一体,万顷良田。东西两道山梁像张开的双臂,将周公庙抱在怀中,这里还是甲骨文的重要遗迹和发掘地。周公庙所在地卷阿山环泉涌,属山前洪积扇与山体间的裂隙泉水,五泉涌流,泉深丈余,水深尺余。君臣借泉涌一唱一和,名曰:润德泉。这里还有仰韶文化遗址。周公庙中轴线明确,各建造景点配置寓意深刻,形成了背子抱孙的有趣格局。周公庙周围黄土中夹红色,这是丹穴之山,丹穴出五色土,是凤凰留下的踪迹。周公庙内古木参天,汉槐唐柏傲指苍穹,生气勃勃。

从龙、砂、水、穴来看,周公庙确是风水宝地,以纪念我们中华民族一位伟大的先人。

2 土木工程材料

土木工程材料是指土木工程中使用的各种材料和制品,它是土木工程的物质基础。土木工程材料的品种繁多、作用和功能各异。材料按功能分类,一般分为结构材料(承受荷载作用)和非结构材料,非结构材料有围护材料、防水材料、装饰材料、保温隔热材料等。材料按来源分类,可分为天然材料和人造材料。材料按组成的物质和化学成分分类,分为无机材料、有机材料和复合材料三大类,每大类又有更细的类别,具体的如表2-1所示。

表2-1 建筑材料按化学成分分类

分 类			实 例
无机材料	金属材料	黑色金属	生铁、非合金钢、合金钢
		有色金属	铝、铜及合金
	非金属材料	天然石材	毛石、料石、石板材、碎石、砂
		烧土制品	烧结砖、瓦、陶瓷
		玻璃及熔融制品	玻璃、玻璃棉岩棉
		胶凝材料	气硬性石灰、石膏、水玻璃
			水硬性、各类水泥
		混凝土类	砂浆、混凝土、硅酸盐制品
有机材料	植物质材料		木板、竹板、植物纤维
	合成高分子材料		塑料、橡胶、胶粘剂
	沥青材料		石油沥青、沥青制品
复合材料	金属-非金属材料		钢筋混凝土、钢纤维混凝土
	非金属-有机复合		沥青混凝土、聚合物混凝土、水泥刨花板
	金属与有机材料复合		PVC钢板、有机涂层铝合金板等

2.1 砌体材料

2.1.1 砖

砖是一种砌筑材料,有着悠久的历史。制砖材料容易取得,生产工艺比较简单,价格低,体积小,便于组合,所以至今仍然广泛地用于墙体、基础、柱等砌筑工程中。但是由于生产传统黏土砖毁田取土量大、能耗大、砖自重大、施工中劳动强度高、工效低,因此有必要逐步改革并用新型材料取而代之。如推广使用利用工业废料制成的砖,这不仅可以减少环境污染,保护农田,而且可以节省大量燃料煤。我国的一些大城市已禁止在建筑物中使用黏土砖。

砖按照生产工艺分为烧结砖和非烧结砖;按所用原材料分为黏土砖、页岩砖、煤矸石砖、粉煤灰砖、炉渣砖和灰砂砖等;按有无孔洞分为实心砖、多孔砖、空心砖。

常用的工业废料有：粉煤灰、煤矸石等，它们的化学成分与黏土相近，但因其颗粒细度不及黏土，故可塑性较差，制砖时常需掺入一定量的黏土或水泥，以增加其可塑性。

标准砖的规格为 240mm×240mm×53mm。不同的砖的尺寸不同（见图 2-1）。砖根据其抗压强度分为 MU30、MU25、MU20、MU15 和 MU10 五个强度等级。

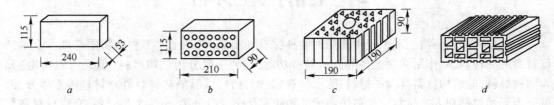

图 2-1　部分地区砖的规格（mm）
a—烧结普通砖；b—P 型多孔砖；c—M 型多孔砖；d—空心砖

近年来，国内外都在研制非烧结砖。非烧结黏土砖是利用不合适种田的山泥、废土、砂等，加入少量的水泥或石灰作固结剂及微量外加剂和适量水混合搅拌压制成型，自然养护或蒸养一定时间即成。如：江西建材研究院研制成功的红壤土、石灰非烧结砖；深圳市建筑科学中心研制成功的水泥、石灰、黏土非烧结空心砖；日本用土壤、水泥和 EER 液混合搅拌压制成型，自然风干而成的 EER 非烧结砖等。可见，非烧结砖是一种有发展前途的新型材料。

2.1.2　砌块

砌块是另一种砌筑材料。目前使用的砌块品种很多，其分类方法也不同。按砌块特征分类，可分为实心砌块和空心砌块两种。凡平行于砌块承重面的面积小于毛截面的 75% 者属于空心砌块，等于或大于 75% 者属于实心砌块。空心砌块的空心率一般为 30% ~50%。按生产砌块的原材料不同分类，可分为混凝土砌块和硅酸盐砌块。

混凝土砌块是由水泥、水、砂、石按一定比例配合，经搅拌、成型和养护而成。砌块的主规格为 390mm×190mm×190mm，配以 3 ~4 种辅助规格，即可组成墙用砌块基本系列。混凝土砌块是由可塑的混凝土加工而成，其形状、大小可随设计要求不同而改变，因此它既是一种墙体材料，又是一种多用途的新型建筑材料。混凝土砌块的强度可通过混凝土的配合比和改变砌块的孔洞而在较大幅度内得到调整，因此，可用作承重墙体和非承重的填充墙体。混凝土砌块自重较实心黏土砖轻，地震荷载较小，砌块有空洞便于浇筑配筋芯柱，能提高建筑物的延性。混凝土砌块的绝热、隔音、防火、耐久性等大体与黏土砖相同，能满足一般建筑的要求。

加气混凝土砌块是用钙质材料（如水泥、石灰）、硅质材料（粉煤灰、石英砂、粒化高炉矿渣等）和加气剂作为原料，经混合搅拌、浇筑发泡、坯体静停与切割后，再经蒸压养护而成。加气混凝土砌块具有表观密度小、保温性能好及可加工等优点，一般在建筑物中主要用作非承重墙体的隔墙。

此外，还有石膏砌块。具有轻质、绝热吸气、不燃、可锯可钉、生产工艺简单、成本低等优点，多用作内隔墙。

2.1.3　砂浆

砂浆是由胶凝材料、细骨料和水等材料按适当比例配合而成的。细骨料多用天然砂。胶凝材料有水泥、石灰、石膏。按胶凝材料的不同，砂浆可分为水泥砂浆、石灰砂浆和混合砂浆。混合砂浆有水泥石灰砂浆、水泥黏土砂浆和石灰黏土砂浆等。砂浆的强度是以边长为 7.07cm 的立方体按标准条件养护 28 天的抗压强度确定的。

2.1.3.1 砌筑砂浆

用于砖石砌体的砂浆称为砌筑砂浆。起着黏结砖石和传递荷载的作用,因此是砌体的重要组成部分。普通水泥、矿渣水泥、火山灰质水泥等常用品种的水泥都可以用来配制砌筑砂浆。有时为改善砂浆的和易性和节约水泥还常掺入适量的石灰或黏土膏浆而制成混合砂浆:

(1)水泥砂浆又称刚性砂浆。这种砂浆强度高、耐久,但流动性差。适用于对强度要求高的砌体。

(2)混合砂浆在水泥砂浆中掺入塑化剂(石灰、石膏、黏土等)就可配制成混合砂浆。其中水泥石灰砂浆的强度高、和易性好,适用于砌筑墙、柱等砌体。

(3)石灰砂浆、黏土砂浆、石膏砂浆。它们不含水泥,又称为柔性砂浆。这类砂浆强度低、耐久性差,适用于简易及临时性砌体工程。

2.1.3.2 抹面砂浆

凡涂抹在建筑物或土木工程构件表面的砂浆,可统称为抹面砂浆。根据其功能的不同,可分为普通抹面砂浆、装饰砂浆、防水砂浆和具有某些特殊功能的抹面砂浆(如绝热、耐酸、防射线砂浆)等。

(1)普通抹面砂浆。其功能是保护结构主体免遭各种侵害,提高结构的耐久性,改善结构的外观。常用的普通抹面砂浆有石灰砂浆、水泥砂浆、水泥混合砂浆、麻刀石灰浆或纸筋石灰浆。

(2)装饰砂浆。涂抹在建筑物内外墙表面,能具有美观装饰效果的抹面砂浆称为装饰砂浆。要选用具有一定颜色的胶凝材料和骨料以及采用某种特殊的操作工艺,使表面呈现出各种不同的色彩、线条与花纹等装饰效果。装饰砂浆所采用的胶凝材料有普通水泥、矿渣水泥、火山灰质水泥、白水泥、彩色水泥或是在常用水泥中掺加某些耐碱矿物颜料配成的彩色水泥以及石灰、石膏等。骨料常采用大理石、花岗石等带颜色的细石碴或玻璃、陶瓷碎粒等。

(3)防水砂浆。用于防水层的砂浆称为防水砂浆。可以用普通水泥砂浆来制作,也可以在水泥砂浆中掺入防水剂来提高砂浆的抗渗能力。

(4)其他特种砂浆。采用水泥、石灰、石膏等胶凝材料与膨胀珍珠岩砂,膨胀蛭石或陶粒砂等轻质多孔骨料,按一定比例配制的砂浆称为绝热砂浆。绝热砂浆具有质轻和良好的绝热性能等特点。一般绝热砂浆是由轻质多孔骨料制成的,都具有吸声性能。在水泥浆中掺入重晶石粉和砂,可配制成有防 X 射线能力的砂浆;如在水泥浆中掺加硼砂、硼酸等可配制有抗中子辐射能力的砂浆。此类防射线砂浆应用于射线防护工程中。

2.1.4 砂

砂是组成混凝土和砂浆的主要材料之一,在土木工程中用量是很大的。砂一般分为天然砂和人工砂两类。由自然条件作用(主要是岩石风化)而形成的,粒径在 3mm 以下的岩石颗粒,称为天然砂。按其产源不同,天然砂可分为河砂、海砂和山砂。山砂表面粗糙,颗粒多棱角,与水泥黏结较好。但山砂含泥量和有机杂质含量较高,使用时应进行质量检验。海砂和河砂表面圆滑,与水泥的黏结较差。另外,海砂含盐分较多,对混凝土和砂浆有不利的影响;河砂较为洁净,故应用广泛。应该注意到乱挖河砂也是会对环境造成破坏的。

砂的粗细程度是指不同粒径的砂粒混合在一起的平均粗细程度,通常有粗砂、中砂和细砂之分。配制混凝土时,应优先选用中砂。砌筑砂浆可用粗砂或中砂,由于砂浆层较薄,对砂子最大粒径应有所限制。对于毛石砌体所用的砂,最大粒径应小于砂浆层厚度的 1/4 ~ 1/5。对于砖砌体以使用中砂为宜,粒径不得大于 2.5mm。对于光滑的抹面及勾缝的砂浆则应采用细砂。

2.1.5　石

采自天然岩石,经过加工或未加工的石材,统称为天然石材。天然石材是最古老的土木工程材料之一。由于天然石材具有很高的抗压强度,良好的耐磨性和耐久性;经加工后富有装饰性;资源分布广,蕴藏量丰富;便于就地取材,生产成本低等优点,是古今土木工程中修建城垣、桥梁、房屋、道路及水利工程的主要材料,也是现代土木工程的主要装饰材料之一。石可以分为毛石、料石、饰面石材和色石碴。

石子分为碎石和卵石。由天然岩石或卵石经破碎、筛分而得到的粒径大于 5mm 的岩石颗粒,称为碎石或碎卵石。岩石是由于自然条件作用而形成的,粒径大于 5mm 的颗粒,称为卵石。

2.1.6　石灰

石灰生产工艺简单,成本低廉,是在土木工程中使用较早的矿物胶凝材料之一。石灰的主要成分是氧化钙,又称为生石灰。由以碳酸钙为主要成分的石灰石煅烧而成。石灰只能在空气中硬化并保持其强度,故又称为气硬性胶凝材料。

工程上使用石灰时,通常将生石灰加水,使之消解成消石灰(氢氧化钙),这个过程称为石灰的“消化”,又称为“熟化”。生石灰在化灰池中熟化后,通过筛网流入储灰坑。石灰浆在储灰坑中沉淀并除去上层水分后称为石灰膏。在水泥砂浆中掺入石灰浆,使其可塑性显著提高。

石灰的用途很广。将熟化好的石灰膏加水搅拌稀释,成为石灰乳,是一种廉价易得的涂料,主要用于内墙和天棚刷白。石灰砂浆是将石灰膏、砂加水拌制而成,可用于砌体工程和抹面工程。石灰土(石灰 + 黏土)和三合土(石灰 + 黏土 + 砂石或炉渣、碎砖等填料)可作为垫层材料,可用于基础工程。石灰与各种含硅原料可配制各种硅酸盐制品,如硅酸盐砌块、灰砂砖(具有足够的抗冻性)等。

2.1.7　石膏

石膏是以硫酸钙为主要成分的气硬性胶凝材料,以天然二水石膏矿石或含有二水石膏的化工副产品和废渣为原料。常用品种有:建筑石膏、高强石膏、粉刷石膏以及无水石膏水泥、高温煅烧石膏等。

建筑石膏具有很好的防火性能、隔热性能和吸音性能,还具有良好的装饰性和可加工性。硬化后具有很强的吸湿性,耐水性和抗冻性较差,不宜使用在潮湿部位。高强石膏硬化后具有较高密实度和强度,使用于强度要求较高的抹灰工程、装饰制品和石膏板。粉刷石膏是以建筑石膏和其他石膏(硬石膏或煅烧黏土质石膏)添加缓凝剂和辅料(石灰、烧结土、氧化铁红等)的一种抹灰材料,可以现拌现用,适用范围广泛。无水石膏水泥主要用作石膏板或其他制品,也可用于室内抹灰。

石膏制品具有轻质、新颖、美观、廉价等优点,但强度较低、耐水性能差。为了提高石膏的强度及耐水性,近年来我国科研工作者先后研制成功多种石膏外加剂,给石膏的应用提供了更广阔的前景。

2.2　钢和铝合金

2.2.1　钢

钢是土木工程中应用量最大的金属材料,广泛应用于铁路、桥梁、建筑工程等各种结构工程中。用于工程结构的钢材,除了钢板外,还有各种型钢:有等边和不等边的角钢以及槽钢和工字钢等,有时还生产有宽翼缘的工字钢(H 型钢)(见图 2-2)。

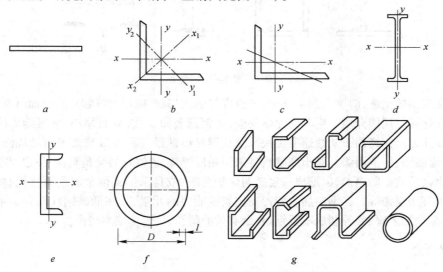

图 2-2 型钢类型

a—扁钢;b—等边角钢;c—不等边角钢;d—工字钢

e—槽钢;f—钢管;g—薄壁型钢

钢的分类主要与钢所含的成分和冶炼、加工方法有关。钢按其化学成分分为两大类:

(1)碳素钢。含碳量小于 2.11% 的铁碳合金称为碳素钢。碳素钢分为含碳量小于 0.25% 的低碳钢,含碳量在 0.25% ~ 0.6% 之间的中碳钢和含碳量大于 0.6% 的高碳钢。随着钢中含碳量的提高,钢的强度增大,但其可焊性和塑性降低。

根据国家标准《碳素结构钢》(GB/T 700—1998)的规定,钢的牌号由代表屈服点的字母 Q、屈服点数值、质量等级符号、脱氧方法等四个部分按顺序组成。其中,屈服点数值共分为 195MPa、215MPa、235MPa、255MPa 和 275MPa 五种;质量等级以硫、磷等杂质含量由多到少,分别由 A、B、C、D 符号表示;脱氧方法以 F 代表沸腾钢、b 代表半镇静钢、Z 代表镇静钢、TZ 代表特殊镇静钢,Z 和 TZ 在钢的牌号中予以省略。一般而言,碳素结构钢的牌号数值越大,含碳量越高,其强度和硬度也就越高,但塑性和韧性降低。Q235 是土木建筑工程中应用范围最广的碳素钢。

(2)合金钢。在普通碳素钢的基础上,添加一种或多种具有改善钢材性能的合金元素而制得的钢种,称为合金钢。合金元素一般有硅、锰、铬、镍和钒等数种。根据合金元素含量的高低可分为低合金钢、中合金钢和高合金钢。

钢结构的连接方法有焊接、铆接和螺栓连接(见图 2-3)。铆接因费料费工,现已不常用,但因铆钉连接的塑性和韧性比焊缝连接传力均匀可靠,且质量检查方便,所以对经常承受动力荷载的重要结构,如铁路、桥梁等,仍采用铆接。利用钢板及各种型钢通过连接可组成各种形状的截面。图 2-4 所示为用钢板焊接组成的工字形截面和箱形截面等。

图 2-3 钢结构的连接方法

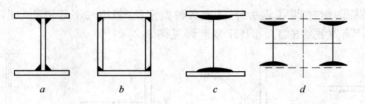

图 2-4　焊接组成截面

钢材在潮湿的土壤,湿度大的空气中,工业废气中或与酸、碱、盐接触时,其表面就要被腐蚀,即表面被氧化或与周围介质产生其他化学反应,使钢筋表面变质,截面缩小,承载能力降低或完全丧失承载能力。在高温下锈蚀速度更快。防止钢材锈蚀最常见的方法是表面处理法,即表面刷漆,刷一道底漆、一道面漆。对于薄壁钢材采用热浸镀锌,或镀锌后涂塑料涂层;也可在钢材表面均匀喷涂黏性液态防腐油,以形成一层透明保护薄膜;或是采用其他金属层覆盖钢材表面,如用电镀和喷镀法覆盖等。在钢中加入能提高抗腐蚀能力的元素,如在低碳钢或低合金钢中加入铜,在铁合金中加入镍、铬等制成不锈钢,是最有效的防锈方法,但成本较高。

2.2.2　铝合金

在纯铝中加入铜、镁、锰、锌、硅、铬等合金元素就成为铝合金。铝合金由于一般力学性能明显提高并仍然保持铝质量轻的固有特性,因此,使用价值也大为提高。

铝合金有防锈铝合金(LF)、硬铝合金(LY)、超硬铝合金(LC)、锻铝合金(LD)及铸铝合金(LZ)。铝合金由于延伸性好,硬度低,可锯可刨,可通过热轧、冷轧、冲压、挤压、弯曲、卷边等加工,制成不同尺寸、形状和截面的板、管、棒及各种型材和铝箔。目前,我国各地所产铝及铝合金材料已构成较完整的系列。使用时可按需要和要求参考有关手册和产品目录,对铝及铝合金的品种和规格,做出合理选择。

常用的铝合金品种有:铝合金门窗、铝合金装饰板及吊顶、铝箔等。我国目前铝的产量不多,但铝矿储量极为丰富。随着国民经济建设的迅速发展,铝及铝合金产量会大幅度的提高,铝在土木工程中的应用也会越来越普及。

2.3　混　凝　土

2.3.1　水泥

水泥是一种良好的无机胶凝材料。水泥浆体不但能在空气中硬化,还能很好地在水中硬化,保持并继续增长其强度,故水泥属于水硬性胶凝材料。水泥是土木工程的重要材料之一,是制造混凝土、钢筋混凝土、预应力混凝土构件最基本的组成材料。

水泥按其用途及性能分为三类:通用水泥、专用水泥、特种水泥。水泥按其主要水硬性物质名称分为:硅酸盐水泥、铝酸盐水泥、硫铝酸盐水泥、氟铝酸盐水泥、磷酸盐水泥,以火山灰质或潜在水硬性材料及其他活性材料为主要组分的水泥。工程中最常用的是硅酸盐系水泥(硅酸盐水泥、普通硅酸盐水泥、矿渣硅酸盐水泥、火山灰水泥、粉煤灰硅酸盐水泥、矿渣硅酸盐水泥和复合硅酸盐水泥等),而就水泥的性质而言,硅酸盐水泥是最基本的。

(1)硅酸盐水泥。硅酸盐水泥由硅酸钙(硅酸二钙、硅酸三钙)、铝酸三钙和铁铝酸四钙及少量游离氧化钙和游离氧化镁等组成。以上四种主要成分与水作用时表现出不同特性,因此根据以上四种成分在水泥中所占比例的不同,可以配制不同特性的水泥。如要配制快硬高强水泥,可适当提高硅酸三钙的含量;如要配制水化热低的低热水泥,可降低铝酸三钙和硅酸三钙的含量,而提高硅酸二钙的含量。但水化放热对一般建筑物的冬季施工则是有利的。

硅酸盐水泥强度较高,常用于重要结构配制高强度混凝土,适合于要求凝结快,早期强度高,冬季施工及反复冻融的工程,不适合具有流动的软水、有压力作用的工程和海水及矿物水作用的工程。由于其在水化过程中放热量大,故也不适用于大体积混凝土工程。

水泥品种的选择可根据混凝土工程的特点和所处的环境、温度及施工条件等因素可参见表2-2进行选择。

表 2-2　常用水泥品种选用参考表

序号	工程特点或所处环境条件	优先选用	可以选用	不得使用
1	一般地上土建工程	普通硅酸盐水泥 复合硅酸盐水泥	矿渣硅酸盐水泥	火山灰质硅酸盐水泥
2	在气候干热地区施工的工程	普通硅酸盐水泥	矿渣硅酸盐水泥	火山灰质硅酸盐水泥 高铝水泥
3	大体积混凝土工程	矿渣硅酸盐水泥	火山灰质硅酸盐水泥	普通硅酸盐水泥 高铝水泥
4	地下、水下混凝土工程	火山灰质硅酸盐水泥 矿渣硅酸盐水泥、抗硫酸盐硅酸盐水泥	普通硅酸盐水泥	
5	在严寒地区施工的工程	高强度等级普通硅酸盐水泥、快硬硅酸盐水泥、特快硬硅酸盐水泥	矿渣硅酸盐水泥 高铝水泥	火山灰质硅酸盐水泥 矿渣硅酸盐水泥
6	严寒地区水位升降范围内混凝土工程	高强度等级普通硅酸盐水泥、快硬硅酸盐水泥、特快硬硅酸盐水泥、抗硫酸盐硅酸盐水泥	高铝水泥	火山灰质硅酸盐水泥 矿渣硅酸盐水泥
7	早期强度要求较高的工程(≤C30混凝土)	高强度等级普通硅酸盐水泥、快硬硅酸盐水泥、特快硬硅酸盐水泥	高强度等级水泥 高铝水泥	火山灰质硅酸盐水泥 矿渣硅酸盐水泥 复合硅酸盐水泥
8	大于C50的高强度混凝土工程	高强度等级水泥、浇筑水泥、无收缩	高强度等级普通硅酸盐水泥、快硬硅酸盐水泥、特快硬硅酸盐水泥	火山灰质硅酸盐水泥 矿渣硅酸盐水泥 复合硅酸盐水泥
9	耐酸防腐蚀工程	水玻璃耐酸水泥	硫磺耐酸胶结料	耐铵聚合物胶凝材料
10	耐火混凝土工程	低钙铝酸盐耐火水泥	矿渣硅酸盐水泥 高铝水泥	普通硅酸盐水泥
11	保温隔热工程	矿渣硅酸盐水泥 普通硅酸盐水泥	低钙铝酸盐耐火水泥	
12	装饰工程	白色硅酸盐水泥 彩色硅酸盐水泥	普通硅酸盐水泥 火山灰质硅酸盐水泥	

注:各种结构构件所需的水泥品种,一般不在图纸上注明,有特殊要求时需注明。

（2）特种水泥。特种水泥是根据建筑工程的不同要求生产的具有不同特性的水泥，如快硬水泥、白色水泥、膨胀水泥、铝酸盐水泥等。快硬硅酸盐水泥具有快凝、快硬、微膨胀、不收缩的特点，宜用于紧急抢修、地下防渗、浇筑装配式构件的接头和管道接缝等，适用于桥梁、隧道、涵洞、机场跑道堵漏及冬季施工等工程。膨胀水泥一般用于浇筑机座和地脚螺栓；修补和堵塞裂缝和漏洞；浇筑构件和管道接头以及用于地下建筑物喷射防水层等。

2.3.2　混凝土

混凝土（简写为砼）是当代最主要的土木工程材料之一。它是由水泥、水、砂、石按一定比例混合，经过搅拌、浇筑成形、凝固硬化形成的人造石材。混凝土具有原料丰富，价格低廉，生产工艺简单的特点，因而其使用量越来越大；同时混凝土还具有抗压强度高，耐久性好，强度等级范围宽，使用范围十分广泛，不仅在各种土木工程中使用，在造船业、机械工业、海洋开发等中，也被广泛的使用。

按照表观密度，混凝土可分为重混凝土（表观密度大于 $2600kg/m^3$ 又称为防辐射混凝土）、普通混凝土（表观密度 $2100 \sim 2500kg/m^3$）和轻混凝土（表观密度小于 $1900kg/m^3$），土木工程中常用的是普通混凝土。按所用胶结材料可分为水泥混凝土、沥青混凝土、树脂混凝土、石膏混凝土、水玻璃混凝土和聚合物混凝土等，其中水泥混凝土是最常用的混凝土。按用途可分为结构混凝土、防水混凝土、道路混凝土、大体积混凝土、防辐射混凝土、耐热混凝土、耐酸混凝土和膨胀混凝土等。按生产和施工方法可分为泵送混凝土、喷射混凝土、碾压混凝土、离心混凝土、压力灌浆混凝土以及纤维混凝土等。按照混凝土强度等级可分为低强度混凝土、高强度混凝土和超高强度混凝土。

为了克服混凝土抗拉强度低的缺陷，将水泥混凝土与其他材料复合，出现了钢筋混凝土，预应力混凝土，各种纤维增强混凝土及聚合物浸渍混凝土等。

2.3.2.1　普通混凝土

普通混凝土，简称为混凝土。其基本组成材料是水泥、水、砂及石子。砂、石的总含量占混凝土总体积的 80% 以上，填充于水泥浆中，并不与水泥浆发生化学反应，主要起骨架作用，故称为混凝土的骨料，砂子称为细骨料，石子称为粗骨料。在混凝土的拌合物中，水泥和水组成水泥浆，包裹砂、石骨料的表面，并填充骨料的空隙。水泥浆在砂、石骨料中起润滑作用，使拌合物具有良好的工作性。当水泥浆凝结硬化形成水泥石后，可将砂石骨料牢固地黏结在一起，成为具有一定强度的人造石材。现代混凝土技术把外加剂和掺和料作为混凝土的第五组分和第六组分，它们的作用主要是改善和提高混凝土的某些性能。普通混凝土的结构如图 2-5 所示。

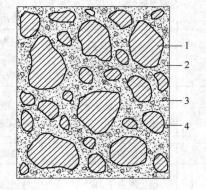

图 2-5　混凝土的结构
1—石子；2—砂子；3—水泥浆；4—气孔

2.3.2.2　特种混凝土

（1）轻骨料混凝土。用轻质粗骨料、轻质细骨料（或普通砂）、水泥和水配制而成的，其表观密度不大于 $1950kg/m^3$ 的混凝土称为轻骨料混凝土。强度等级和密度等级是轻骨料混凝土的两个重要指标。强度等级的确定方法与普通混凝土相似。按其用途分为保温轻骨料混凝土、结构保温轻骨料混凝土和结构轻骨料混凝土等三类。具有优良的保温性能。由于轻骨料具有较多孔隙，故其热导率小。

（2）纤维增强混凝土。纤维增强混凝土是由不连续的短纤维均匀地分散于水泥混凝土基材中形成的复合混凝土材料，可以克服混凝土抗拉强度低、抗裂性能差、脆性大的缺点。在纤维增强混凝土中，韧性及抗拉强度较高的短纤维均匀分布于混凝土中，纤维与水泥浆基材的黏结比较牢固，纤维间相互交叉和牵制，形成了遍布结构全体的纤维网，因此纤维增强混凝土的抗拉、抗弯、抗裂、抗疲劳、抗振及抗冲击能力得以显著改善。

（3）聚合物混凝土。聚合物混凝土是用有机聚合物作为组成材料的混凝土，分为聚合物浸渍混凝土（PIC）、聚合物水泥混凝土（PCC）和聚合物胶结混凝土（PC）等三种。

（4）碾压混凝土。碾压混凝土中水泥和水的用量较普通混凝土显著减少，有时还大量掺入工业废渣。碾压混凝土水灰比小，以及用碾压设备压实，施工效率高。碾压混凝土路面的总造价可比水泥混凝土路面降低 10% ~20%。碾压混凝土在道路或机场工程中是十分可靠的路面或路面基层材料，在水利工程中是抗渗性和抗冻性良好的筑坝材料，也是各种大体积混凝土工程的良好材料。

（5）自密实混凝土。一般混凝土的成型密实主要靠机械振捣，这不仅劳动强度大，易出质量事故，并且所产生的噪声影响居民工作或生活，现在已经研制出有大流动度的混凝土，可自行密实到每一角落，硬化后有很高的强度。

除上述之外，还有抗渗能力强，抗冲、耐磨、抗蚀能力强的硅粉混凝土，已应用于龙羊峡水电站和葛洲坝水闸的修补工程；具有环保效益和经济效益的粉煤灰混凝土，在大体积混凝土、耐腐蚀混凝土、水工混凝土、碾压混凝土、防水混凝土、泵送混凝土、蒸养混凝土、高强混凝土结构中均有广泛的应用。

2.3.2.3 混凝土的和易性

和易性是指混凝土拌合物易于施工操作（拌合、运输、浇灌、捣实）并能获得质量均匀、成型密实混凝土的性能。和易性是一项综合的技术性质，主要包括流动性、黏聚性和保水性三方面的含义。

流动性是指混凝土拌合物在本身自重或施工机械振捣的作用下，能产生流动，并均匀密实的填满模板的性能。黏聚性是指混凝土拌合物在运输或浇筑过程中，其组成材料之间具有一定的黏聚力而不致产生分层和离析的性能。保水性是指混凝土拌合物在运输或浇筑过程中，具有一定的保水能力，不致产生严重的泌水现象的性能。

混凝土拌合物的流动性、黏聚性和保水性有其各自的内容，它们之间相互联系，但常存在矛盾。例如：黏聚性好的混凝土拌合物，其保水性往往也好，但流动性可能较差；反之，若流动性较好，黏聚性和保水性往往较差。因此，和易性就是这三方面性能在某种具体条件下矛盾统一的综合。

混凝土和易性的测定，普遍采用的方法是用坍落度来表示拌合物的流动性大小，并辅以直观经验来评定黏聚性和保水性。

影响混凝土拌合物和易性的因素有：

（1）水泥浆的数量（其含量以满足流动性要求为度）；

（2）水泥浆的稠度（根据混凝土强度和耐久性要求选用）；

（3）砂率（参照表 2-3 选用合理的数值）；

（4）其他影响因素，如水泥品种、外加剂的种类、时间和温度等。

2.3.2.4 混凝土外加剂

对于不同结构工程和不同施工条件，要求混凝土具有的特点也有所不同，一般是在混凝土中掺入外加剂，以改善混凝土的性能。外加剂能改善混凝土拌合物的和易性，能减少养护时间或缩短预制构件厂的蒸养时间,也可以使工地提早拆除模板,加快模板周转,还可以提早对预应力混凝土的钢筋放张、剪筋。总之,掺用外加剂可以加快施工进度,提高建设速度。目前混凝土的外加剂有:减水剂、加气剂、早强剂、速凝剂、缓凝剂、防冻剂、膨胀剂、泵送剂、塑化剂等。

表 2-3　混凝土的砂率(%)(JGJ 55—2000)

水灰比 (w/c)	卵石最大粒径/mm			碎石最大粒径/mm		
	10	20	40	16	20	40
0.40	26~32	25~31	24~30	30~35	29~34	27~32
0.50	30~35	29~34	28~33	33~38	32~37	30~35
0.60	33~38	32~37	31~36	36~41	35~40	33~38
0.70	36~41	35~40	34~39	39~44	38~43	36~41

注:1. 表中数值系中砂的选用砂率。对细砂或粗砂,可相应地减少或增加砂率;
　　2. 只用一个单粒级粗骨料配制混凝土时,砂率值应适当增加;
　　3. 对薄壁构件,砂率取偏大值。

2.3.2.5　混凝土的强度和强度等级

混凝土的强度包括抗压、抗拉、抗弯等强度。其中以抗压强度最大,故工程上混凝土主要承受压力。混凝土的抗压强度与其他强度间有一定相关性,可根据抗压强度的大小来估计其他强度值。立方体抗压强度是以边长 150mm 的立方体试件为标准试件。在标准养护条件下养护 28 天,测得其抗压强度,所测得抗压强度称为立方体抗压强度,以 f_{cu} 表示。混凝土的强度等级按立方体抗压强度标准值划分,通常分为 $C_{7.5}$、C_{10}、C_{15}、C_{20}、C_{25}、C_{30}、C_{35}、C_{40}、C_{45}、C_{50}、C_{55}、C_{60} 等多个强度等级。工程设计时,应根据建筑物的不同部位及承受荷载情况的不同,选取不同强度等级的混凝土。轴心抗压强度是用来在结构设计中混凝土受压构件的计算。因为混凝土是一种脆性材料,受拉时,只产生很小的变形就开裂,抗拉强度是确定混凝土抗裂度的重要指标。

2.3.2.6　钢筋混凝土、预应力混凝土

钢筋混凝土是指配置钢筋的混凝土。为克服混凝土抗拉强度的弱点,在其中合理地配置钢筋可充分发挥混凝土抗压强度高和钢筋抗拉强度高的特点,共同承受荷载并满足工程结构的需要。

预应力混凝土一般指预应力钢筋混凝土。通过张拉钢筋,产生预应力。采用此混凝土可以使制品或构件的抗裂度、刚度、耐久性都大大提高,减轻自重,节约材料等。预应力的产生,按施加预应力的顺序可分为先张法和后张法,具体的见本书第 9 章。

2.4　其他材料

2.4.1　木材

木材是一种历史悠久的建筑材料。木材具有轻质、高强,弹性、韧性好和低价格等优点,但我国森林资源缺乏,木材价格昂贵,一般的结构都不用木材。

木材是由树木加工而成的,树木又分为针叶树和阔叶树。针叶树的材质松软、纹理直、密度小、强度高、易加工,树干通直高大且耐腐蚀,是主要建筑用材,可用于承重结构和装饰材料。阔叶树通直部分较短,材质较硬、密度高、胀缩大、易变形、易开裂,其加工困难,常用于加工成较小尺寸的木料或制成胶合板,用于室内装饰和制作家具。

影响木材强度的主要因素有:含水率(是指木材中的含水量与干燥木材的质量分数。一般含水率高,强度较低),温度(温度高,强度降低),荷载作用时间(持续荷载时间长,强度下降)及木材的缺陷(木节、腐朽、裂纹、翘曲、病虫害等)。

2.4.2　防水材料

防水材料是土木工程中不可缺少的主要建筑材料之一。土木工程中很多部位都要用到防水材料,如房屋建筑的屋面、地下室防水、桥面防水、水利工程中的防水等。防水材料质量的优劣与建筑物、构筑物的使用寿命密切相关。

土木工程中常用的防水材料品种繁多,主要有:沥青防水材料、防水卷材、防水涂料、密封材料等。

(1)沥青。沥青是由复杂的高分子碳氢化合物和其他非金属(氧、硫、氮)衍生物组成的混合物。沥青按其自然界中获得的方式,可分为地沥青(包括天然地沥青和石油地沥青)和焦油沥青(包括煤沥青、木沥青、页岩沥青等)。这些类型的沥青在土木工程中最常用的主要是石油沥青和煤沥青,其次是天然沥青。沥青除用于道路工程外,还可以作为防水材料用于房屋建筑及用作一般土木工程的防腐材料等。

(2)防水卷材。防水卷材是可卷曲的片状防水材料。根据其主要防水组成材料可分为沥青防水卷材、聚合物改性沥青防水卷材和合成高分子防水卷材三大类。防水卷材分为三类:

1)石油沥青防水卷材。石油沥青纸胎油纸和油毡;其他胎体材料的油毡(如玻璃纤维布、合成纤维无纺布等)。

2)聚合物改性沥青防水卷材。APP 改性沥青油毡、SBS 改性沥青柔性油毡、铝箔塑胶油毡、沥青再生橡胶油毡。

3)合成高分子防水卷材。三元乙丙橡胶防水卷材、聚氯乙烯防水卷材、氯化聚乙烯防水卷材、氯化聚乙烯 – 橡胶共混防水卷材。

(3)防水涂料。防水涂料是将在常温下呈黏稠状的物质,涂布在基层表面,经溶剂或水分挥发,或各组分间的化学反应,形成具有一定弹性的连续薄膜,使基层表面与水隔绝,起到防水和防潮的作用。广泛适用于工业与民用建筑的屋面防水工程、地下混凝土工程的防潮防渗等。防水涂料的分类如下:按分散介质不同分为溶剂型涂料(以汽油或煤油、甲苯等有机溶剂为分散介质)、水乳型涂料(以水为分散介质)和反应型涂料。按成膜物质的主要成分分为沥青类防水涂料(如冷底子油、沥青胶、乳化沥青等)、聚合物改性沥青防水涂料(氯丁橡胶沥青防水涂料、再生橡胶沥青防水涂料等)、合成高分子沥青防水涂料(聚氨酯涂膜防水涂料、丙烯酸酯防水涂料等)。

(4)密封材料。又称嵌缝材料。密封材料分为定形和不定形的两大类。定形的俗称密封条或压条。不定形的俗称密封膏或嵌缝膏。将其填于板缝或涂布于屋面,可防水、防尘和隔气,并具有良好的黏附性、强度、耐老化性和温度适应性,能长期经受被黏附构件的收缩与振动而不破坏。工程中常用的密封材料有:建筑防水沥青嵌缝油膏、聚氨酯密封膏、聚硫橡胶密封膏、聚氯乙烯嵌缝接缝膏和塑料油膏。

2.4.3　玻璃和陶瓷制品

玻璃已广泛地应用于建筑物,它不仅有采光和防护的功能,而且是良好的吸声、隔热及装饰材料。除建筑行业外,玻璃还应用于轻工、交通、医药、化工、电子、航天等领域。常用玻璃材料的品种有:平板玻璃、装饰玻璃、安全玻璃、防辐射玻璃、玻璃砖和玻璃纤维。

陶瓷是由适当成分的黏土经成型、烧结而成的较密实材料。根据陶瓷材料的原料和烧结密实程度不同,可分为陶质、炻质和瓷质三种性能不同的人造石材。陶质材料密实度较差,瓷质材料密实度很大,性能介于陶质材料和瓷质材料之间的陶瓷材料称为炻质材料。为改善陶瓷材料的机械强度、化学稳定性、热稳定性、表面光洁程度和装饰效果,降低表面吸水率,提高表面抗污染能力,可在陶瓷材料的表面覆盖一层玻璃态薄层,这一薄层称为釉料。这种陶瓷材料称为釉面陶瓷材料,其基体多为陶质材料。

常用陶瓷材料的品种可分为:陶瓷锦砖(马赛克)、陶瓷墙地砖、陶瓷釉面砖和卫生陶瓷。

(1)陶瓷锦砖是用优质土磨细制成泥浆经脱水干燥后,半干压法成形入窑焙烧而成。为了减少地面的光滑度,我国主要生产无釉陶瓷锦砖。陶瓷锦砖吸水率不大于 0.2%,其质地坚硬,色泽艳丽,出厂时已在工厂内反贴于牛皮纸上,每张大小约为 $30 cm^2$,施工时将牛皮纸面向上,粘贴于水泥砂浆或聚合物水泥砂浆上,并随即用大方木拍压平实,30min 后洒水湿纸,揭去牛皮纸,即可显出镶拼图案。

(2)卫生陶瓷是用于卫生设施上的带釉陶瓷制品,多用优质黏土作原料,经配制料浆,灌浆成型,上釉焙烧而成。产品要求表面光洁、吸水率小、强度高、耐腐蚀。

2.4.4　塑料和塑料制品

塑料是一种以合成或天然高分子有机化合物为主要原料,在一定条件下塑化成型,在常温常压下,产品能保持现状不变的有机合成材料。塑料是由作为主要成分的合成树脂和根据需要加入的各种添加剂组成的。但也有不加任何添加剂的塑料,如有机玻璃等。

塑料具有表观密度小、导热性差、强度重量比大、化学稳定性良好、电绝缘性优良、消音吸振性良好及富有装饰性等优点,但是也存在一些有待改进和解决的问题,如弹性模量较小、刚度差和容易老化等。

常用的塑料制品有:塑料壁纸、塑料地板、化纤地毯、塑料门窗、塑料管道、玻璃纤维增强塑料等。

2.4.5　绝热、吸声材料

绝热材料是指能起到保温、隔热作用,且热导率不大于 0.175W/(m·K)的材料的总称。常用的保温绝热材料按其成分可分为有机和无机两类。无机绝热材料是用矿物质原料做成的呈松散状、纤维状或多孔状的材料,可加工成板、卷材或套管等形式的制品。有机保温材料是用有机原料(如各种树脂、软木、木丝、刨花等)制成。有机绝热材料的密度一般小于无机绝热材料。常用无机绝热材料有:矿渣棉、膨胀蛭石、膨胀珍珠、泡沫玻璃等。常用的有机绝热材料:泡沫塑料、软木及软木板、木丝板及蜂窝板等。

吸声材料是指在建筑中起到吸声作用,且吸声系数不小于 0.2 的材料。主要用于大中型会议室、教室、报告厅、影剧院等的内墙壁、吊顶等。常用的吸声材料有:无机材料(水泥蛭石板、石膏砂浆、水泥膨胀珍珠岩板等)、有机材料(软木板、木丝、三夹板、木质纤维板等)、多孔材料(泡沫玻璃、泡沫水泥、吸声蜂窝板等)。评定材料吸声性能的主要指标是吸声系数,它是被材料吸收的声能与原先传递给材料的全部声能之比,用下式表示:

$$\alpha = \frac{E}{E_0}$$

式中　α ——材料的吸声系数;

　　　E ——被材料吸收(包括透过)的声能;

E_0——传递给材料的全部入射声能。

2.4.6 防火材料

建筑材料的防火性能包括建筑材料的燃烧性能,耐火极限、燃烧时的毒性和发烟性。建筑材料的燃烧性能是指材料燃烧或遇火时所发生的一切物理、化学变化。建筑材料的防火性能的好坏由其热导率的大小决定。热导率越小,其防火性能越好。热导率的大小与材料的成分、表观密度、内部结构、传热时的平均温度和材料的含水量等有关。

根据《建筑材料燃烧性能分级方法》(GB 86—1997),建筑材料燃烧性能的级别和名称见表2-4 所示。

表2-4 材料燃烧性能的级别和名称

级 别	名 称	分级标志
A	不燃材料	GB8624A
B_1	难燃材料	GB8624B1
B_2	可燃材料	GB8624B2
B_3	易燃材料	GB8624B3

2.4.7 装饰材料

装饰材料是指对建筑物主要起装饰作用的材料。对装饰材料的基本要求是:装饰材料应具有装饰功能、保护功能及其他特殊功能。虽然装饰材料的基本要求是装饰功能,但同时还可满足不同的使用要求(如绝热、防火、隔音)以及保护主体结构,延长建筑物寿命。此外,还应对人体无害,对环境无污染。装饰功能即装饰效果主要由质感、线条和色彩三个因素构成。装饰材料种类繁多,有无机材料与有机材料,以及复合材料。也可按其在建筑物的装饰部位分类,装饰材料分类如图2-6 所示。

2.5 新型建筑材料——绿色建材

土木工程产业作为国家的支柱产业之一,它对资源的利用占据着重要位置,从产值、能耗、环保等方面都是国民经济中的大户。建材行业是土木工程产业的基础,建材行业为适应今后经济不断增长和可持续发展战略的需要就必须走"绿色建材"之路。

"绿色建材"又称为生态建材、环保建材、健康建材等,是指不用或少用自然资源(利用工业废料或工农业副产品)、采用清洁无污染的生产技术生产的有利于环保和人体健康的材料。绿色建材的基本特征有:

(1)生产原料以废料、废渣、废弃物为主;

(2)采用低能耗、无污染的生产技术;

(3)产品有利于人体的健康;

(4)产品具有多功能,如抗菌、灭菌、除霉、除臭、隔热、保温、防火、消磁、防射线、抗静电等功能;

(5)产品可循环再利用,建筑物拆除后不会造成二次污染。

目前我国发展绿色建材的技术还不十分完善,为此国家除制定发展绿色建材的鼓励政策外,重点是限制一些浪费资源及能源和污染环境十分严重的非绿色建材的发展。例如,削弱了一大

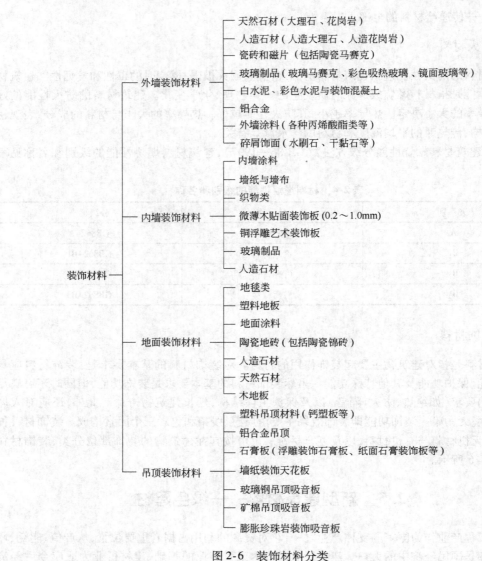

图 2-6 装饰材料分类

批生产黏土砖、小水泥、小玻璃产品的企业,其中很多企业已开始转产绿色建材或准绿色建材,为我国的绿色建材工业的起步奠定基础,同时响应了建设"资源节约型,环境友好型"社会的号召。目前我国已开发和正在开发的绿色建材和准绿色建材主要有:

(1)利用废渣类物质为原料生产的建材;

(2)利用化学石膏生产的建材产品;

(3)以废弃的有机物生产的建材产品;

(4)各种代木材料;

(5)以来源广泛的地方材料为原料,用高科技生产的低成本健康建材。

全球范围内的可持续发展是当代世界各国的共同选择,因此,在世界推进"绿色化"的进程中,"绿色建材"的发展占据了首要的位置。

3　房屋建筑工程

3.1　概　　述

3.1.1　建筑及其发展简介

人们通常所说的建筑,一般指的是房屋建筑。它既表示从事房屋建筑工程的活动,又表示这种活动的成果。从学术角度上说,它还表示某个时期、某种风格建筑物及其体现的技术与艺术的总称。

建筑物最初是人类为了蔽风雨和防备野兽侵袭的需要而产生的。《周易·系辞传下》就有"上古穴居而野处,后世圣人易之以宫室,上栋下宇,以待风雨……"的记载。距今约1.8万年前的北京周口店龙骨山山顶洞人还是住在天然岩洞里。六七千年前的原始社会住居遗址——西安半坡村遗址,已经有用木骨(架)泥墙构成的居室。在居住建筑的一侧,留有明显的人工壕沟,考古工作者称其为防御野兽侵袭用的。

随着社会生产力的发展,奴隶制社会取代了原始公有制社会。在这个时期,我国已经出现了城邑、宗庙和宫殿建筑,例如河南安阳殷墟中发现的宫室、宗庙等。

统治阶级的出现,为他们需要的其他"精神"建筑也应运而生。例如建于公元前2723年～公元前2563年的最大的埃及金字塔,就是古埃及第四王朝统治者(法老)的陵墓,巨大的方锥体象征"法老"的权威是不可动摇的。随着佛教的传入,古印度埋藏佛舍利的半圆形土、石堆建筑也传了进来,并且和中国的传统重楼建筑相结合,形成了独特的建筑类型——塔。始建于7世纪的西安大雁塔和8世纪的西安小雁塔,都是其中的杰作。至于神庙建筑,除了埃及、希腊、印度、罗马和中国等文明古国外,很多国家都先后兴建过。

封建社会的进一步发展和资本主义社会的出现,为建筑提供了更新的技术和更雄厚的物质基础。北京故宫建成于1420年,单就紫禁城内宫室就有9000多间,占地72万 m^2,是世界上规模最大的宫殿组群建筑,它保存了中国传统建筑形式,综合了形体上的壮丽、工程上的完美、布局上的庄严。这一气魄宏大的宫殿建筑,充分体现了我国劳动人民的勤劳和智慧,不愧为世界五大宫殿之冠。其次是始建于16世纪,后屡经扩建至18世纪形成的法国凡尔赛宫,英国18世纪建于伦敦的白金汉宫,俄罗斯的莫斯科克里姆林宫和建于1792年的美国华盛顿白宫。

钢材、(水泥)混凝土材料的应用,使大跨、高层建筑发展迅猛。1975年建成的美国芝加哥水塔广场旅馆大楼,共76层,高262m,采用钢筋混凝土筒中筒体系,楼板为现浇无梁楼盖;1970～1974年建成的芝加哥西尔斯大厦,110层再加3层地下室,高443m,采用9个框筒组成的钢结构成束筒体系,每个筒断面为22.9m×22.9m,筒沿高度变化如图3-1所示。

新中国建立不久,就开始了大规模的经济文化建设工作,许多工厂、学校、住宅以及商店、旅馆、影剧院、文化宫、医院、办公楼等相继建成,北京的人民大会堂、民族文化宫、工人体育场、北京车站、中国革命博物馆等大型公共建筑,更是新中国繁荣昌盛的具体表现。改革开放后在我国大陆建设了很多高层建筑,目前我国最高的钢筋混凝土混合材料结构高层建筑为420.5m高。上海

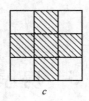

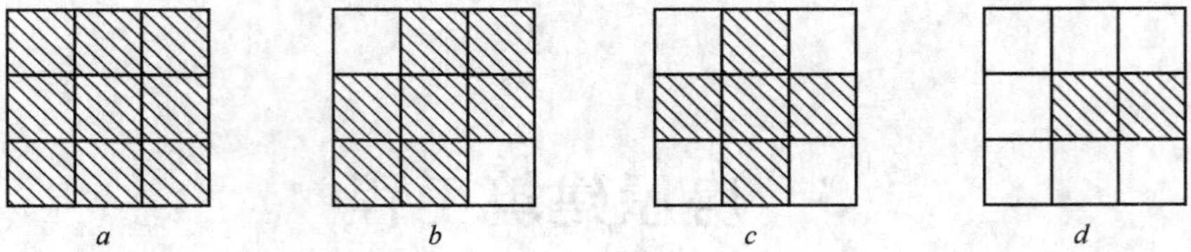

a b c d

图 3-1   西尔斯大厦断面沿高度变化示意图

a—1～50 层;b—51～66 层;c—67～90 层;d—91 层以上

金茂大厦,地上 88 层,1998 年建成。1996 年建成的广州中天广场大厦,为混凝土结构,到铁塔顶高度近 400m。468m 高的"东方明珠"电视塔,为预应力混凝土结构,于 1995 年建成。现在我国在高层建筑造型的多样化上,在建筑多功能使用上,在结构的改革上,在新材料和新技术的采用上,在合理组织施工方面(曾达到 3 天 1 层),同时在抗震分析和计算机程序应用上,在有关抗震控制试验研究上都达到国际先进水平。

随着经济发展和国力增强,我国将会建造更多、更高、更新的大型公共建筑和高层建筑。据专家预测,不久的将来,可以用混凝土建造 600～900m 超高层建筑,但这只是意味着技术上的可能,对于有无必要性还得探讨。

3.1.2   建筑物构成的基本要素

纵观古今建筑,其构成的基本要素有三,即建筑功能、建筑的物质技术条件和建筑形象。

3.1.2.1   建筑功能

建筑功能指的是建筑物在物质和精神方面的具体使用要求,就是通常说的实用性。建筑物的功能要求是最基本的要求,是建造房屋的主要目的。如住宅建筑提供人们生活起居用的,工厂是用来从事各种产品生产的,学校是供教学活动的等等。随着社会的不断发展,人类对建筑功能会提出更多、更高、更新的要求,因而,新型建筑的出现乃在预料之中。

3.1.2.2   建筑的物质技术条件

建筑的物质技术条件包括材料、结构、设备和施工技术等。这些要素能构成建筑物的空间实体,使之具有某种技术要求,由设想变为现实。建筑的发展离不开物质技术条件,例如钢材和钢筋混凝土的采用,解决了大跨、高层建筑的空间骨架问题,电梯和大型起重设备有助于高层建筑的发展,沉井等施工技术使软土地区建造高层建筑得以实施,如此等等。

3.1.2.3   建筑形象

建筑形象主要包括建筑物群体与单体的体形、内部和外部的空间组合、细部的处理、材料的色彩、工程的装饰等,它能给人以美的感觉,满足人们精神方面的需要,还能体现出民族的文化传统与风格,表现出建筑物的性格与时代特征,例如住宅、剧院、体育馆、商贸大厦之间的个性差异,北京的故宫、人民大会堂和西方摩天大楼则显示出不同文化传统与时代特点。

建筑三要素性质截然不同,但三者之间相互制约又相互促进,是辩证的统一体。

3.1.3   建筑物的分类

建筑物形形色色,千差万别。分类有助于学习与掌握各类建筑物的特征。按照不同情况,有多种分类方式。

按照用途,建筑物可以分为民用建筑、工业建筑和农业建筑。由于农业建筑设计原理与构造方法类同工业或民用建筑,所以通常不单独列为一类。

按照建筑物的层数,民用建筑有低层、多层和高层的区别,工业建筑有单层、多层以及单层与多层混合的厂房。

根据建筑物的主要承重构件所用的材料,建筑物可以分为砖(墙)木(楼层、层架)结构,砖混结构(砖墙、钢筋混凝土楼板或屋架等),钢筋混凝土结构,钢结构,钢-钢筋混凝土结构等。

从建筑物承重结构体系的类型可以分为框架(或称骨架)结构,以墙承重的梁板结构,剪力墙结构,大跨度结构等。

3.2 民用建筑的构造要素

民用建筑的类型很多,功能与形状差异较大,但其构造通常都是由基础、墙(柱)、地面、屋顶和门窗等几部分组成。两层及其以上的建筑物还有楼板和楼梯(有的还需设电梯)等部分。

3.2.1 地基与基础

3.2.1.1 地基与基础的作用

基础是建筑物最下部分,埋在地面以下、地基之上的承重构件。它承受建筑物的全部荷载并将其传递给地基。基础应当坚固、稳定、能抵抗冰冻和地下水的浸蚀,使用耐久。

地基是承受基础所传递的上部结构荷载的土层(或岩石层)。在基础传递的荷载作用影响范围内的地基部分,称为持力层,持力层以下部分称为下卧层。

地基应有足够的承载能力。地基有天然地基和人工地基之分,支承基础以上全部荷载而压缩变形不超过允许范围的天然土(岩)层,称为天然地基。经密实、换土或加固等方法处理而成的建筑物地基,称为人工地基。

3.2.1.2 基础的类型

基础的形式与很多因素有关,例如地基的允许承载力、地基土的地质、水文情况、上部结构形式与荷载的大小、基础所用材料等。

根据埋置深度,基础有深浅的区分。基础的最小埋置深度应不小于 50cm,浅基础的埋深小于 4m,而埋深大于 4m 者称为深基础。

按照使用的材料,基础可分为砖基础、毛石基础、灰土基础、灰浆碎砖三合土基础、混凝土基础及钢筋混凝土基础等。

从基础的受力性能划分,又可分为刚性基础和柔性基础。抗压强度较大而抗弯拉极限强度较小的材料所建造的基础,属于刚性基础,如砖基础、毛石基础和混凝土基础等。钢筋混凝土基础则属于柔性基础。刚性基础构造形式与其刚性角 α 有关。根据实验,基础上部结构在基础中传递压力是沿一定角度分布的,这个传力角称为压力分布角或称刚性角。砖石基础的刚性角应在 $26° \sim 33°$ 之间,混凝土基础应控制在 $45°$ 以内,如图 3-2 所示。

由基础的构造形式可分为条形基础(承重墙下多用,见图 3-2)、独立基础(是柱下基础的主要形式,见图 3-4)、柱下梁基础(见图 3-3)、筏板基础(见图 3-5)和箱形基础(见图 3-6)等,后两种形式又称为满堂基础。

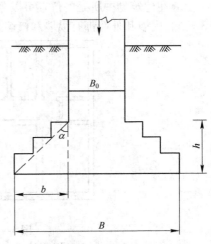

图 3-2 刚性基础的刚性角示意图

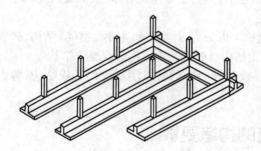

图 3-3 柱下梁基础示意图

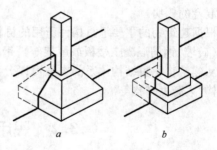

图 3-4 独立基础示意图
a—锥形基础;b—阶梯形基础

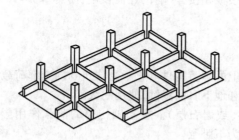

图 3-5 筏板基础示意图

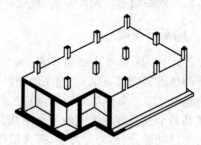

图 3-6 箱形基础示意图

3.2.2 墙

3.2.2.1 墙的作用

墙是建筑物竖直方向的主要构件,其作用主要有:

(1)承重作用——承受屋顶、楼板等构件传来的垂直荷载以及风荷载和地震荷载等。

(2)围护作用——防止风、雨、雪以及太阳辐射等影响,达到隔热、保温、隔声等目的。

(3)分隔作用——根据作用要求分隔各种空间。

3.2.2.2 墙的类型

由墙在建筑物中所处的位置可以分为:内墙和外墙,纵墙与横墙,山墙(端墙)及檐墙等。由图 3-7 知,内墙和外墙都有纵墙和横墙之分,山墙既是外墙又称作横墙。

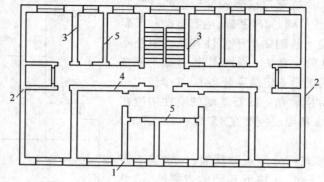

图 3-7 墙的位置及名称示意图
1—纵向外墙;2—山墙;3—横向内墙;4—纵向内墙;5—隔墙

墙体按结构受力情况的不同,分为承重墙和非承重墙。一般情况下,隔墙(框架结构的),填充墙和(悬挂于外部骨架间的)幕墙为非承重墙。

根据墙体所用材料不同,可以分为土墙、石墙、砖墙及混凝土墙等,手工砌筑效率低,但仍被广泛采用。改进型的空心黏土砖性能有所提高,但普及率还相当低。结构实验表明,电厂粉煤灰制作的砌块(大砖),许多指标优于红砖,用作墙体材料,既避免了烧砖(破坏农田),又解决了电厂粉煤灰的污染问题,很有发展前途。

按照墙的厚度划分,有半砖(12)墙、18墙、一砖(24)墙、一砖半(37)墙、二砖(49)墙等。由于普通砖的规格为240mm×115mm×53mm,用水泥砂浆砌筑时,砖与砖之间应留有1cm的砂浆缝,普通砖墙的厚度及其名称如图3-8所示。

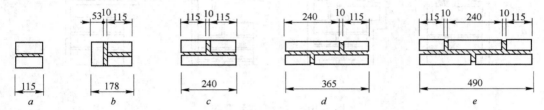

图 3-8 普通砖墙的厚度及其名称

a—半砖墙;*b*—18 墙;*c*—砖墙;*d*——砖半(37)墙;*e*—二砖墙

3.2.2.3 墙的细部构造

A 门窗过梁及圈梁

墙体开设门窗必然出现洞孔,为了可靠传递荷载及保护洞孔,常在门窗洞孔上部设置横梁,称其为过梁。常见的过梁形式有砖(平、弧、半圆)拱、钢筋砖过梁和钢筋混凝土过梁等,如图3-9所示。

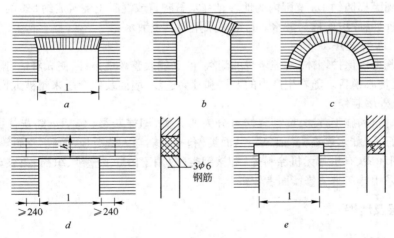

图 3-9 过梁形式示意图

a—平拱;*b*—弧形拱;*c*—半圆;*d*—钢筋砖过梁;*e*—钢筋混凝土过梁

砖砌平拱是我国传统式做法,最大跨度可达1.2m,因其施工麻烦,现已很少采用。

钢筋砖过梁跨径可达2m,是在门窗洞上部第一、二皮砖之间放置2~3根ϕ6钢筋,也可放在第一皮砖下砂浆层内。上面用M5水泥砂浆砌5~7皮砖,且不小于洞口跨度的1/5。

钢筋混凝土过梁一般不受跨径限制,高度应与砖皮数相适应。

另外,为了加强建筑物的整体性,多层建筑一般都设置圈梁,当圈梁与过梁位置接近时,往往将二者合并,不再另设过梁。圈梁有钢筋砖圈梁和钢筋混凝土圈梁之分。

B　窗台

为了避免沿窗子流下的雨水污染墙面,一般在窗下做成向外有坡度的窗台,形式主要有悬挑式窗台和不悬挑式窗台两种。如图 3-10 所示。

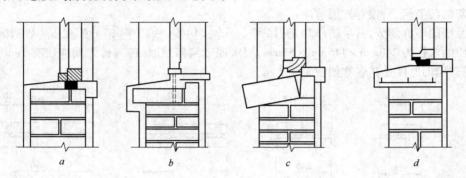

图 3-10　窗台形式示意图
a—不悬挑式窗台;*b*—粉滴水平窗台;*c*—侧砌砖窗台;*d*—预制混凝土窗台

C　勒脚

勒脚是墙身接近室外地面的部分,其高度一般为室内外地坪间的高差,也可以将勒脚高度做到底层窗台。其作用是保护墙身免受雨、雪与毛细水的浸蚀,减轻外界碰撞的损害以及增加建筑物的美观等。勒脚的处理方法,有毛石砌筑勒脚、石板贴面勒脚、水泥砂浆抹面勒脚等。此外,勒脚部分还应设置防潮层。

D　散水

在外墙四周距离墙约 1m 范围内的地坪,用砖、石砌筑或混凝土浇筑成约 5% 的坡面,以便将屋面雨水排至远处,此坡面称为散水。目前多采用混凝土散水。

3.2.2.4　墙面装修

墙面装修既可以保护墙体,增强墙身的耐久性,又能改善环境条件,使人舒适,同时还会增进美观效果,使人赏心悦目。随着生产力的发展和社会进步,墙面装修会越来越被人们所重视。墙面装修包括内、外墙装修。

根据使用材料和施工方法,墙面装修可分为四大类,即抹灰类(包括纸筋灰抹面、水泥砂浆抹面及各种小石子(如水刷石)抹面等);贴面类(包括天然与人造石板、面砖、瓷砖等);油漆涂料类(包括种种调和漆、有机与无机涂料等)和裱糊类(仅用于内墙的壁纸、织锦、花纹玻璃等)。一般民用建筑中采用抹灰类装修墙面者较多。

3.2.3　楼板层及地坪

3.2.3.1　楼板层

楼板层是多层建筑内部分隔上下空间的水平结构构件、由面层、结构层(如预制楼板)和顶棚层(如板下直接抹灰或吊顶)三部分组成。其作用主要是承受人、家具、设备等垂直动荷载与静荷载,并将这些荷载传给墙或柱,同时对墙体起水平支撑作用,抵抗水平风力或地震力,增强建筑物的整体性;其次是隔声、防水、保温等。

楼板层类型很多,根据所用材料有木楼板,砖拱楼板、钢筋混凝土楼板以及钢楼板等,如图 3-11 所示。

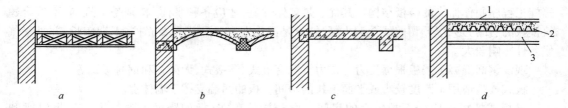

图 3-11 楼板类型示意图

a—木楼板;b—砖楼板;c—钢筋混凝土楼板;d—钢衬板承重楼板

1—混凝土;2—压型钢板;3—工字钢梁

由于钢筋混凝土楼板的强度高,不燃烧,耐久性好,依据模板可以任意造形,因而目前应用最为广泛。钢筋混凝土楼板分现浇和预制两大类。

A 现浇整体式钢筋混凝土楼板

现浇钢筋混凝土楼板(如图 3-12 所示)是在施工现场按支模、扎筋、浇筑混凝土、养护、拆模

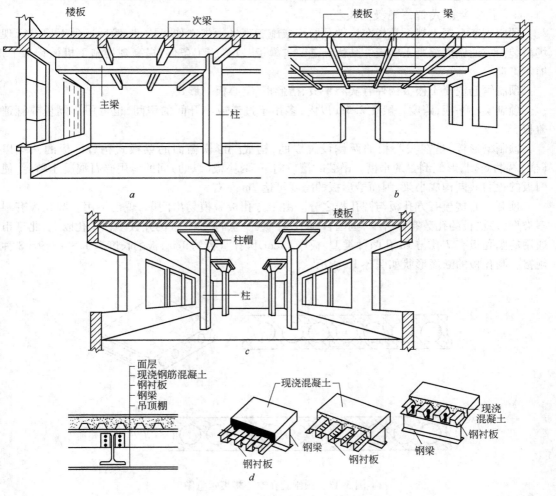

图 3-12 现浇钢筋混凝土楼板示意图

a—梁板式楼板;b—井字梁式楼板;c—无梁楼板;d—压型钢板为衬板的组合式楼板

等施工程序制作而成的楼板结构。其优点是整体性好,适应各种平面(特别是不规则、不符合建筑模数的房间)形式,预留管线孔洞方便;缺点是湿作业、工序多、需要养护、工期较长,并且受气候条件影响较大。

现浇钢筋混凝土楼板根据受力与传力情况有板式、梁板式、无梁式和钢衬板式等。

板式楼板适用于跨度较小或平面狭长的房间。板的两端支撑于墙体上。

梁板式楼板适应于面积较大的房间。由于梁的存在,板的跨度不致过大。如果纵梁和横梁中有大小之分,大的称为主梁,小者则为次梁;如果纵横梁高度一样,则可构成井字梁式楼板。

无梁楼板直接支撑在柱子与墙上,为了增大支撑面,常在柱顶设置柱帽。无梁楼板适应于荷载较大的商店,展览馆与仓库等建筑物。

钢衬板式楼板实质上是钢与混凝土组合式楼板,它是以凹凸相间的压型钢板为衬板与其上面的现浇混凝土共同构成楼板,支撑于钢梁之上,适用于大空间、高层民用建筑及大型工业厂房中,目前国际上已普遍采用。

B　预制装配式钢筋混凝土楼板

预制钢筋混凝土楼板是指在构件预制厂或施工现场预先制作成构件,然后运到工地进行现场吊装而成的钢筋混凝土楼板。其优点是节省模板,改善施工条件,提高现场施工机械化水平,缩短工期。

预制钢筋混凝土楼板构件有实心平板、槽形板、空心板等形式。

预制实心平板,跨度一般在2.5m以内,多用于过道或小开间的房间,也可用作隔板或管道盖板。

预制槽形板,是在实心板的两侧设置纵肋,构成∏形横截面的梁板式构件。板的两端以(横)端肋封闭,形似倒置的水槽。吊装时槽口向下,两块板(纵肋)间的缝用碎石混凝土填封,使两板的边肋共同构成小梁,因而槽形板的跨度可达7m左右。

预制空心楼板有方孔板与圆孔板之分。由于方孔板脱模易出问题,现已不用。圆孔板有很多类型,每块板的孔数有多有少,全国各地不尽一致。总的看来,板的孔数多在3孔以上,北京市通用的圆孔板有7孔与10孔两种类型,板厚13cm,圆孔直径约9cm,板的长度有1.8~3.9m 8种规格。圆孔板的断面形状如图3-13所示。

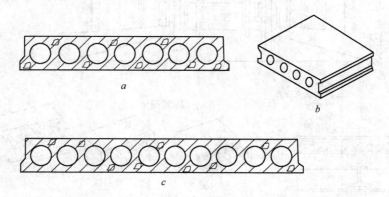

图3-13　预制圆孔空心楼板示意图

楼板层的底面部分为顶棚,通常称为天花板或平顶。其形式有在楼板下部直接抹灰和吊顶,是室内装修部分之一。室内布置的各种水平管线一般都设置在顶棚下部或(吊顶)层内。

3.2.3.2 地坪

地坪是指建筑物底层与土壤接触的部分,也称为地面,包括面层、基层两部分构成。其作用和楼板层一样,承受地坪上的荷载,并均匀传给地基。

地坪的面层要求坚固、耐磨、平整、光洁、不起尘且易清洁。

地坪常以面层的所用材料取名。按照施工方法和面层用材,地坪有以下几种类型:

(1)整体类地面:包括水泥砂浆地面、细石混凝土地面、水磨石地面等。

(2)镶铺类地面:包括砖块地面、陶瓷砖地面、人造石板与天然石板地面等。

(3)粘贴类地面:该类地面一般以卷材为主,常见的有塑料地毡、橡胶地毡以及多种地毯等。

(4)涂料类地面:常见的有水乳型涂料地面、水溶型涂料地面、溶剂型涂料地面等。涂料地面是对水泥砂浆地面或混凝土地面的处理形式。

(5)木地面类较少采用,原因是我国木材缺乏。

各类地面中,水泥砂浆地面应用较为广泛,其构造如图 3-14 所示。

地面(包括楼面)与墙面相交处,沿墙高 10～15cm 范围内做成踢脚板,或 1.2m 高的墙裙,其材料一般与地面相同,其功能是保护墙面。踢脚板的上缘称为踢脚线。

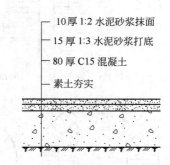

- 10 厚 1:2 水泥砂浆抹面
- 15 厚 1:3 水泥砂浆打底
- 80 厚 C15 混凝土
- 素土夯实

图 3-14 水泥砂浆地面构造示意图

3.2.4 楼梯

两层以上建筑物的上下交通设施有楼梯、电梯、自动扶梯等,如有需要(如医院)也可以在楼层之间设置坡道。电梯常用于多层、高层或特种需要的建筑物中;自动扶梯多设置于火车站、地铁及商场等大型公共建筑,设有电梯或扶梯的建筑物,也必须同时设置楼梯。

楼梯要求坚固、耐久、安全、防火,应有足够的宽度,通行方便,有利于疏散。

楼梯由梯段板、休息平台和梯杆扶手三部分组成,如图 3-15 所示。

3.2.4.1 楼梯的形式

最常见的楼梯形式是双梯段并列式楼梯,或称为双折式楼梯、双跑楼梯。图 3-15 是其立体形式。

其他楼梯形式有单梯段(直跑式)楼梯、双梯段直跑式楼梯、三跑楼梯、四跑楼梯、三段并列式楼梯、桥式楼梯、剪刀式楼梯、圆形楼梯以及螺旋楼梯等多种形式,见图 3-16。

3.2.4.2 楼梯的尺寸

楼梯段的宽度与建筑物类型及使用情况有关。例如住宅建筑楼梯最小宽度应不小于 1.1m,公共建筑的主要楼梯宽度应不小于 1.6m,专用服务楼梯宽度最小为 0.75m 等。

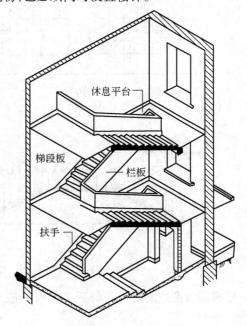

休息平台

梯段板

栏板

扶手

图 3-15 楼梯组成示意图

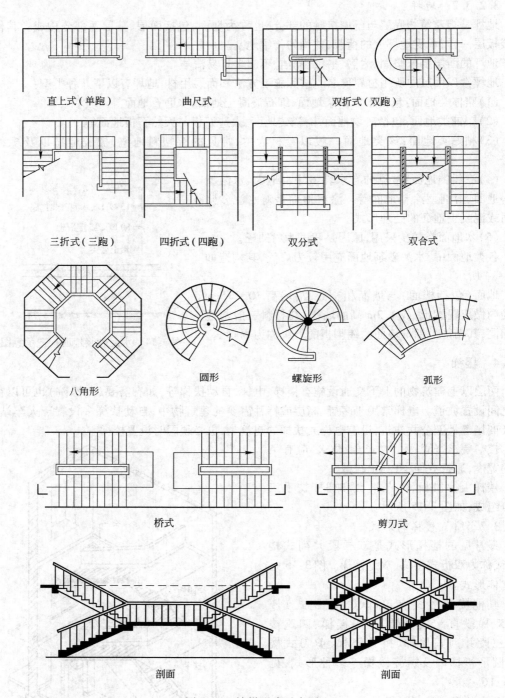

直上式（单跑）　　　曲尺式　　　　　双折式（双跑）

三折式（三跑）　　四折式（四跑）　　　双分式　　　　双合式

八角形　　　　　　圆形　　　　螺旋形　　　　弧形

桥式　　　　　　　　　　　　剪刀式

剖面　　　　　　　　　　　剖面

图 3-16　楼梯形式示意图

　　楼梯的坡度应满足行走舒适、安全，一般为 26°～35°最适宜。行人多者应缓，否则可以陡一些。

　　楼梯的踏步（台阶）高度，住宅一般不大于 18cm，幼儿园以及各种公共建筑最大高度为

16cm,辅助楼梯则可达20cm高。踏步宽度相对应的为25cm,25～28cm,21cm。

楼梯的净空高度是指平台下或梯段下通过人、物所需的竖向净空高度,一般应大于2m,公共建筑应大于2.2m,次要地方可以取1.9m。

楼梯的栏杆扶手高度,一般取90cm,儿童用的可取50cm,超过50cm长的水平扶手高度宜为100cm。

3.2.5　屋顶

屋顶是房屋最上层覆盖围护及承重结构,除了自重,它还承受风雨雪等活荷载以及施工荷载,对房屋上层还有水平支撑作用,并使下部有一个良好的使用空间环境。因而,屋顶应具有一定强度、刚度、整体稳定性以及防水、防火、隔热、保温等性能。

3.2.5.1　屋顶的类型

屋顶的类型与很多因素有关,例如材料、结构、使用要求以及建筑造型等。

屋顶的类型很多,从结构出发,有梁板结构屋顶,屋架结构屋顶,壳体类屋顶,悬索类屋顶,网架结构屋顶及折板结构屋顶等。从屋顶的外形看,有坡形屋顶、平屋顶、曲面屋顶等,如图3-17所示。

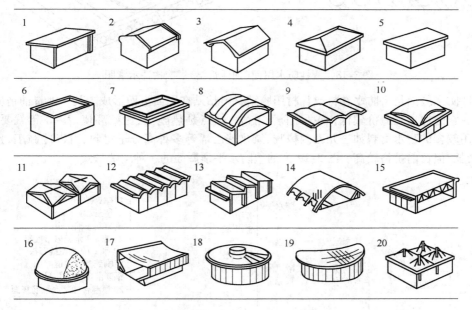

图3-17　屋顶形式示意图

1—单坡顶;2—硬山双坡顶;3—悬山双坡顶;4—四坡顶;5—挑檐平屋顶;

6—女儿墙平屋顶;7—挑檐女儿墙平屋顶;8—双曲拱屋顶;9—筒壳屋顶;10—扁壳屋顶;

11—扭壳屋顶;12—V形折板屋顶;13—三角形锯齿屋顶;14—落地拱网架屋顶;

15—平板网架屋顶;16—球形网壳屋顶;17—单向悬索屋顶;

18—车轮形悬索屋顶;19—鞍形悬索屋顶;20—伞形悬索屋顶

3.2.5.2　平屋顶屋面的层次构造及排水方式

A　屋面的层次构造

平屋顶是一种常见的屋面形式,屋面排水坡度一般为2%～3%,上人屋面多采用1%～2%。

屋顶的层次构造因屋面防水材料不同而不同。屋面有刚性防水屋面、柔性防水屋面和涂料及粉剂防水屋面等。

　　刚性防水屋面是用防水砂浆或细石混凝土现浇成整体防水层的屋面。为了防止刚性屋面温度变化而引起胀缩变形破坏,可采取在防水层内配置双向钢筋、设置人工缝(分仓缝或称为分格缝)、设置隔离层(浮筑层)或在屋面板支撑处做成活动支座(砂浆找平层上干铺两层油毡,中间夹滑石粉)等。图 3-18 是刚性防水屋面层次构造的一种形式。

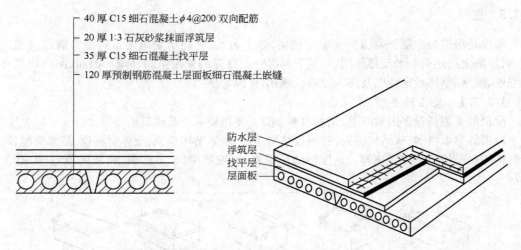

　40 厚 C15 细石混凝土 ϕ4@200 双向配筋
　20 厚 1:3 石灰砂浆抹面浮筑层
　35 厚 C15 细石混凝土找平层
　120 厚预制钢筋混凝土层面板细石混凝土嵌缝

防水层
浮筑层
找平层
层面板

图 3-18　刚性防水屋面(加浮筑层)层次构造示意图

　　柔性防水屋面是将防水卷材或片材用胶结材料粘贴在屋面上而形成。其中沥青油毡应用最为广泛。它的优点是造价较低,有一定防水能力;缺点是热施工、污染环境,7~8 年就要换修。目前使用较多的防水材料如三元乙丙橡胶、氯化聚乙烯等多种高分子材料,可以冷施工,且弹性好,寿命长,但目前价格较高。图 3-19 为油毡防水平顶屋面的一种构造形式。

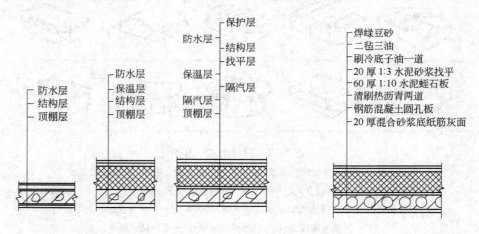

防水层
结构层
顶棚层

防水层
保温层
结构层
顶棚层

保护层
防水层　结构层
　　　　找平层
保温层
隔汽层
顶棚层

焊绿豆砂
二毡三油
刷冷底子油一道
20 厚 1:3 水泥砂浆找平
60 厚 1:10 水泥蛭石板
清刷热沥青两道
钢筋混凝土圆孔板
20 厚混合砂浆底纸筋灰面

图 3-19　油毡防水平顶屋面层次构造示意图

　　涂料防水又称涂膜防水,系高分子材料直接涂刷在屋面基层上,形成一层满铺的不透水薄膜层,达到防水目的。

　　粉末防水是在平屋顶基层结构上先抹水泥砂浆(或细石混凝土)找平层,再铺上以硬脂酸为主要原料的憎水性粉末防水层,并覆盖 2~3cm 厚的水泥砂浆(或细石混凝土)保护层,也可用混凝土板或大砖铺盖,以保护粉末不被风吹或雨水冲掉,如图 3-20 所示。

B　平顶屋面的排水方式

平顶屋面排水坡度较小,顺坡流下的雨雪水大都由檐部排除。由于檐部构造不同,因而排水方式有(屋面伸出外墙的挑出)外檐自由落水,外檐沟水管排水以及女儿墙内檐沟或外檐沟配水落管排水,对于大面积或特殊需要的屋面,也可以采用内排水方式,如图 3-21 所示。

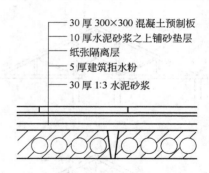

图 3-20　建筑拒水粉防水屋面
层次构造示意图

3.2.5.3　坡屋顶的构造层次要素

坡屋顶一般由承重结构和屋面两部分组成,必要时还要设置保温层或隔热层等。

承重结构一般由椽子、檩条、屋架等组成。屋架一般多采用三角形的形式(图 3-22)。屋架的位置通常垂直纵墙并支撑于墙或柱子上,鉴于空间稳定性要求,屋架之间应设置支撑。檩条沿房屋纵向搁置在屋架(上弦)或山墙上,椽子则沿房坡放在檩条之上。

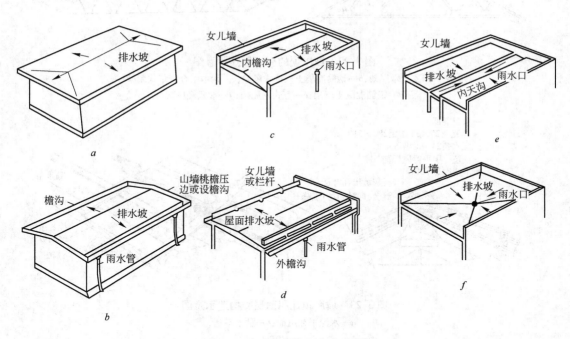

图 3-21　平顶屋面排水方式示意图
a—外檐自由落水;b—外檐沟水落管排水;c—女儿墙内檐沟排水;
d—女儿墙外檐沟排水;e—内天沟排水;f—内排水

承重结构上面是屋面部分,一般由屋面盖料和基层构成。屋面盖料有弧形瓦(如小青瓦、筒板瓦、玻璃瓦、阴阳瓦等)、平瓦(如机瓦、水泥瓦、石片瓦等)、波形瓦(如石棉水泥瓦、钢丝网水泥波瓦、瓦楞铁皮等)、金属皮(如薄铍皮、镀锌铁皮、合金皮等)以及预制水泥构件、草、木、灰土等多种类型。屋面的基层一般由屋面板、油毡防水层、顺水条、挂瓦条等构成。如图 3-23 所示。其中横向的顺水条与纵向的挂瓦条形成井字形网格构造。

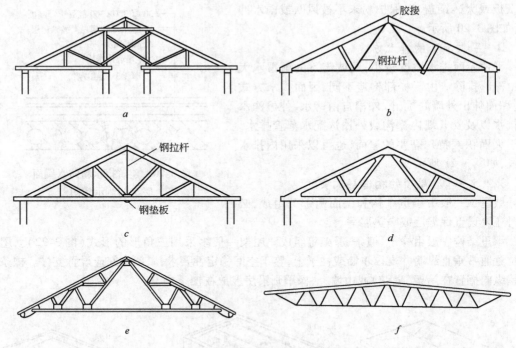

图 3-22　坡屋顶的屋架形式示意图

a—四支点木屋架；b—钢筋混凝土三铰式屋架；c—钢木组合豪华式屋架；
d—钢筋混凝土屋架；e—芬式钢屋架；f—梭式轻屋架

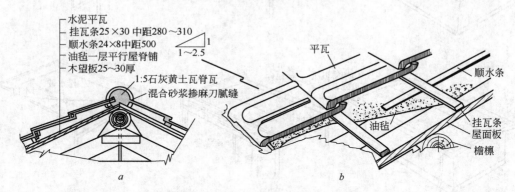

图 3-23　坡屋顶瓦屋面层交构造示意图

a—水泥平瓦屋面；b—黏土平瓦

3.2.6　门窗

　　门与窗是组成房屋建筑物的重要围护构件。门的主要功能是提供出入交通，内外联系以及分隔建筑空间；窗的主要功能是采光、通风与观望。此外二者都具有保温、隔声、防风、防水及防火等作用。它们对房屋建筑的外观与室内装修造型影响也很大。

　　对门窗的要求是坚固耐用、美观大方、开启方便、关闭紧密、便于清洁维修。

3.2.6.1　窗的类型及平开窗的组成要素

A　窗的类型

根据窗的用料，有木窗、钢窗、铝合金窗、塑料窗等。由于资源问题，应尽可能不采用木窗型式。

按照窗的开启方式,可以分为固定窗、平开窗、上旋窗、下旋窗、中旋窗、立式转窗、推拉窗以及组合开启型式窗等,如图3-24所示。

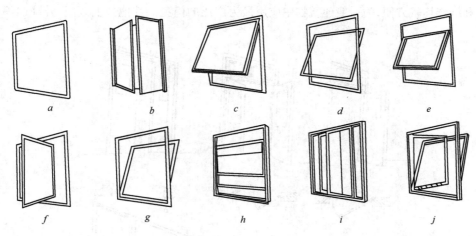

图3-24 窗的开启方式示意图

a—固定窗;b—平开窗;c—上旋窗;d—中旋窗;e—下滑旋窗;f—立转窗;g—下旋窗;
h—垂直推拉窗;i—水平推拉窗;j—下旋-平开窗

从功能上看,窗又可分为玻璃窗、纱窗、百叶窗等。

B 平开窗的组成要素

一般建筑中采用最多的是平开窗,其中平开木窗应用很广泛。平开木窗主要由窗樘(俗称窗框)和窗扇组成。窗扇一般由上下冒头、左右边梃和窗芯组成。根据需要,窗扇可以安装玻璃、铁(金属或塑料)纱或百叶而形成常见的玻璃窗、纱窗或百叶窗等。窗扇与窗樘之间的连接有铰链(俗称合页最常见)、转轴或(推拉窗)滑轨。在窗扇的启闭中,为了临时固定和启闭方便,还装有风钩、插销以及拉手等五金零件。窗樘一般由上槛、中槛(中横档)、边梃、下槛组成,多扇窗的还需要有中竖梃。窗樘与墙连接处,根据不同需要,有时要加设窗台、贴脸、窗帘盒等(图3-25)。

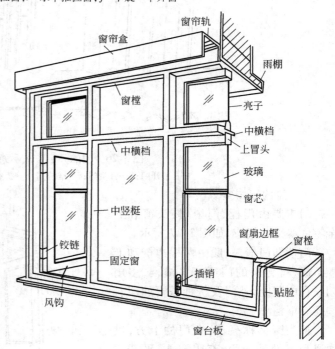

图3-25 平开木窗组成示意图

3.2.6.2 门的类型及门的组成要素

A 门的类型

和窗一样,因材质有木门、金属(钢、合金)门与塑料门之分,金属及塑料门因其强度高、节约木材、耐磨蚀、密闭性能好、外观美而且长期维修费用低等,所以已经得到广泛的应用。

据门的开启方式论,有平开门、弹簧门、推拉门、折叠门、转门以及卷闸门等等(图 3-26)。平开门为水平开启,铰链安装在侧边,有单扇与双扇、内开和外开之分,因其构造简单、开启灵活、制作安装和维修均较方便,为一般建筑物中应用最为广泛的门型。其他如上翻门、升降门等,一般不常见。

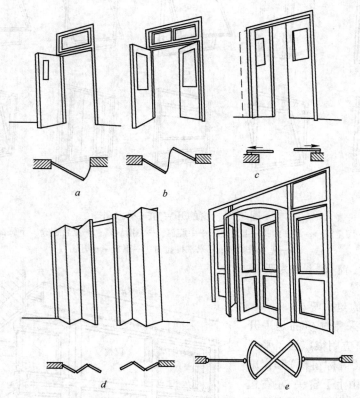

图 3-26 门的开启方式示意图

a—平开门;b—弹簧门;c—推拉门;d—折叠门;e—转门

B 门的组成要素

门主要由门樘、门扇、腰头窗和五金零件等部分组成,如图 3-27 所示。

门樘即门框,一般由两根边梃和上槛组成,有腰窗的门还有中横档,多扇门还在中竖梃,外门及特种需要的门有些还有下槛。

腰头窗又称亮子,在门的上方,供通风和辅助采光用,有固定式、平开式及上旋、中旋、下旋等方式。

门扇类型较多,常见的有镶板门、玻璃门、纱门、百叶门等。其主要骨架由上冒头、下冒头及两腿边梃组成框

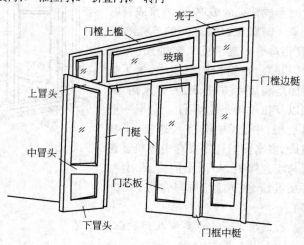

图 3-27 门的组成示意图

子,有时在框子中间还有一根或数根横(中)冒头或一根竖向中梃,在其中镶装门芯板、纱、玻璃或百叶板等。

夹板门也是常见的一种门扇类型,骨架的梃、肋截面较小、在骨架两面粘贴(或钉)胶合板或纤维板,再在门扇四周钉木边条。这种门用料省,自重轻,外形简洁,便于工业化生产。由于耐水性差,一般用于房屋的内门。

3.2.7 变形缝

由于温度变化、地基不均匀沉降以及地震等因素的影响,使建筑物结构内部产生附加应力与变形,导致建筑物裂缝、破坏甚至倒塌。解决的办法是:加强建筑物的整体性,使其强度与整体刚度足以抵抗这些破坏应力,或者将建筑物预先留缝,使其变形敏感部位结构断开,在缝隙处有足够的变形宽度,保证各部门建筑物自由变形而不破坏。

变形缝分伸缩缝、沉降缝与防震缝三种。

(1)伸缩缝(温度缝)。建筑物因受温度变化的影响而产生热胀冷缩,在结构内部产生温度应力,当建筑物长度超过一定限度时,建筑平面变化较多或结构类型变化较大时,建筑物会因热胀冷缩变化较大而产生开裂。因而常沿建筑物长度方向每隔一定距离或结构变化较大处预留缝隙,将建筑物断开。称这种缝为伸缩缝或温度缝。

伸缩(竖)缝将房屋基础以上部分的墙身、楼板层、屋顶等构件断开,而基础部分因受温度变化影响较小,不需断开。伸缩缝使建筑物分离成几个独立部分,使各部门都有伸缩的余地。

伸缩缝的宽度一般为2~3cm,其间距应视不同材料的结构而定,缝内应填保温材料,具体见有关结构规范。

(2)沉降缝。当一幢建筑物的基础土质不同且性质差别较大,或建筑物相邻部分的高度、荷载及结构形式悬殊,或相邻墙体的基础埋深相差显著,为防止建筑物出现不均匀沉降而破坏,在差异处设置贯通的垂直缝隙,使被分开的各独立部分可以自由沉降。称这种缝隙为沉降缝。

沉降缝与伸缩缝的最大区别在于伸缩缝是为适应建筑物随温度变化时,在长度(水平)方向可自由伸缩变形,基础可不断开;而沉降缝则是主要用于满足建筑物各部分不均匀沉降在垂直方向的自由沉降变形,从基础到屋顶要全部断开。

沉降缝的宽度与地基性质和建筑物高度有关。建筑物高度在15m以内的一般地基,沉降缝宽度一般为3~7cm之间,五层以上楼房的软弱地基,沉降缝宽则应大于12cm。

(3)防震缝。地震是由于地层深处的弹性能不断积累,突然转变为动能的结果。地震波由震源向四周扩展,引起环状的波动,使建筑物产生上下、左右、前后多方向的震动,但对建筑物防震来说,一般只考虑水平方向地震波的影响。

地震区的房屋应力求形体简单,重量、刚度对称并均匀分布,建筑物的形心和重心尽可能接近,避免在平面和立面上的突然变化。地震区最好不设变形缝,以保证结构的整体性,减少地震的破坏。

地震区的房屋平面布置复杂,房屋高差大和刚变悬殊时都设置防震缝。设置防震缝就是为防止两部分上部结构的刚度不同而在地震中的振动频率和变形不一致而引起较严重的震害。防震缝应有足够的宽度,否则反而因房屋两部分振动周期和相位角不同而引起它们的碰撞导致更严重后果。1975年海城地震中海城招待所侧楼破坏的原因之一就是因温度缝过小而加剧了震害的。防震缝宽度应随地震烈度和房屋高度的增大而增大。

3.3 工业建筑的承重骨架

工业建筑是指用以从事工业生产的各种房屋,一般称为厂房。对它的功能要求主要是厂房内外的建筑空间应满足生产工艺的需要,同时还应考虑给工人创造良好的工作环境以及工业建筑的标准化。

3.3.1　工业建筑的分类

工业生产的类别繁多,生产工艺不同,因而工业建筑的分类方法也有多种。

3.3.1.1　按厂房的用途分类

A　主要生产厂房

在这类厂房中,进行着产品加工的主要工序。例如,机械制造厂的铸工车间、锻工车间、机械加工车间及装配车间等;钢铁厂的炼铁(高炉)车间、炼钢与铸钢车间、轧钢车间等。这类车间(厂房)的建筑面积大,有的职工人数多,在全厂生产中占有重要地位,是工厂的主要厂房。

B　辅助生产厂房

这类厂房是为主要生产厂房服务的。例如,机械制造厂里的机修车间、工具车间等。

C　动力用厂房

这类厂房是为全厂提供能源的场所,如发电站、锅炉房、变电站、煤气发生站、空气压缩机房等。动力设备的正常运行,对全厂生产特别重要,因而这类厂房应具有足够的坚固性、耐久性,并且有妥善的安全措施和良好的使用质量。

D　贮藏用建筑

该类厂房指的是贮存各种原材料、半成品及成品仓库。根据贮存物品的性质,有的需要防火、防潮、防爆,有的则需防腐蚀、防变质等。

E　运输用建筑

这类建筑如汽车库、电瓶车库,大型钢铁厂的翻车机厂房等。

3.3.1.2　根据车间内部的生产状况分类

A　热加工车间

这类车间在生产中往往散发出大量的热量、烟尘等,如炼钢、轧钢、铸造、锻工等车间。

B　冷加工车间

这类车间的生产是在正常温度条件下进行的,如机械加工车间、装配车间等。

C　有侵蚀性介质作用的车间

这类车间是指在生产中会受到酸、碱、盐等侵蚀性介质的作用,厂房的耐久性会受到影响,因而应注意建筑材料的选择和厂房构造方面的处理。例如化工厂与化肥厂的某些生产车间、冶金工厂的酸洗车间等。

D　恒温恒湿车间

这类车间的生产是在温湿度波动很小的范围内进行的。室内除装有空调设备外,厂房也要采取相应措施,以减少室外气候对室内温湿度的影响。如纺织车间、精密仪表车间等。

E　洁净车间

这类车间所有产品对室内空气要求很高,除通过净化处理,将空气中的含尘量控制在允许的范围内,还需保证厂房围护结构严密,以免大气灰尘的侵入,从而保证产品质量。如集成电路车间、精密仪表微型零件加工车间等。

3.3.1.3　以厂房层数分类

A　单层厂房

单层厂房广泛应用于各种工业企业,对于生产设备及产品重量大、生产过程震动性强、或有地沟、地坑、或采用水平工艺流程生产的车间等适应性则更强些。例如冶金厂、机械制造厂等。

单层厂房有单跨和多跨的区别,如图 3-28 所示。

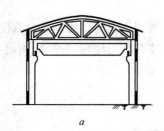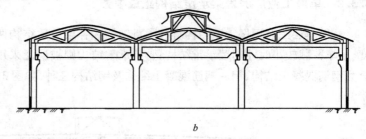

图 3-28 单层厂房示意图

a—单跨厂房;*b*—多跨厂房

B 多层厂房

多层厂房适用于生产设备较轻,产品重量不大,且有一部分垂直工艺流程生产的车间。例如轻工、食品、电子、仪表等工业部门,多层厂房如图 3-29 所示。

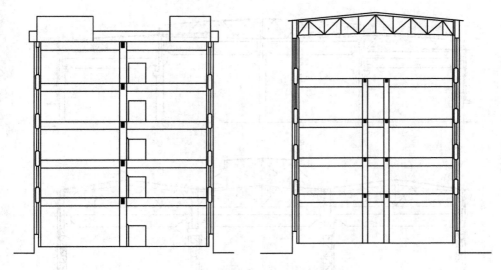

图 3-29 多层厂房示意图

C 层次混合厂房

层次混合厂房是指厂房内既有单层跨,又有多层跨,如图 3-30 所示。例如火力发电厂、化工厂等。

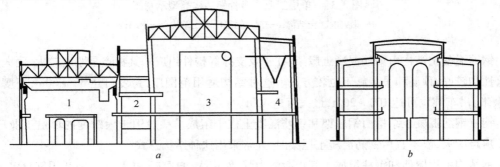

图 3-30 层次混合厂房

a—热电厂;*b*—化工车间

1—汽机间;2—除氧间;3—锅炉间;4—煤斗间

3.3.2　单层工业厂房骨架承重结构组成要素

一般单层工业厂房承重结构有墙承重结构和骨架承重结构两种类型。仅当厂房的跨度、高度、吊车荷载较小时才用墙承重结构;骨架承重结构则被广泛采用。按照所用材料,骨架结构可分为钢筋混凝土结构、钢－钢筋混凝土结构及钢结构三种,如图 3-31 所示。

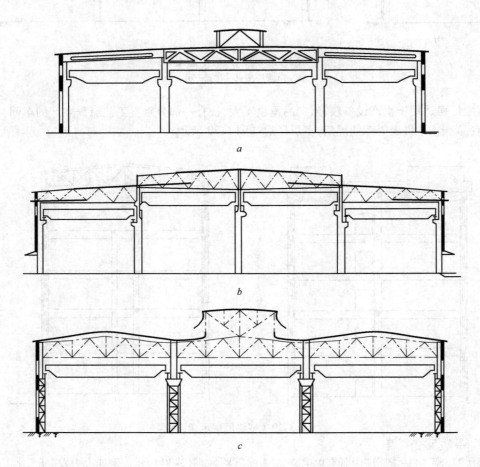

图 3-31　单层工业厂房骨架结构类型示意图

a—钢筋混凝土结构;*b*—钢－钢筋混凝土结构;*c*—钢结构

钢筋混凝土结构由钢筋混凝土屋架、柱子及支撑等构件组成。其特点是刚度较大,耐久性与防火性均较好,预制和吊装施工也较方便。这种结构适用范围广,跨度可达 30～60m,高度可达 20 余米,吊车吨位可达 100～200t,最大可达 400t。

钢－钢筋混凝土结构由钢屋架和钢筋混凝土柱子组成。一般用于大跨度的单层工业厂房。当厂房跨度大,或不宜用钢筋混凝土屋架时,通常采用这种结构形式。

钢结构由钢屋架和钢柱组成。其承载能力强、刚度大、自重轻、抗震动。但耗用钢材多,结构易锈蚀,耐火性较差,应采用相应防护措施。一般用于大型、重型、高温或振动荷载较大的厂房。例如大型炼钢厂、铸钢厂、锻造车间等。

钢筋混凝土骨架结构的单层工业厂房,一般都采用预制装配式,其柱、基础、屋架、联系梁、吊车梁、大型屋面板等都是预制构件。

3.3.2.1 预制钢筋混凝土柱

预制钢筋混凝土柱的形式和厂房跨度、高度、吊车荷载有关。

A 矩形(截面)柱

矩形柱外形简单,制作方便,两个方向受力性能较好。但混凝土用量多,自重大,不能充分发挥混凝土的作用,适用于荷载较小的柱。例如无吊车梁的厂房或吊车荷载较小的厂房。柱身伸出的牛腿用于支撑吊车梁。

B 工字形(截面)柱

工字形柱是将横截面受力较小的中间部分混凝土省去,节约混凝土30%~50%,是目前采用较多的一种形式。

C 双肢柱

双肢柱是由两根主要承受轴向力的肢杆和连系两肢杆的腹杆组成。腹杆有水平的和倾斜的两种。

平腹杆双肢柱外形简单,制作方便,便于安装管线,但受力性能不如斜腹杆柱。

斜腹杆双肢柱呈桁架形式,斜腹杆基本为轴向力,弯矩小,节省材料,但制作较复杂。适用于厂房高,吊车吨位大的厂房。

D 管柱

管柱是在离心机上制作成型的,质量好,便于拼装,但是预埋件较难做,与墙连接也不如其他柱方便。

柱的种类见图3-32。

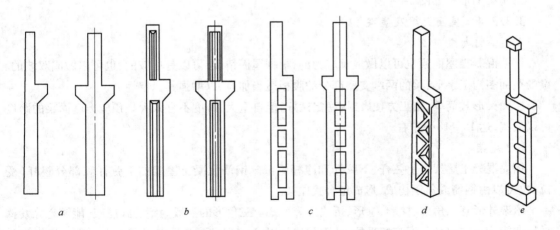

图 3-32 柱的种类示意图

a—矩形柱;b—工字形柱;c—平腹杆双肢柱;d—斜腹杆双肢柱;e—管柱

3.3.2.2 基础

装配式钢筋混凝土柱下面的独立基础,通常都采用杯形基础如图3-33所示。

为了便于柱安装在基础的杯口内,杯口应大于柱的截面尺寸,杯口底部也略大于柱的截面尺寸。柱口深度应满足柱的锚固长度要求。

柱吊装就位经校正并用楔子固定,然后用 C20 细石混凝土填实柱与杯口间的缝隙。

3.3.2.3　吊车梁

钢筋混凝土吊车梁沿厂房纵向设置在柱的牛腿上。在吊车梁的上面铺设钢轨,吊车的轮子沿钢轨往返滚动运动。

吊车梁直接承受吊车的起重、运行、制动时产生的各种荷载,并可传递厂房的纵向荷载,保证厂房承重骨架的纵向刚度和稳定性。

吊车梁的类型大致可分为梁式和桁架式两大类。梁式吊车梁有等截面和变截面两种;桁架式吊车梁有(预应力钢筋混凝土)鱼腹式和(预应力钢筋混凝土)折线式的区别。

等截面吊车梁有普通钢筋混凝土和预应力钢筋混凝土两种,其截面有 T 形和工字形之分。

变截面吊车梁中的鱼腹式,下部为抛物线形,比较符合受力特点,能充分利用材料强度,节约材料,减轻自重,但曲线模板制作比较复杂。折线式吊车梁是把曲线变成了折线,简化了模板,制作较方便,而受力特点同鱼腹式基本相同。变截面吊车梁一般都用于吊车吨位大、柱间距大的厂房。

桁架式吊车梁自重相对较小。轻型桁架吊车梁有钢筋混凝土的,也有组合式的。

吊车梁的形式如图 3-34 所示。

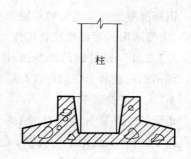
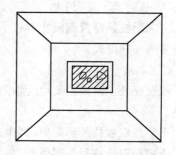

图 3-33　钢筋混凝土杯形基础示意图

3.3.2.4　屋面大梁及屋架

A　屋面大梁

钢筋混凝土屋面梁也可以做成预应力的,根据屋面情况,可以是单坡的,也可以做成双坡的。梁的截面多为工字形,梁的两端支座部分的腹板适当加厚,以增强其稳定性。

屋面梁形式简单,施工方便,结构稳定性好,但自重大,跨度不宜太大。预应力屋面梁的跨度可以大些,达 15~18m 左右。

B　屋架

钢筋混凝土屋架由上弦杆、下弦杆和腹杆组成。钢筋混凝土屋架的下弦杆和部分腹杆(受拉)也可以由钢筋或角钢构成,形成组合式屋架。

屋架外形有三角形、梯形、拱形、折线形等形式。三角形的一般为组合式屋架,能够充分发挥材料性能,上弦杆受压,下弦杆受拉,从而节省材料、减轻自重,但跨度不宜太大。梯形屋架类似屋面梁而腹板变为腹杆,因而可以减轻重量,增大跨度。拱形屋架受力性能更合理,但其端部坡度大,施工和清扫屋面均不方便,也不安全。折线形屋架基本上保持了拱形屋架的合理性特点,又改善了屋面坡度,目前应用较广泛。屋面大梁及屋架形式见表 3-1。

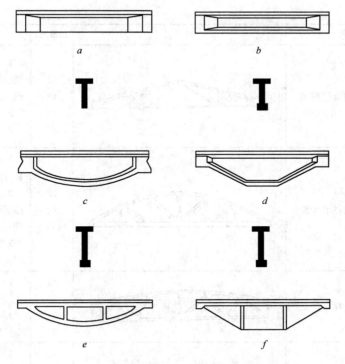

图 3-34 预制钢筋混凝土吊车梁类型示意图

a—钢筋混凝土吊梁;b—预应力混凝土等截面吊车梁;c—预应力混凝土鱼腹梁;d—预应力混凝土
折线式吊车梁;e—钢筋混凝土桁架式吊车梁;f—组合桁架式吊车梁

表 3-1 钢筋混凝土屋架的一般形式及应用范围

序号	名 称	形 式	跨度/m	特点及适用条件
1	钢筋混凝土单坡屋面大梁		6 9	1. 自重大; 2. 屋面刚度好; 3. 屋面坡度 1/8~1/12; 4. 适于振动及有腐蚀性介质厂房
2	预应力混凝土双坡屋面大梁		12 15 18	1. 自重大; 2. 屋面刚度好; 3. 屋面坡度 1/8~1/12; 4. 适于振动及有腐蚀性介质厂房
3	钢筋混凝土三角拱屋架		9 2 15	1. 构造简单、自重小、施工方便,外形轻巧; 2. 屋面坡度:卷材屋面 1/5,自防水屋面 1/4; 3. 适用于中小型厂房

序号	名　称	形　式	跨度/m	特点及适用条件
4	钢筋混凝土组合屋架		12 15 28	1. 上弦及受压腹杆为钢筋混凝土,受拉杆件为角钢,构造合理,施工方便; 2. 屋面坡度 1/4; 3. 适于中小型厂房
5	预应力混凝土拱形屋架		18 24 30	1. 构件外形合理,自重轻,刚度好; 2. 屋架端部坡度大,为减缓坡度,端部可特殊处理; 3. 适于跨度较大的各类厂房
6	预应力混凝土梯形屋架		18 21 24 27	1. 外形较合理; 2. 屋面坡度 1/5 ~ 1/15; 3. 适于卷材防水的大中型厂房
7	预应力混凝土梯形屋架		18 21 24 30	1. 屋面坡度小,但自重大,经济效果较差; 2. 屋面坡度 1/10 ~ 1/12; 3. 适于各类厂房,特别是需要经常上屋面清除积灰的冶金厂房
8	预应力混凝土折线屋架		15 18 21 24	1. 外形较合理; 2. 适用于卷材防水屋面的大、中型厂房; 3. 屋面坡度 1/5 ~ 1/15
9	预应力混凝土折线屋架		18 21 24	1. 上弦为折线,大部分为 1/4 坡度。在屋架端部设短柱,可保证屋面有同一坡度; 2. 用于有檩体系的槽瓦等自防水屋面
10	预应力混凝土直腹杆屋架		18 24 30	1. 斜腹杆,构造简单; 2. 适用于有井式天窗及横向下沉式天窗的厂房

3.3.2.5　屋面板

A　钢筋混凝土大型屋面板

钢筋混凝土大型屋面板是工业厂房较常用的屋面覆盖构件。常用的屋面板尺寸为 1.5m ×

6m,也有采用 3m×6m、1.5m×9m、3m×9m 等规格的。屋面板四周有肋,形似板的小梁,整块屋面板状如反放的钢筋混凝土槽,槽底有几条小肋起加固作用,如图 3-35 所示。钢筋混凝土大型屋面板也可以做成预应力的。大型屋面板可以直接搭接在屋架或屋面大梁上。

B 其他形式屋面板

除了大型屋面板以外,还有其他型式的大型屋面板或小型屋面板,如 F 形、L 形以及空心屋面板等如图 3-36 所示。

C 檩条

采用小型屋面板的厂房,因屋面板尺寸较小,需在屋架或屋面大梁上架设檩条,将屋面板搭在檩条上。檩条有普通钢筋混凝土的,也可做防预应力形式的。常用的檩条断面形式有 T 形和 L 形,如图 3-37 所示。

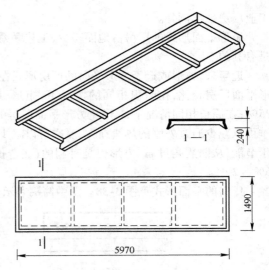

图 3-35 钢筋混凝土(肋型)大型屋面板

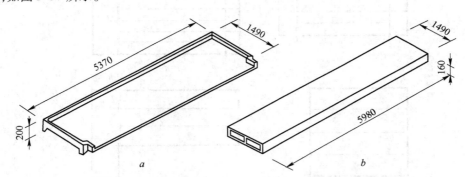

图 3-36 钢筋混凝土 F 形、空心形大型屋面板
a—F 形板;b—预应力空心板

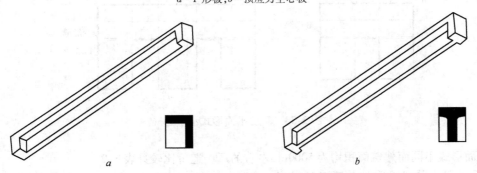

图 3-37 钢筋混凝土檩条示意图
a—L 形檩条;b—T 形檩条

3.3.3 骨架承重结构单层工业厂房平面图

3.3.3.1 单层工业厂房的平面图形式

常采用的单层工业厂房平面图有矩形、方形、L 形和山形等多种形式。骨架承重结构的单层

工业厂房也不例外。

矩形平面形式的厂房占地面积少,工艺联系紧密,运输路线短捷,工程管线较短,从经济上看是有利的。

近年来,方形或近于方形平面的厂房形式在国外发展较快,原因是方形平面厂房与矩形或 L 形平面厂房相比,在面积相同的情况下,矩形、L 形厂房外围结构的周长比方形平面厂房约长 25%;在周长相同情况下,L 形比方形平面厂房的面积少 25%;由于方形平面厂房外墙面积少,冬季可以减少通过外墙的热量损失,夏季可以减少太阳辐射对室内的影响,对防暑降温有利,有利于节能;从防震角度看,方形也是有利的;在造价方面,方形平面厂房要比矩形、L 形平面厂房低 6% ~ 20%。

厂房的平面形式见图 3-38。图中箭头表示产品流程。

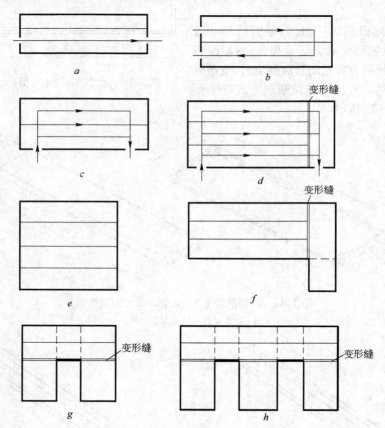

图 3-38　厂房平面形式示意图

平面形式不同而建筑面积均为 5000m² 左右的厂房造价比较见表 3-2。

3.3.3.2　骨架承重结构厂房的柱网

为确定厂房柱子的位置,在平面图上要布置定位轴线。定位轴线有纵横之分。通常,平行于厂房长度方向的定位轴线,称为纵向定位轴线在厂房建筑平面图中,由下向上顺次编号为Ⓐ、Ⓑ、Ⓒ、Ⓓ等,纵向定位轴线之间的距离称为跨度,即屋架的标志长度。垂直于厂房长度方向的定位轴线。称为横向定位轴线。在厂房平面图中,由左向右顺次按①、②、③、…等进行编号,横向定位轴线之间的距离,称为柱距,即吊车梁、联系梁、屋面板等一系列纵向构件的标志长度。

表 3-2 平面形式不同厂房造价比(%)

结构名称	平面形状		
外围结构	100	128	189
柱	100	106	125
基础	100	110	140
总造价/元	100	106	120

在厂房平面图中,纵横轴线相交处,就是柱子的位置。柱子在平面图上排列所形成的网格,就是所谓的柱网如图 3-39 所示。

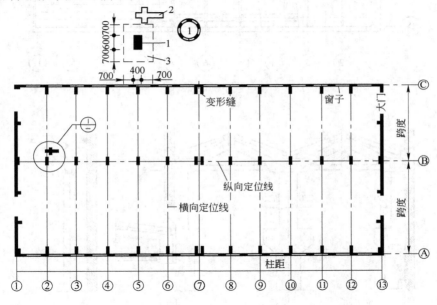

图 3-39 柱网示意图
1—柱子;2—机床;3—柱基础轮廓

柱网的尺寸和生产工艺流程以及生产设备有关,根据有关规定,当厂房跨度小于 18m 时,跨度应按 3m 的倍数增长,即 9m、12m、15m 等;当跨度大于 18m 时,可按 6m 的倍数增长,即 18m、24m、30m、36m。柱距按 6m 的倍数增长,即 6m、12m。

厂房平面图柱网定位轴线的标定方法,由图 3-40 来说明。图中表示三跨单层工业厂房,其中两跨(AB 跨、BC 跨)为 18m 跨车间,高度相等,皆有吊车,起重量不超过 20t;另一跨为 12m 跨车间,不设吊车,高度较低(CD 跨)。定位轴线的标定如下:

边柱的纵向定位轴线与外墙内缘、边柱外缘相重合;边柱的横向定位轴线与柱截面的中心线相重合(图 3-40b)。

等高(AB、BC)跨之间的中柱处的纵向、横向定位轴线,与柱截面的中心线相重合(图 3-40c)。

不等高(BC、CD)跨之间的中柱需设外伸牛腿,以支撑低跨的屋架,其纵向定位轴线与高跨

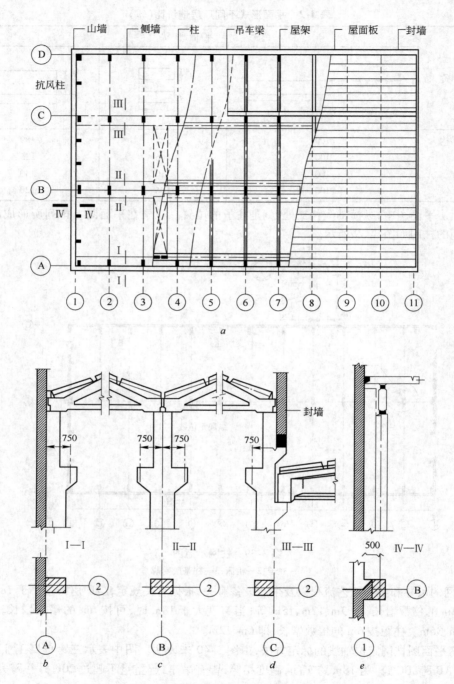

图 3-40 单层工业厂房定位轴线的标定
a—单层厂房结构布置平面;b—边柱;c—中柱;d—高低跨处;e—端部柱

上柱外缘及封墙内缘相重合;其横向定位轴线与柱截面中心线相重合(图 3-40d)。

山墙处的横向定位轴线与山墙内缘相重合,但山墙处往往需设抗风柱,为了满足抗风柱的需要,端部柱的中心线应从横向定位轴线内移 500mm,如图 3-40e 所示。

3.4　生态与绿色建筑、智能建筑

近几十年来,由于科学技术的飞速发展,在经济高速发展的同时,人类对自然的索取越来越多。人类的生产活动和生活方式对地球村的环境质量产生了极大的影响,严重地威胁人类的生存和健康,甚至引起了全球的生态危机。据美国《新闻周刊》报道,21 世纪将困扰人类的几大问题为:温室效应,物种灭绝,资源枯竭,人口过多,大气污染,土地退化及沙漠化,海洋环境恶化,人体健康恶化。

随着社会科学和自然科学的巨大进展,从系统论、控制论、信息论、耗散论、协同论及模糊论到系统工程、环境工程、生态工程和景观工程等,都极大地促进和激活了建筑、规划和园林设计思维的超常发展,人们越来越重视整体思维,注重人与自然的有机结合,力图创造天人合一的人居环境。顺应自然,保护环境,使人类与环境持续共生,已成为人类生产与生活追求的最高目标。正是在这种趋势的发展下,绿色建筑、智能建筑等新型建筑相继兴起。

3.4.1　生态与绿色建筑

绿色建筑是仿效自然生态系统,符合生态学原理,节省能源,可持续发展,不污染环境,不危害人体健康的建筑。它是生态学与建筑学相结合的产物。

绿色建筑以人、建筑、自然环境和社会协调发展为目标,在现有的条件下,利用并适度改造自然,顺应并保护自然生态平衡,力争与自然形成最优关系。其基本的设计原则是,寻求创造适宜人类生存与行为发展的各种生态建筑环境的有效途径与设计方法。这个设计原则应该贯穿到整个建筑过程,从最初的项目可行性论证、环境影响评估及环境策略的制定,到建筑设计、施工,直到建成后的运营管理,甚至还需要考虑到建筑拆除时的材料可回收使用性、垃圾处理等问题。

绿色建筑的主要特点是:

(1)建筑坐落的地理条件,要求土壤中不存在有毒的物质,地温相宜,地下水纯净、地磁适中。

(2)生态建筑完全采用天然材料,如木材、树皮、毛竹、石头、石灰来建造,对这些建材还必须经过检验处理,以确保其无毒无害,并具有隔热功能,有利于供暖、供热水一体化,以提高效率和节能,在炎热季节还可降低户外高温向户内传递和辐射。

(3)生态建筑根据所处的环境设置太阳能装置或风力装置等,以充分利用天然、再生资源,达到既减少污染又节能的目的。

(4)生态住宅内要尽量减少废物的排放。

目前,世界上多以美国的"奥杜本"大楼为绿色建筑,这座大楼经过精心设计和改造,可以节约 36% 的燃料和 68% 的电力,同时拥有自设的废物循环系统,将办公过程中废弃物的 80% 加以回收利用,为世界各国建筑的"绿色理论"提供了实际的参考。

美国国立资源保护委员会总部办公楼从外表看与普遍写字楼并无区别,但它的墙壁是由秸秆压制并经过高科技加工而成,其坚固性并不次于普通木结构房屋,其他板系由废玻璃制成,办公桌用废旧报纸与黄豆渣制成。最具特色的是其外墙缠满爬山虎等多种蔓生植物,这不仅使办公室显得美丽清爽,并且能调节空气,使室内冬暖夏凉,有益身心健康。清华大学设计中心楼是北京首座绿色建筑,也是我国较早的绿色建筑之一。其主要特点是利用南、北两个中庭组织室内自然通风,西立面设置遮阳隔墙,南立面设置遮阳隔板,室内设置较大的休息厅,将植物引入改善景观环境等。

这些绿色建筑不仅减少基本使用费用及营运成本,而且让生活在其中的人身体更健康,工作效率更高。因而,绿色建筑越来越受到人们的青睐。

我国的绿色建筑评估体系去年年底通过专家组审议,已进入应用阶段,是"奥运科技十大重点项目"之一,汇聚了清华大学、中国建筑科学研究院、北京市建筑设计研究院等 9 家机构的 40 余位专家参与研究。绿色建筑评估体系对建筑的指导思想是:最大限度节省资源;最大程度减少对环境的破坏;营造健康舒适的人居环境。这套体系分别从环境、能源、水资源、材料与资源、室内环境质量、日照、防风等众多方面对建筑进行评估,覆盖了建筑规划、设计、施工、验收与运营管理等各个环节,共有几百项指标。根据各项指标的打分,把绿色建筑分为五个等级。

淡绿色建筑不能不提到智能建筑,因为它经常与绿色建筑并列使用,且意义相近。绿色建筑强调的是结果,智能建筑强调的是手段。智能建筑是利用信息化、网络、控制等技术,实现居住的更加安全、健康、舒适,最大限度地降低资源的消耗,最大限度地降低对环境的影响。在信息与网络时代迅速发展的智能化技术,为绿色建筑的发展奠定了基础。从长远来看,绿色建筑既可以解决建筑、城市可持续发展的问题的需要,也是丰富、完善、更新、拓展传统建筑学科内容的需要,具有旺盛的生命力,是实现建筑业跨越式发展的有效途径。

3.4.2　智能建筑

智能建筑是为了适应现代信息社会对建筑物的功能、环境和高效率管理的要求,特别是对建筑物应具备信息通信、办公自动化和建筑设备自动控制和管理等一系列功能的要求,在传统建筑的基础上发展而来的。

自世界上出现第一幢智能建筑至今,关于智能建筑尚未有统一的含义,其主要原因是由于智能建筑的含义是随着科技的发展而不断完善的。我国制定的国家标准《智能建筑设计标准》已于 2000 年 10 月 1 日实施。它是以建筑为平台,兼备建筑设备、办公自动化及通信网络系统,集结构、施工、服务、管理及它们之间的最优化组合,向人们提供一个高效、舒适、便利、安全的建筑环境。

智能建筑是在建筑这个平台上,由三大子系统所构成。建筑平台就是建筑物(包括环境)的本身,如果没有这个平台就无从谈起建筑的智能化。所谓三大系统,是指通信自动化系统(CA)、办公自动化系统(OA)、建筑设备自动化系统(BA),它们一起构成了整个智能建筑。智能建筑的发展,是建筑技术与信息技术相结合的产物,是随着科学技术的进步,而逐步发展和充实的,现代建筑技术(Architecture)、现代计算机技术(Computers)、现代控制技术(Control)、现代通信技术(Commurni Carion),即 A+3C 技术是智能建筑发展的基础。

智能建筑一语,首次出现于美国联合科技集团 UTBS 公司于 1984 年 1 月在康涅狄格州所建设完成的 City Place 大楼的宣传词中。该大楼以当时最先进的技术来控制空调设备、照明设备、防盗系统、垂直交通运输(电梯)设备、通信和办公自动化等,除可实现舒适性、安全性的办公环境外,并具有高效、经济的特点。从此诞生了世界公认的第一座智能大厦,大楼的用户可以获得语音、文字、数据等各类信息服务,而大楼内的空调、供水、防火防盗、供配电系统均为电脑控制,实现了自动化综合管理,使用户感到舒适、方便和安全,引起了世人的注目。随后,智能大厦便蓬勃发展,以美国和日本兴建的最多。

我国智能建筑的起步较晚,直到 20 世纪 80 年代末才有较大的发展,近几年来在北京、上海、广州等城市,相继建起了数幢具有相当水平的智能建筑。

据不完全统计,到 1999 年底中国内地智能化建筑的数量约为 1400 座,其中上海约有 400 座,北京约有 300 座,广东省约有 250 座,江苏省约有 200 座,按建筑高度分,其中有 35 座大楼高度超过 180m。表 3-3 中列出高度超过 200m 的 20 座大厦。

表 3-3 高度超过 200m 的智能化大厦

序号	建筑物名称	地点	高度/m	地上/地下/层	建成年份
1	金茂大厦	上海	420	88/3	1998
2	信兴(地王)大厦	深圳	325	81/3	1996
3	中信大厦	广州	322	81/2	1997
4	赛格广场	深圳	292	72/4	1998
5	中银大厦	青岛	246	58/4	1996
6	明天广场	上海	238	60/3	1998
7	交银金融大厦北楼	上海	230	55/3	1998
8	武汉世界贸易大厦	武汉	229	58/2	1998
9	浦东国际金融大厦	上海	226	56/3	1998
10	彭年广场	深圳	222	58/4	1998
11	鸿昌广场	深圳	218	60/4	1998
12	武汉国际贸易中心	武汉	212	53/3	1996
13	万都中心	上海	211	55/2	1998
14	京广中心	北京	208	57/3	1990
15	上海国际航运大厦	上海	208	50/3	1998
16	金鹰国际商城	南京	206	58/2	1997
17	上海森茂国际大厦	上海	203	46/4	1997
18	广州新中国大厦	广州	202	51/4	1998
19	佳丽广场	武汉	202	54/2	1997
20	大连远洋大厦	大连	201	51/4	1998

3.4.3 太阳能建筑

继 20 世纪 70 年代能源危机之后,地球资源与环境问题日趋严重,已对人类生存构成了极大的威胁。人们开始重新认识古代农业文明时代就已孕育着的绿色思想。1992 年纽约世界环境发展会议,正式标志了新的绿色文化的诞生。绿色建筑随即兴起。它以尊重生态,尊重环境为基本出发点,结合生态设计原理创造出理想的人居环境。大力发展可持续建筑是目前及今后世界建筑的发展方向。太阳能是取之不尽,用之不竭、巨大而又无污染的能源,太阳能建筑是一种良好的可持续建筑,它具有良好的发展前景。

为满足居住者的舒适要求和使用需要,现代建筑需具备供暖、空调、照明等一系列功能。用太阳能代替常规能源提供建筑物质的上述功能要求,即为太阳能建筑。太阳能建筑的发展大体可分为三个阶段:第一阶段为被动式太阳房,它是通过建筑朝向和周围环境的合理布置,内部空间和外部形体的巧妙处理以及建筑材料和结构、构造的恰当选择,使其在冬季能集取、保持、储存、分布太阳热能,从而解决建筑物的采暖问题;同时在夏季又能遮蔽太阳辐射,散逸室内热量,从而使建筑物降温。被动式太阳房不需要或仅使用很少的动力和机械设备,几乎没有运行费用,维修费用也很少,一次投资也少。第二阶段为主动式太阳房,它是一种以太阳能集热器、管道、散热器、风机或泵以及贮热装置等组成的强制循环太阳能采暖系统或与吸收式制冷机组成的太阳能供暖和空调的建筑。主动式太阳房所采用的太阳能供暖系统主要有:热风集热式供热系统、地下集热式地板辐射采暖系统、太阳能空调系统、地下蓄热式供冷暖系统等。主动式太阳房一次投资高、技术复杂、维修管理工作量大,同时又要消耗一定量的常规能源。第三阶段则发展为利用太阳电池等光电转换设备提供建筑所需的全部能源,完全用太阳能满足建筑供暖、空调、照明、用电等系统功能要求的所谓"零能房屋"。

21 世纪的建筑,应该是全方位应用太阳能的建筑,建筑设计应该是建筑结构和太阳能集热器,采暖空调等建筑设备(或建材)有机结合的设计。能耗指标将成为判断建筑物好坏的重要依据。真正的"绿色建筑"应该是低能耗的建筑,而且它可以充分利用自然资源和可再生资源。理想情况,就是"零能房屋"即由太阳能光电转换装置的太阳能电池组件来提供建筑所需要的全部能源消耗,真正做到清洁、无污染、零能耗。由于目前国内太阳能电池的价格昂贵,故"零能房屋"的实施还需要一个较长的时期。但它终究代表了 21 世纪太阳能建筑的发展方向,也是"太阳能与建筑一体化"的终极目标。

目前已有 80 多个国家和地区从事太阳能建筑的研究,国际上也设有"太阳能建筑学"专业。世界上已建成各类太阳能建筑 50 多万栋,其中日、美约占 90%。中国建筑学会也已于 1986 年成立了"太阳能建筑学组"。我国自 1977 年在甘肃民勤县建成第一栋太阳能房以来,已先后在北京、天津、河北、辽宁、河南、青海、山东、西藏、内蒙古等 16 个省、市、自治区建成各类被动太阳房 1000 多栋,建筑面积达 40 多万 m^2(截至 1996 年)。

3.4.4　动态建筑

动态建筑综合了建筑、结构、机械、自动控制等多学科技术,利用高科技为环境和艺术形象服务,在一定程度上拓宽了建筑技术和建筑审美的新视野。动态建筑改变了传统建筑固定的空间形态,使建筑可以根据使用功能或使用要求的变化而提供变化的空间,这种变化的空间是通过主体结构构件的运动来实现的。处于建筑功能的需要,人们凭借现代科技,建造了一些可动的建筑物,如较早就有的天文台开启穹顶,开启式桥梁、水利闸门,以及屋顶可开启的体育场馆,这些动态构筑物给现在设计建造大规模动态建筑在技术上提供了可能性。

动态建筑的本质就在于建筑所提供的空间是能够变化的,如果内部不存在使用的空间,或者这种内部空间不能够变化,或者这种变化只是小范围的(如门、天窗的开启),都不能称作动态建筑。屋顶旋转餐厅、电梯虽然按不同的形式运动着,但它的内部空间并没有变化,因此它不是动态建筑;可开启的桥梁是根据轮船的高度要求开启,桥与水面构成的空间发生了变化,以使轮船得以通过;船闸利用水位的变化改变船闸的空间使轮船通过,它们的空间是动态的,但严格意义上讲应该称其为动态构筑物。

从技术方面讲,动态建筑所涉及学科的综合性,已超出常规建筑学和土木工程学的范畴,成为一项系统工程。动态建筑对于结构可靠性、耐久性、材料选择、施工工艺等方面提出了挑战,为实现理想的运动方式,需要建筑师和结构工程师熟悉机械传动原理,了解机械加工、装配以及自动控制等学科专业知识,最终需要的是多学科、多专业的通力合作。从审美方面讲,动态建筑与固定建筑最大的不同是在三维空间中引入了时间。动态建筑在空间、功能,尤其是美学效果上具有独特意义,可以称其为"四维建筑"。歌德曾说:"建筑是凝固的音乐,这已成为对建筑美学的经典诠释,动态建筑的运动轨迹或运动范围是有限的,静与动、封闭与开放、收敛与张扬,使得动态建筑更具鲜明的音乐韵律。"

动态建筑在我国尚属起步阶段,对人们生活的影响还没有充分显现出来。目前,我国第一座动态建筑是由上海交大建筑设计院设计的昆明世博园孔雀艺术广场。艺术广场的舞台是可以开合的,利用两侧可移动的运动平台,使演出舞台扩大了,为舞美设计提供了自由的空间;屋顶的开合可与剧情结合;为满足观众视线变化的要求,观众席也可以根据水幕电影、喷泉、文娱演出的安排而仰合。昆明世博园艺术广场这一动态建筑为剧场设计及使用引入了一个全新的概念,即建筑已不是仅仅提供能够满足传统的视线、音响、灯光功能的观演空间,其内部空间可以紧密结合剧情的要求而变化,是舞台美术不可分割的组成部分。

动态建筑在一定程度上拓宽了建筑技术和建筑审美的新视野,对现代建筑实践和理论是一种补充和拓展,有着独立的价值和意义。

人们参与体育活动的意识不断增强,建造一个全天候的屋顶可开合的体育场馆越来越被人们所追求。根据气候的变化而开闭的屋顶更能够满足人们对阳光、空气的需要,从而改变无论春、夏、秋、冬都要通过大型空调方式来维持对空气、温度和湿度的要求,也节约了能源。目前,世界上可以开合的屋盖超过 $10000m^2$ 的体育馆已经有 10 座以上,如日本小松体育场、加拿大蒙特利尔奥林匹克运动场、美国匹兹堡市民体育场、韩国的釜山体育场。

试想,如果有一天我们所居住的房屋的一片墙或屋顶能够根据需要打开,引入夏日凉爽的夜风,欣赏明亮的星空,而冬天的午日让温暖的阳光洒向房间,这将是一个多么惬意的情景啊!

4 公路工程

4.1 概　述

人类最基本的社会活动是物质资料生产活动,商品生产社会的产生,必不可少的环节之一是交换。一个企业参与交换的产品可能是另一企业的原料,一个部门的最终产品又会是另一部门的劳动对象,一种成品在社会上既是最终消费品,又可能用作原材料。在这些交换过程中都离不开运输。在生产过程中,从原料进厂到产品出厂的各工序、各车间之间也需要由运输业务来联系。在国家进行建设过程中,一个项目,无论是水利工程,房建工程,也不管是工业所用或为民用住宅,都需要有大量的物资运输,作为运输设备的公路及铁路的修筑与铺设,也不例外。毫不夸张,现代的生产与建设离开运输是无法进行的。

自汽车出现以后,公路运输也随之产生,到上世纪 30 年代,汽车运输开始进入较快的发展阶段,第二次世界大战后发展更为迅速。到上个世纪 80 年代末,全世界公路猛增至 2000 多万千米,已承担世界货运量的 80% 以上,成为当今世界的主要运输方式。

追其原因,是由于公路运输机动灵活,可实现门到门的直达运输,避免中转重复装卸;又因适应性强,批量不受限制,时间不受约束,更适于贵重、易碎、保鲜货物的中短途运输;再者可实现四通八达、深入偏僻山村腹地以及千家万户,极为方便;运输工具的一次性投资相对来说较小,道路等级随经济力量可高可低。所以不能被其他运输形式所代替。

4.1.1　公路的发展简况

瓦特发明蒸汽机后,1784 年英国人特勒瑞蒂克发明了世界上第一辆蒸汽汽车,时速达 14km。蒸汽汽车的发明结束了几千年来以有机体(人或动物)驱动车辆的时代,但是由于它车体笨重、噪声大、废气污染严重,因而在所有的车辆中,它的寿命最短,只用了不到一个世纪。

1885 年德国人奔驰发明汽油汽车成功,1892 年美国福特制造了世界上第一辆汽车。1913 年福特公司开始大量生产汽车,到 1925 年该公司的年产量达 200 万辆之多。

随着汽车的急剧增加,出现了专为汽车使用的高速公路,世界上第一条高速公路,是希特勒为了侵略需要,于 1932 年开始,用 11 年时间建成,全长为 3860km。意大利、英、美、法以及日本等国,相继也都修建了许多高速公路。到 1980 年,世界公路总里程已超过 2000 万 km,近 30 个国家已建成的高速公路达 10 万 km 以上。其中美国高速公路近 7 万 km,公路总里程超过了 636 万 km。

我国在上个世纪初期从外国进口了第一辆汽车,修建最早的公路是 1913 年开工、1921 年建成的长沙至湘潭公路,全长 50km。1921 年全国通车里程 1100km,1927 年为 3 万 km,至 1949 年约达 13 万 km。原有公路不仅里程少,技术标准低,分布也极不合理。

新中国成立以来,我国的公路建设得到了较快的发展。到 2000 年末,公路通车里程达 14 万 km,改革开放 20 年来增加 35 万多 km,其中高等级公路 24336km。"九五"期间,国家确定加快以"三纵两横两条重要路段"为主的国道主干线建设。到 2000 年底,7 条路共建成 1.2 万 km,其中 28%,即 4000 多 km 在"十五"前期建成。总长 3.5 万 km 的"五纵七横"国道主干线 2000 年底建成 1.79 万 km,预计国道主干线系统可提前 10 年到 2010 年全部建成。

4.1.2 公路的组成与分类

公路是道路的一种,用来联络城市、城镇及工矿基地,主要供汽车行驶,位于地面上的三维线形建筑物。

公路的主要组成部分有路基、路面、桥梁、涵洞,有挡土墙、护坡、护栏等防护工程,还包括边沟、截水沟等排水设备以及交通标准设施等。

按交通部颁《公路工程技术标准》(JTJ001—97),根据使用任务、功能和适应的交通流量分为高速公路,一、二、三、四级 5 个等级。

(1)高速公路。高速公路是具有 4 个或 4 个以上车道,设有中央分隔带,全部立体交叉并具有完善的交通安全设施与管理设施、服务设施,全部控制出入,专供汽车分向、分车道高速行驶的公路。

(2)一级公路。一级公路与高速公路设施基本相同。一级公路只是部分控制出入,是连接高速公路或是某些大城市的城乡结合部,开发区经济带及人烟稀少地区的干线公路。

(3)二级公路。二级公路是中等以上城市的干线公路或者通行于工矿区、港口的公路。

(4)三级公路。三级公路是沟通县、城镇之间的集散公路。

(5)四级公路。四级公路是沟通乡、村等地的地方公路。

公路等级应根据公路网的规划和远景交通量的发展,从全局出发结合公路的使用任务、性质等综合确定。

根据路面所用材料,公路可分为非铺装公路和铺装公路。前者包括土沙质路面的碎石,工业废渣路面的公路,后者一般指沥青混凝土和水泥混凝土路面的公路。

还可以按用途、隶属关系、路面力学性质等进行公路的分类,这里不作细述。

4.2 公 路 路 基

路基是路面的基础,承受路面结构层重量和汽车轮传递的重量,它的强度和稳定性直接影响路面强度、稳定性和使用质量。同时,路基还要受到各种自然因素的影响,例如水分和气温等。荷载的作用会使路基产生沉降变形,水分和气温的变化,冰冻和融化的影响等都能改变路基强度和稳定性。因而,根据实际情况,采取相应的措施,因地制宜保证路基有足够的强度和足够的(水)稳定性,是对路基设计工作的基本要求。

4.2.1 路基的横断面

路基随地形而变化,概括起来主要有三种类型。

(1)填方路基(路堤)。填方路基的典型图式如图 4-1 所示。

路基填方高度应使路肩边缘不被地面的积水淹没,同时还应考虑地下水、毛细水及冰冻作用的影响,不致降低路基的强度和稳定性。

填方高度小于 1.0m 时,属于矮路堤。最小填方高度应严格控制,在干燥地区,一般应高出地面 0.3 ~ 0.5m。在潮湿和排水困难地区,如果路基高度不能满足规范要求,应采取降低水位及设置毛细水隔断层等措施。

填方高 1 ~ 8m 的路基,当有取土坑时,应设置护坡道。高度大于 2.0m 而不大于 6.5m 时,路堤坡脚和取土坑之间设 1.0m 宽的护坡道,填方高于 6.0m 时,护坡道应为 2.0m 宽。

路堤的边坡坡度,应根据填方高度和填料性质不同而有所区别。一般填土路堤边坡均采用

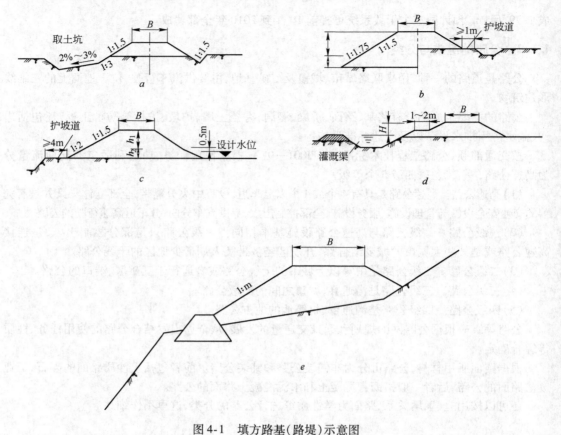

图 4-1　填方路基（路堤）示意图

a—矮路堤；b——般路堤；c—沿河路堤；d—利用挖渠土填筑路堤；e—护脚路堤

1:1.5。当填土高度超过规定数值时,其底部边坡改用 1:1.75,浸水路堤的水下部分边坡采用
1:2,并应视水流情况及填料种类,采用边坡加固及防护措施。对于不同粒料经混合石料路堤,其
边坡的采用,以混合石块中某一粒径的石块居多者为准。如果采用的石料易风化,则路堤边坡应
按风化后的土类设计。表 4-1 和表 4-2 给出了不同填料和高度的路堤边坡坡度值,以供参考。

表 4-1　填土路基边坡坡度

路堤填料种类	路堤高度			路堤边坡	
	总高度	上部高度	下部高度	上部边坡	下部边坡
黏性土,粉性土	18	6	12	1:1.5	1:1.75
砂性土	20	8	12	1:1.5	1:1.75
砾碎石土	20	12	8	1:1.5	1:1.75

表 4-2　石质路堤边坡坡度

石料类别	路堤高度/m	边坡坡度	施工方法
边长或直径小于 25cm 的石料	<5	1:1.33	填筑
	5~20	1:1.5	
大于 25cm 的石料	<20	1:1	
大于 40cm 的平整块石	<5	1:0.5	表面用大石块砌
	5~10	1:0.66	
	>10	1:1	

填方高度大于 20m 时，称为高路堤，其边坡应进行个别设计，并应进行稳定性验算。

（2）挖方路基（路堑）。路堑边坡由天然地层构成，土石性质和构造均取决于原天然状况，但由于路堑开挖破坏了地层的天然平衡状态，加之这种路基形式不利于排水和通风，故病害较多。

路堑边坡坡度应根据当地自然条件、土石种类及结构、边坡高度和施工方法等确定。当地质条件良好且土质均匀时，可参照表 4-3 选定边坡。对于非均质路堑，其边坡可采用折线形式，以适应各土层要求。在挖方较深的路段上，路堑边坡一般较缓，有时还应予以加固。

表 4-3　路堑边坡坡度

土石种类		边坡最大高度/m	边坡坡度
一般土		20	1:0.5 ~ 1:1.5
黄土及类黄土		20	2:0.1 ~ 1:1.25
碎石土和卵石（砾石）土	胶结和密结	20	1:0.5 ~ 1:0
	中密	20	1:0 ~ 1:1.5
风化岩石		20	1:0.5 ~ 1:1.5
一般岩石		—	1:0.1 ~ 1:1.5
坚石		—	直立 ~ 1:0.1

在砂类土、黄土、易风化碎落岩石和其他不良的土质路堑中，边沟外侧边缘与边坡坡脚之间，宜设置碎落台。碎落台的宽度视边坡高度和土质而定，一般不小于 0.5m，当边坡高度大小 2m 或作适当加固时，可不设碎落台。

路堑的弃土应根据土质条件和边坡高度，弃土堆内侧坡脚至路堑边坡顶间的距离，一般为 2 ~ 5m。

弃土堆如设置于山坡下侧，应间断堆积，以保证弃土堆内侧地面水能顺利排出；如果弃土堆设于山坡上侧，应连续堆放，并保证弃土堆和路堑边坡稳定；当沿河弃土时，不得阻塞河道、挤压桥孔和造成河岸冲刷。

弃土堆应堆置整齐，其边坡坡度一般采用 1:1 ~ 1:1.5，顶面应有背向路基的横向坡度，其值不小于 2%。在不影响路堑边坡稳定的前提下，弃土堆可尽量堆高。一般为 1.0 ~ 1.5m。在保证排水的情况下，也可以选择低凹地或荒地铺筑耕地。路堑如图 4-2 所示。

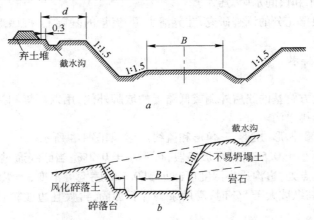

图 4-2　挖方路基（路堑）示意图

a—挖方深度为 1 ~ 12m 路基；b—坚硬土壤路基

（3）半填半挖路基。半填半挖路基是填方路基和挖方路基的综合形式，其最大特点是把路基修筑在倾斜的山坡上。为了保证路基的稳定，一般将地面杂草、松动浮土和石块清除，有时还将地面拉毛,以增强填土和原地面的抗滑能力;如果地面倾斜度较大,为使填方稳定常把地面修成台阶然后填土;当地面坡坡陡于1:2时,需修建挡土墙以保持路基稳定和满足路基的宽度要求;对于陡峭且坚硬整体性好的岩石山坡,则宜修建成半山洞式路基。半填半挖路基如图4-3所示。

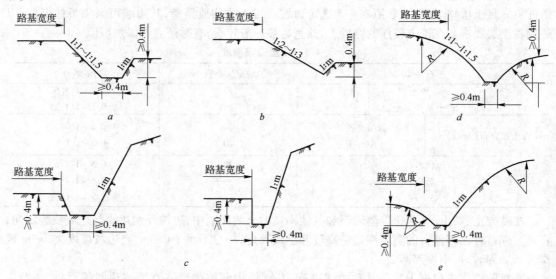

图 4-3　半填半挖路基示意图

a—半填半挖路基;b—矮墙路基;c—护肩路基;d—砌石路基;e—挡墙路基

4.2.2　路基排水

路基的施工和养护,都需要一定的水分,但是浸入路基的水分过多,则会危害路基,引起路基土质松软,强度降低,边坡坍塌,基身沉降或滑动,使路面受到损害而影响交通。

侵害路基的水主要分地面水和地下水。地面水主要是降雨或降雪形成的地面径流,地下水又分为上层滞水、潜水和层间水(承压水)。

路基排水必须根据充分的调查研究,在弄清水源、流量的基础上,按照地质和地形等实际情况,综合考虑。

4.2.2.1　地面排水

A　边沟

边沟是设置在挖方路基的路肩外侧或低路堤的坡脚外侧,用以汇集和排除路基范围内流向路基的小量地面水的排水沟。

边沟断面形式有倒梯形、矩形、三角形和流线形等,如图4-4所示。

边沟纵坡一般不小于0.5%;在平坡路段,可不小于0.2%;当路线通过分水岭时,路堑中的石质边沟在凸形变坡点处,边沟最小深度可减小到0.2m,底宽可不变;当纵坡大而土质差时,需考虑加固措施;当沟底纵坡大于5%时,需用浆砌片石加固,再大且边坡较长时,由于冲刷严重,宜改设跌水和急流槽。

边沟和路基平行,两者纵坡需相互协调,设计时需要兼顾。

边沟的出水口间距不宜大于500m,出水口是水流集中的地方,应作防渗防冲处理;路堑和路堤接头处的边沟,要修建排水沟;边沟水流向桥涵进水口处,应设置急流槽、跌水和窨井,将水引入涵洞(图4-5);在回头弯处开挖排水沟,将水引到路基范围以外的自然沟。

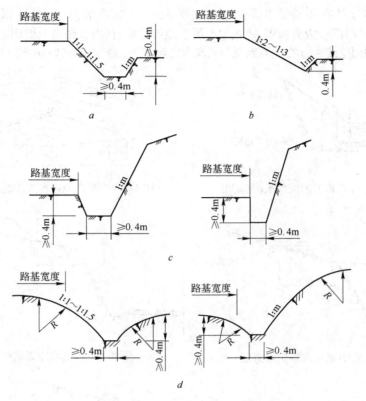

图 4-4 边沟断面形式示意图

a—梯形；b—三角形；c—矩形；d—流线形

B 截水沟

截水沟一般设置在挖方路段土坡较高的坡上，路堑弃土堆外侧，山坡路堤的上坡侧等，用以截排流向路基的地面水，保护路基。

截水沟一般为梯形断面，底宽不小于 0.5m，沟深按设计流量定，一般不应小于 0.5m，边坡视土质而定。

截水沟底纵坡应不小于 0.3%，保证迅速排除地面水流。对土质地段的截水沟，应做防渗加固处理；当山坡覆盖层较薄且又不稳定时，可将截水沟底设在基岩上，一方面保证沟身稳定，再者又可

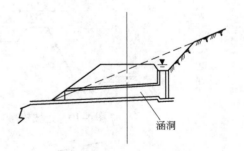

图 4-5 边沟水流入涵洞前的窨井（单级跌水）

截排覆盖层与基岩之间的地下水；在陡坡处设置截水沟时，为了少破坏覆盖层，可以用片石砌筑截水沟，断面呈矩形槽状（图 4-6），截水沟转弯处应以曲线连接；由于地形限制，无法设置出水口时，可以分段设置截水沟，中部用急流槽连接（图 4-7）。

挖方路基坡顶的截水沟，离坡顶边缘的距离应依土质而定，以不影响边坡稳定为原则。对一般土层，距离应不小于 5m（图 4-8）；对于软弱层地段（如破碎、松散、淤泥层等），其距离通常为坡高 H 再加 5m，但不应小于 10m；截水沟挖出的土可在截水沟下侧截成土台，其顶有 2%倾向截水沟的横坡，土台坡脚距坡顶边缘要有适当距离（图 4-8）；路基坡顶有弃土堆时，截水沟应设在弃土堆外侧，距弃土堆坡脚 1~5m，弃土堆距坡顶边缘不小于 10m（图 4-9）；当挖方路段土坡较高

且降雨量较大时,可在边坡上加设平台,在平台上加设截水沟,拦截坡顶流下来的水流(图4-10)。这时的截水沟应加固,防止渗水影响边坡稳定;在山坡路堤上坡侧的截水沟,离路堤坡脚至少2m,并用挖截水沟之土,在路堤与截水沟之间修一土台,以2%倾斜向截水沟(图4-11)。

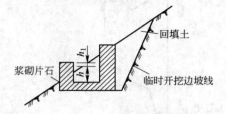

图4-6　浆砌片石矩形断面截水沟示意图

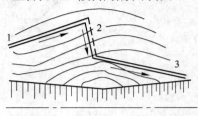

图4-7　中部用急流槽连接的截水沟示意图

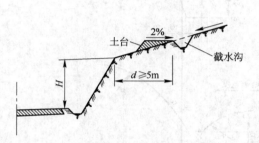

图4-8　挖方路段截水沟示意图

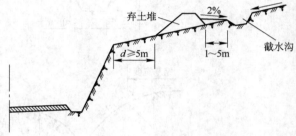

图4-9　弃土堆外侧截水沟示意图

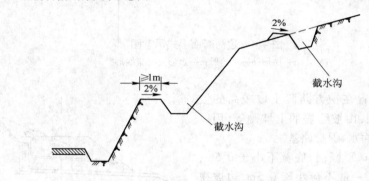

图4-10　边坡较高时,边坡平台上截水沟示意图

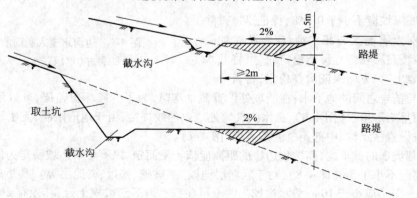

图4-11　山坡路堤上方截水沟示意图

截水沟的水一般应避免排入边沟,可以排入截水沟所在山坡一侧的自然沟中,或引到桥涵进口处,以免在山坡任其自流,造成冲刷。

C 排水沟

排水沟即引水沟,是引导水流至指定地点的沟渠。排水沟的长度通常在 500m 以内,横断面一般呈梯形,尺寸大小可按边沟或截水沟的排水量确定,底宽不小于 0.5m,深度也不宜小于 0.5m,土质边坡常采用 1:1.5,沟底纵坡不小于 0.2%。

4.2.2.2 地下排水

地下排水主要有暗沟、渗井和渗沟(图 4-12)等。暗沟是设在地面以下引导水流的沟渠,渗井是地面水通过竖井渗入地下排除;渗沟是在地面以下汇集流向路基的地下水,将其排至路基范围以外,保持路基干燥。

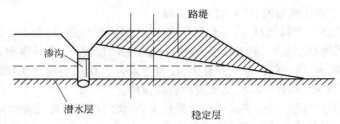

图 4-12 拦截潜水流向的路堤渗沟示意图

填石渗沟(盲沟),由排水层(砾、卵石)、反滤层(砂)和封闭层组成。用于排水量不大,渗沟不长的地段,是一种常用渗沟,建造时应注意滤层的质量,防止淤塞失效。由于阻力较大,其纵坡不应小于 1%,一般常用 5%。

管式渗沟一般用于引水较长地段,最小纵直线为 0.5%。实质上就是填石渗沟的底部埋设有孔的水管,因而排水阻力小。

洞式渗沟用于地下水流量较大而缺乏水管之处。石砌孔洞依渗流大小而定,沟底纵坡不小于 0.5%。

4.2.3 路基用土及压实

4.2.3.1 路基用土

我国"公路柔性路面设计规范"将路基土分为 6 组 17 类,现作以下介绍。

A 石质土(碎石土和砾石土等)

当不含很多细颗粒(如黏土、粉土等)成分时,具有足够的强度和水稳性,是建筑路堤的良好填料。

B 一般土

(1)粗、细砂土和粉质黏土。修筑路基经压实后具有较高的强度和稳定性。在一般土中,前者是最理想的路基用土,后者为较好的路基用土。

(2)砂土(粗、中、细、极细砂和粉质砂土)。没有塑性,透水性好,毛细水上升高度仅 0.2 ~ 0.3m,具有较大的内摩擦抗力。填筑路基,强度高、水稳性好。但由于砂土的黏性小,易于松散,对于水流冲刷和风蚀的抵抗能力很弱,有条件时,可适当掺入一些黏性大的土(轻黏土等),或者将表面予以加固,以提高路基的稳定性。

(3)轻、重黏土(黏粒含量不同)。其性质同砂土相反,它的黏性高,塑性指数大于 17,其中重黏土的塑性指数高达 27 以上,透水性极差;干燥时很坚硬,但浸湿后不易干燥,强度急剧下降;

干湿循环过程中体积变化很大;干燥块不易打碎和压实,过湿时又易压成弹簧土。因此,不是理想的路基用土。

(4)粉性土(粉质砂土,粉土,粉质轻亚黏土,粉质重亚黏土黏粒含量不同)。这是最差的路基用土。含有较多的粉土粒,虽具有一定的黏性和塑性,但不稳定。水浸时易成流体状态(泥浆),干燥时则尘土飞扬。毛细水上升高度可达 0.8 ~ 1.5m,在季节性冰冻地区会造成大量水分累积,导致严重的冻胀和翻浆。因此,在水文、气候条件不良地带,粉性土,特别是粉土,不宜用于修筑路基,不得已应掺配其他土类,以改善路用性质。

对于高级路面的道路,粉质黏土及粉土只允许用于路堤下层,路堤上层(0.6 ~ 0.8m)的整个宽度上应采用非粉质土,如砂土,轻、重亚砂土(黏粒含量不同)或粉土等。

C 其他土

下列几种土用于修筑路堤时,应采取必要措施。

(1)黄土类土大多属于粉质黏土,部分属于黏土,主要由粉粒组成,含有一定数量的钙盐(碳酸钙或硫酸钙)或其他易溶盐类,具有竖孔结构。在未扰动情况下,常呈现很高的壁立状陡坡;在用于填土时结构破坏,成一般性粉质亚黏土,在自重及外力作用下易产生沉降;潮湿时易使边坡坍塌,干燥时易致风蚀,而且不能抵抗水流冲刷的作用。

该类土可以作为路堤填土,由于其粉粒含量较大,夯实时应接近最佳含水量。在湿陷性黄土地区修筑路堤时,应注意基底的夯实和两侧的排水。

(2)黑土。一般属于亚黏土或黏土,含有 4% ~ 7% 或更多的腐殖物质,潮湿时塑性很高,并易于泡软,干燥时有很大的黏性和很高的强度。因而在干燥地区可用于填筑路堤。

(3)淤土、泥炭、硅藻土及含有大量易溶盐类土,除采取特别措施外,不能用于路堤填土。

4.2.3.2 路基压实

A 路基的受力情况

一般情况下,路基承受两种荷载,其一是路面和路基自重引起的静力荷载应为:

$$\sigma_{静} = rh \tag{4-1}$$

式中 r ——路基土的容重(N/cm^3 或 kN/m^3);

h ——相应于路基土自重引起的垂直应力 $\sigma_{静}$ 的深度,cm 或 m。

其二是车轮荷载,应力为:

$$\sigma_{动} = \frac{K_e p}{h^2} \tag{4-2}$$

式中 p ——作用在路基上的车轮荷载,N 或 kN;

K_e ——应力系数,可近似取 $K_e = 0.5$;

h ——荷载下的垂直深度,cm 或 m。

路基荷载的应力分布如图 4-13 所示。可以看出,动荷载引起的应力随深度急剧减小,当深度达一定数值 h_a,$\sigma_{动}/\sigma_{静}$ 之比值 $1/n$ 很小($1/5 ~ 1/10$)时,则动荷载对该深度以下影响甚微,可以忽略不计。因此 h_a 称为路基工作区深度,也就是路基压实必须保证厚度,可近似计算。

$$h_a = \sqrt[3]{\frac{K_e np}{r}} \tag{4-3}$$

B 路基压实要求

(1)路面以下 1.0 ~ 1.2m 以内,由于车轮动荷作用较大,要求尽可能接近最大压实度;以下深度的路堤填土,压实度可适当降低。

(2)高度不大于 10m 的路堤,不受水浸的中层和下层,压实度可低于上层,但对浸水路堤下层,要求同上层一样。

(3)路基不同深度压实系数参考现行规范。

C 路基压实的控制

路基施工必须保证路基工作区深度以内的
压实系数,以使工程发挥正常使用效能。对路基
压实的控制,主要是根据路基土、密实度和含水
量。

土的含水量直接影响到压实效果,各种土的
最佳含水量和最大密度系数参考现行规范。

在施工中,首先应按标准试验方法求得路基
用土的最大密实度 r_0,取最大值 $K=1$,并根据式
(4-2)和规范得到各种路基要求压实度下的实
际密实度 r:

$$K = \frac{r}{r_0} \qquad (4-4)$$

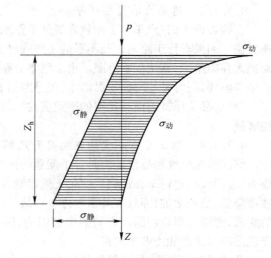

图 4-13 路基土的应力分布示意图

式中 r_0——按标准试验法所得的土最大密实度,g/cm^3 或 kg/m^3;

r——路基填土实际达到的密实度,g/cm^3 或 kg/m^3;

K——压实度(或压实系数)。

4.3 公路路面

4.3.1 路面及其应具备的基本性能

路面是指按行车道宽度在路基上面用各种不同材料(如土、砂、石、沥青、石灰、水泥等)或混
合料,以各种组合形式分层修筑而成具有一定厚度的结构物。

路面直接承受行车车轮的作用,并经受各种自然因素(如雨雪水、气温变化、冰冻等)的影
响,因而要求路面具有一定的性能。

4.3.1.1 路面应有足够的强度

车轮荷载作用于路面上,既有垂直力,又有水平力,并且具有冲击和振动的性质,因而要求路
面具有足够的强度,能抵抗车轮荷载下路面变形,使之不超过允许值。同时,路面强度越高,抵抗
磨损和真空吸力的能力越强,使用寿命越长。

4.3.1.2 路面应有足够的稳定性

路面经常处于各种自然因素的不利影响下工作,容易产生各种病害而导致破坏。土石路面
在雨水渗入后强度降低,易产生沉降、轮辙和裂缝;沥青路面在高温夏季会变软,到冬季天冷时又
会收缩开裂;水泥混凝土路面在高温下可能产生拱胀破坏,遇到低温也会收缩开裂等。

对付这种自然因素破坏作用的办法,就是提高路面的稳定性。稳定性是指强度的变化幅度,
强度变化幅度愈小,稳定性愈好。由水分变化所引起的强度变化,称为水稳性。由于温度变化所
促成的强度变化,称为温度稳定性。而使用时间长久所造成的强度变化,则是时间稳定性(即耐
久性)。

显而易见,对于不同材料修筑的路面,提高稳定性的措施是不一样的。

4.3.1.3　路面应有足够的平整度

实践告诉人们,汽车行走在较高级的平整柏油路面上,行车平稳、不颠簸、乘坐舒适,而且车速较快。如果车行于路面凹凸不平的土路或碎石路面,不但车速慢,而且车身颠簸摇晃厉害,时而把人弹离座位,感觉极不舒服。由于路车因路面不平而产生冲击,更加剧了路车的损坏,增加了油料消耗,同时又使路面积滞雨水,促进路面破坏。

所以,必须保持路面有足够的平整度,提高行车速度,降低运输成本,改善行车条件,减少车路磨损。

4.3.1.4　路面应有一定的粗糙度和足够的抗滑能力

路面的粗糙度和抗滑能力是一个问题的两个方面。光滑路面与行车车轮之间缺乏足够的摩擦力,在雨天高速行车,或紧急刹车、突然启动,或车行爬坡等,均易产生车轮打滑和空转,使行车速度降低,油耗增加,而且容易引起停车事故。结冰路面上车易离道就是证明。具有一定粗糙度的路面,能增大车轮与路面之间的摩擦阻力,防止空转与打滑,利于提高行车速度和行车安全。车速愈高对抗滑能力要求愈高。

此外,路面应具有尽可能低的扬尘性,力求没有面层磨耗作用而产生的有害健康的副产品,防止行车条件恶化。

4.3.2　路面的结构层次划分

路面承受荷载所产生的应力,随深度而逐渐减小。因而对道路强度的要求,必然是路面最大,(垂直)向下逐渐变小。根据受力情况、使用要求以及自然因素等作用程度的不同,路面都是分层铺筑的,按照各结构层在路面中的部位和功能,路面可分为面层、基层、垫层(图4-14)。

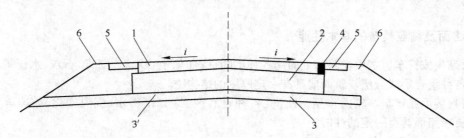

图4-14　路面结构层次示意图

i—路拱横坡度

1—面层;2—基层(有时包括面层);3—垫层;3′—隔离层;4—侧面;5—加固路肩;6—土路肩

4.3.2.1　路面的面层

路面面层直接与车轮和大气接触,它承受行车荷载各种力的作用以及雨水和气温变化的不利影响最大,所以,面层材料应具备较高的力学强度和稳定性,且应耐磨、不透水,表面应有良好的抗滑性和平整度。

砂石(中低级)路面耐磨性差,容易透水,使用不耐久,容易产生松散、脱落、坑洞和搓板等损坏。为了延长使用寿命,改善行车条件,常在面层上用砾石、石屑等材料铺设厚度为 2 ~ 3cm 的磨耗层。有时还在磨耗层上铺筑 1cm 厚的沙土材料,用以保护磨耗层,延长其使用年限,故称为保护层。磨耗层和保护层不属单独层次,仍属面层组成部分。

面层有时分两层铺筑,即面层上层和面层下层,例如双层沥青类面层和双层式水泥混凝土路面等。

4.3.2.2　路面的基层

路面的基层是路面的主要承重层,承受由面层传来的轮荷垂直压力,并把它扩散分布到下面的层次内。基层的材料应具有足够的强度和扩散应力的能力。基层表面应平整,使面层厚度均匀;基层应能和面层结合牢固,以提高路面的整体强度,避免面层沿基层被推挤和滑移;基层应有足够的水稳性;基层必须碾压密实。

基层也有分两层铺筑的,其上面一层仍称基层,下面一层则称为底基层,其用材可稍差于基层。

4.3.2.3　路面结构的垫层

垫层设于基层下面,适用于排水不良或有冻胀的土基,可以减轻土基的不均匀冻胀,隔断地下毛细水的上升或地表水的下渗;能贮存基层或土基中多余的水分;阻止路基土挤入上面土质基层,以保证路面结构的稳定;帮助扩散基层传递的轮荷垂直压力,以减少土基的应力和弯沉变形。垫层材料应有较好的水稳性、隔热性、吸水性。常用的有两类:一类是松散的颗粒料,如砂、砾石、炉渣、圆石等,用于铺筑透水性的垫层;另一类是能修筑成整体的稳定性垫层材料,如石灰土、炉渣灰土等。

路面结构并不都像图 4-14 所示那样,它只是一个典型示意图,有的路面结构中,一层相当于两层或三层的作用。另外,路面各结构层也是根据实际情况来划分的。例如,改建公路的原路面面层成了新路面的基层,或成为新路面的底基层。

为了保护沥青路面的边缘,其基层比面层每边宽出 0.25m,垫层也应比基层每边宽出 0.25m。

为了便于排水,有时将垫层向两侧延伸,直至路基边坡表面,这时的垫层称为隔离层。

4.3.3　路面的类型及部分路面的构成或施工

路面是用各种不同材料,按不同的配制方式,采取不同的施工方法修筑而成,因而其类型多种多样。

从横断面形式看,路面有:

(1)槽式路面。槽式路面是在行车道范围内把路基筑成路槽,在槽内铺筑路面,除特殊情况外,在整个路面宽度内,一般都做成厚度形式(见图 4-15)。一般公路路面大都采用槽式横断面。

(2)全铺式路面。全铺式路面是在整个路基宽度内,包括路肩都铺筑路面,路面中部厚度最大,逐渐向两侧减薄,边缘外约厚 2～3cm(见图 4-16)。

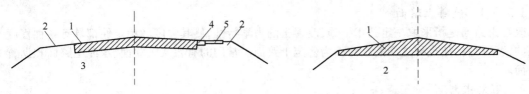

图 4-15　槽式路面示意图　　　　　　　图 4-16　全铺式路面示意图
1—路面;2—土路肩;3—路基;　　　　　　　1—路面;2—路基
4—路缘石(侧石);5—加固路肩

按路面面层(见表 4-4)材料的组成、结构强度、路面所能承担的交通任务和使用的品质不同,可以分成 4 个等级:

(1)高级路面。高级路面包括水泥混凝土、沥青混凝土、热拌沥青碎石混合料和整齐块石、条石等面层所组成的路面。其特点是结构强度高,使用寿命长,平整无尘,适用于交通量大、行车速度高的道路。它的养护费用少,运输成本低,但基建投资大,需要质量高的材料。

(2)次高级路面。次高级路面包括沥青贯入式、冷拌沥青碎(砾)石、沥青碎(砾)石表面处理和半整齐石块等面层所组成的路面。除一次性投资,其他技术经济指标均不如高级路面。

(3)中级路面。该类包括沥青灰土表面处置、水结、泥结级配碎(砾)石、碎石、碎砖和不整齐块石等面层所组成的路面。它的强度低,使用期限短,平整度差,易扬尘,适用于交通量小、行车速度较低的道路。它的造价低而养护费用高,运输成本也就降不下来。

(4)低级路面。低级路面是指用各种粒料或当地材料改善的土筑路面,例如炉渣土、砾石土、沙砾土等。其强度低,水稳性差。不平整且易生尘,雨季常常不能通车,性能不如中级路面。

表 4-4　路面面层类型及其适用的公路等级

路面等级	面层类型	适　　用
高级路面	水泥混凝土 沥青混凝土	高速、一级和二级公路
次高级路面	沥青贯入式碎(砾)石 冷拌沥青碎(砾)石 沥青碎(砾)石表面处治	二级和三级公路
中级路面	沥青灰土表面处治 泥结、水结、干结及级配碎(砾)石	四级公路
低级路面	粒料改善土 当地材料改善土	四级公路

根据路面在荷载作用下的力学特性可分为:

(1)柔性路面。柔性路面是指在荷载作用下弯沉变形(即向下的垂直变形)较大,各结构层本身抗弯拉强度较低的路面。柔性路面主要包括用各种基层(水泥混凝土除外)和各类沥青面层、碎(砾)石面层、石块面层所组成的路面车轮荷载通过各结构层向下传递到土基,使土基受到较大的单位压力,因而土基的强度和稳定性,对路面结构整体强度有较大影响。

(2)刚性路面。刚性路面即指用水泥混凝土作面层或基层的路面结构。水泥混凝土路面在车轮荷载作用下,由于其强度,特别是抗弯拉强度较其他各种路面材料高得多,所以弯沉变形极小,呈现出较大的刚性,故而称为刚性路面。通过刚性混凝土板体的扩散分布作用,荷载传递到土基时,单位压力要比柔性路面下土基小得多。水泥混凝土路面的承载力大不无道理。

根据路面所用材料可以分为:改善土路面、工业废渣路面、块石铺筑路面、碎(砾)石路面、沥青类路面、水泥混凝土路面等。

4.3.3.1　改善土路面

改善土路面是指采取一定技术措施,改善土的力学特性,使其强度和稳定性都具有某种程度提高的筑路材料,故也称这样的土路面为稳定土路面。常用的有石灰土路面、水泥土路面和沥青土路面。

A　石灰土路面

类似房屋建筑的灰土基础,首先将土块粉碎、粉筛石灰,按一定比例和技术要求,使均匀的灰土混合料在最佳含水量下经压实、养护成型的石灰土路面。由于石灰和土发生一系列的相互作用,其强度随着时间增长而发展,随着外部因素作用而变化。实践证明,压实后的灰土经若干年后,其强度和同样条件下土相比要大得多。

石灰土的稳定性,一方面是指它的强度抵抗外部因素作用的能力;另一方面是指它的体积抵抗外部因素作用的能力。所以,对灰土路面来说,抵抗温度变化下的胀缩变形是具有实际意义的。

B 沥青土路面

将土粉碎,用沥青(液体石油沥青、煤沥青、乳化沥青、沥青膏浆等)为结合料,按一定技术要求,将混合料拌和均匀,摊铺平整,碾压密实成型,称这样的路面为沥青稳定土路面。沥青掺入土中,与土中的胶体颗粒之间发生一系列物理、化学过程,形成稳定性的凝聚结构,同时由于沥青对土的黏结作用以及对土中空隙的填充作用,从而提高了土的稳定性。土中存在一定的水分对沥青是有利的,它便于沥青渗入到土团内部。

对土的要求,最好是具有坚固颗粒的亚黏土或亚砂土(黏粒含量不同)。对于无黏性的砂,即使掺入较黏稠的沥青,也不能保证所需要的黏聚力和稳定性。对于黏性过大的土,由于常结成团,不易粉碎且不易与沥青拌匀,其亲水性很强,当被水饱和时,路面会因黏土膨胀而被破坏。

要求沥青材料最好是当它与土拌和时,具有充分的流动性,能把土颗粒涂覆,当混合料被压实之后,其黏结力必须迅速增长,以保证有足够的强度和稳定性。

C 水泥加固土路面

这种路面是在土中掺入适当的水泥,在最佳含水量下拌和、压实而成。优点是具有良好的整体性,足够的力学强度和水稳性、冻稳性。缺点是造价较高,施工过程中凝固快,需要成套机械快速施工,使用时易产生干缩裂缝。如果上面铺筑沥青面层,往往会引起细小裂缝,如果用作面层,由于其耐磨性差,需要做沙砾磨耗层。由于该路面适应性强,加固效果好,在国外被广泛用于高级路面和机场跑道的基层。

4.3.3.2 工业废渣路面

A 煤炭工业的废渣

煤炭工业的废渣有煤渣、粉煤灰、煤矸石等。粉煤灰是火力发电厂燃烧煤粉时,从烟气中收集的细灰。煤粉燃烧后,约有15%的残渣沉积锅炉底部,以炉渣形式排出。采用块状煤时,火电站排出炉渣。煤矸石是采煤过程中产生的废石,煤矸石在山上自燃后成为烧岩,是一种很好的筑路用碎石材料,饱水后的承载力略高于普通碎石。

B 钢铁工业废渣

钢铁工业废渣有铁渣、钢渣两大类。铁渣是由高炉、化铁炉在冶炼生铁时排出的废渣,质地坚硬,经破碎后可直接铺筑路面基层或面层。利用铁渣铺路的经验已比较成熟。钢渣是炼钢时(平炉、转炉、电炉)排出的废渣,它的利用也已经开始。

铁渣和钢渣出炉后,在热熔状态时冲水冷却而得到松散颗粒状的水碎渣,具有水硬性和某些化学性能,在自然环境中可自行缓慢硬结。

C 化学工业废渣

化学工业废渣在目前已采用的有漂白粉渣、电石渣和硫铁矿渣等。电石渣是电石消解产生乙炔气后留下的废渣,含石灰成分约50%~55%;漂白粉渣是造纸厂和印染厂使用漂白粉的下脚料,石灰成分较高;硫铁矿渣是制造硫酸的下脚料,硫铁矿渣掺入石灰类废渣,有时还加入高炉水碎渣,修筑路基效果良好。

4.3.3.3 块石铺筑路面

用各种不同形状和尺寸的块状材料(天然的或人工的)铺成的路面,称为块料路面。按所用材料种类和形状,分为块石、条石(长方石)、水泥混凝土块、沥青混凝土块、炼砖等类型。目前除块石、条石常用于一般道路外,其他已很少采用。

块石路面要求块石下部设置垫层,用来垫平基层表面及块石底面,以保持块石顶面平整,并且缓和行驶车辆的冲击和振动作用。在石块之间要求填充填缝料,以固定块石位置。当块石用来作基层时,石块多为锥形、片石或圆石,并用小碎石嵌缝,经压实而成。锥形石块的尺寸与外形,一般应有平整的底面,底面面积不小于 $100cm^2$,石块高度为 $14 \sim 18cm$。

块石路面的主要优点是:坚固耐久,清洁少尘,养护维修方便,适宜重型汽车及履带车辆通行。易于翻修使它特别适用于土基尚不稳定的桥头、高填土路段、铁路平交路口、具有地下管线的城市道路等路况。其主要缺点是用手工铺砌,有些块石还需加工琢制,难于机械化施工,耗费劳力多,铺筑进度慢,施工费用高。

4.3.3.4 碎(砾)石路面

碎石路面是用加工轧制碎石按嵌挤原理铺压而成的路面。分为水结碎石路面、泥结碎石路面、泥灰结碎石路面、干压碎石路面等。

A 水结碎石路面

水结碎石路面是用洒水碾压并依靠碾压中磨碎的石粉作为黏结材料的碎石路面。因为以碾碎的石粉作为结合料,所以宜采用石灰岩或白云岩等石粉具有一定黏性的碎石铺筑。水结碎石主要用于中级路面的面层。

B 泥结碎石路面

泥结碎石路面是用黏土作为填缝结合料的碎石路面。其施工方法有灌浆法、拌和法及层铺法等。所用黏土应具有较高的黏杂物,黏土用量一般为碎石干重的 5% ~ 12%,最多不超过15%。实践证明,灌浆法施工的路面具有较高的强度和稳定性,因而采用较多。泥结碎石路面可用于中级路面的面层,也可用作干燥路段沥青路面的基层。

C 泥灰结碎石路面

泥灰结碎石路面是以碎石为骨料,用一定数量的石灰土作黏结填缝料的碎石路面。因为掺入石灰,面层的水稳性比泥结碎石路面有所提高,施工程序和质量要求同泥结碎石路面。

D 干压碎石路面

干压法一般多用于碎石基层,要求填缝紧密,碾压坚实。如果土基较软弱,应先铺筑低剂量石灰土或沙砾垫层,以防止软土上挤或石块下陷。

对碎石路面而言,石料本身的强度虽然很重要,但路面的强度主要依靠石料颗粒之间的嵌挤锁结作用和灌浆材料和黏结作用而形成的联结强度。其嵌挤力的大小,主要取决于石料的强度、形状、尺寸、均匀性、表面粗糙程度、施工碾压质量等;黏聚力的大小则主要由灌浆材料以及灌浆材料和石料之间的黏附力大小来决定。

构成碎石路面的主要材料碎石料,应具有较高的强度、韧性和抗磨耗能力,应具有棱角且近于立方体,软弱或偏平细长的石料含量不宜超过 15% ~20%,碎石应干净而不含泥土杂物(泥结碎石允许含少量泥)。其最大尺寸应根据石层的厚度而定,坚硬石料不得超过碎石层压实厚度的 0.8 倍。

碎石路面通常铺在砂、砾石、天然砂石或块石基层上,路拱横坡一般取 2.5% ~ 3.5%,厚度约为 8 ~20cm。当厚度大于 15cm 时,一般应分为两层铺筑,上层为总厚度的 0.35 ~ 0.4 倍,下层厚度为 0.6 ~ 0.65 倍,上层宜用粒径较小而坚硬的碎石,下层允许用颗粒较大的但石质较软的碎石。

碎石路面的优点是投资不高,可以随交通量的增加而分期改善,缺点是平整度稍差,易扬尘,泥结碎石路面在雨天易泥泞。

E 级配砾(碎)石路面

这类路面是指采用天然砾(碎)石、工业废渣,按最佳级配原理修筑而成的路面。由于用料粒径大小相间,经压实则形成密实的结构,具有一定的水稳性和力学强度。可用于中级路面的面层,在某些条件下,也可以用作次高级路面的基层。级配砾石路面的强度,通常不及碎石路面,在行车作用下磨耗较大,易出现波浪变形,但施工维修较简单,若养护及时,其使用年限可以接近碎石路面。

4.3.3.5 沥青类路面及其施工

沥青类路面是用沥青材料作结合料黏结矿料或混合料,修筑面层、各类基层和垫层所组成的路面结构。

A 沥青路面的基本特性

沥青作为结合料,增强了矿料之间的黏结力,提高了混合料的强度和稳定性,使路面的使用质量和耐久性都得到提高。与水泥混凝土路面相比,沥青路面表面平整,无接缝,耐磨,行车平稳舒适,振动小,噪声低,施工期短,养护维修简便,适宜分期修建,因而应用较广泛。

沥青类路面属柔性路面,其强度与稳定性在很大程度上取决于土基和基层的性质。沥青类路面的抗弯强度较低,要求路面的基础应具有足够的强度和稳定性。所以,施工时必须根据路基土的特性进行充分的碾压,对软弱土基或翻浆路段必须预先加以处理,对强度进行补强。沥青路面在低温时抗变形能力很低,在寒冷地区为了防止土基不均匀冻胀使沥青路面破坏开裂,需要设置防冻层。由于沥青路面透水性小,使土基和基层内的水分难以排出,在潮湿路段易发生土基和基层变软,导致路面破坏。因此,必须提高基层的抗水性,尽可能采用结合料处治的整体性基层。在交通量较大的路段,宜在沥青面层下设置沥青混合料联结层,以提高沥青路面的抗弯拉强度和抗疲劳开裂的能力。采用较薄的沥青面层时,特别是在旧路上加铺面层时,要采取措施加强面层与基层间的黏结,以防止水平力作用而引起沥青的剥落、推挤、壅包等破坏现象。

B 沥青类路面对材料的要求

(1)沥青材料。沥青路面所用沥青材料有石油沥青、煤沥青、液体石油沥青、沥青乳液等。其标号应根据路面类型、施工条件、施工方法、地区气候条件、施工季节、矿料性质和尺寸等因素而定。

热拌热铺的施工方法,可采用稠度较高的沥青材料;而热拌冷铺类沥青路面,所有沥青材料的稠度可以较低;对浇灌类沥青路面,若采用沥青材料过稠,难以灌入碎石中,过稀又会流入路面底部。因此,这类路宜采用中等稠度的沥青材料;对于路拌类沥青路面,一般都采用稠度较低的沥青材料。

(2)矿料。沥青路面所用矿料的碎石、筛选砾石、轧制砾石、砂、矿粉等。

1)碎石。碎石是由各种坚硬岩石轧制而成的,应具有足够的强度和耐磨性能,根据路面的类型和使用条件选定石料的等级。碎石应是均质、洁净、坚硬、无风化的,应不含过量(2%)的泥土,含水量小于3%,颗粒形状接近立方体并有多棱角,其中细长或扁平的颗粒(是指石块长短边或长厚边之比值大于3的)含量应少于15%,压碎值应不大于20%~30%,碎石与沥青材料的黏附性大小,对沥青混合料的强度和耐久性有很大影响,应优先选用同沥青材料有良好黏附性的碱性碎石。

2)筛选砾石。筛选砾石是由天然砾石筛选而得,正由于此,强度极不均匀,形状圆滑,仅适用于交通量较小的路面面层、基层或联结层等沥青混合料中,不宜用于防滑面层。对交通量较大的道路,若在沥青路面面层采用砾石拌制沥青混合料,在砾石中至少应掺有50%(按重量计)大于5mm的碎石或经轧制的砾石。沥青贯入式路面用砾石时,主层矿料中亦应掺有30%~40%以上的碎石或轧制砾石。

轧制砾石系由天然砾石轧制并经筛选而得,要求大于5mm颗粒中(按重量计40%)以上颗粒至少有一个破碎面,用于沥青贯入式路面时,主层矿料中要有30%~40%以上颗粒至少有三个破碎面。

3）砂。沥青类路面混合料用砂有天然砂、人工砂两类。天然砂包括河砂、山砂、海砂等，最大粒径一般小于2mm；人工砂系从轧制岩石筛选而得，最大粒径一般小于5mm。无论天然砂或人工砂，均要求坚硬、清洁、干燥、无风化、不含杂质，并有适当的级配。河砂、海砂的颗粒缺乏棱角，表面光滑，施工时虽能增加和易性，满足了提高密实度的要求，但内摩擦角较小，应掺入部分人工砂。

4）矿粉。矿粉是极分散的细粒矿料，用于沥青混合料的矿粉，多采用石灰石和白云石磨细的石粉，也可以采用消石灰、水泥、粉煤灰、页岩粉、滑石粉或其他石粉。消石灰对防止亲水性石料与沥青膜剥离颇为有效。

矿粉中所含小于0.074mm的颗粒应不小于30%，但过细颗粒的含量也不宜过多，否则会降低施工的和易性和水稳性。矿粉应当是疏松、干燥（含水量小于1%），为便于和沥青有良好的黏结性，矿粉应当亲水性较小。

C　沥青类路面的施工

沥青类路面一般都要求在温暖干燥的气候条件下施工，所用沥青材料在施工时具有较大的流动性，便于路面摊铺和压实成型，并应在气温较高（不低于15℃）的时期施工。热拌热铺类的沥青碎石路面和沥青混凝土路面，气候影响较小，仅要求晴朗天气和气温不低于5℃时便可施工。若施工气温较低，则应采用热拌冷铺法施工。

（1）洒铺法沥青表面处治。沥青表面处治是沥青和细粒矿料分层筑成厚度不超过3cm的薄层路面面层。薄层不起提高强度作用，主要用来抵抗行车的磨耗，增强防水性，提高平整度，改善行车条件。沥青表面处治按洒铺沥青和洒铺矿料的层次多少，可分为单层式、双层式和三层式。单层式为洒铺一次沥青、一次矿料，厚度为1.0～1.5cm；双层式为洒铺两次沥青、二次矿料，厚度为2.0～2.5cm；三层式为洒铺三次沥青、三次矿料，厚度为2.5～3.0cm。所用矿料最大粒径应与所处治的层次厚度相当，其最大最小粒径比例应不小于2。一般采用"先油后料"法施工，即先洒铺一层沥青，后铺洒一层矿料。

（2）洒铺法沥青贯入式路面。沥青贯入式路面是在初步碾压的矿料层上洒铺沥青，再分层铺嵌缝料，洒铺沥青和碾压，并借行车压实而成，其厚度一般为4～8cm。

沥青贯入式路面具有较高的强度和稳定性，其强度的构成，主要依照矿料的嵌挤作用和沥青材料的黏结力。该路面是一种多孔隙结构，为防止路表水浸入和增强路面的水稳定性，其面层的最上层必须加铺封层。

碾压对贯入式路面极为重要。碾压不足将会影响矿料嵌挤稳定，易使沥青流失，形成层次上下部分沥青分布不均；过分的碾压，使矿料易于压碎，破坏嵌挤原则，造成孔隙减少，沥青难以下渗，形成泛油。因此，应根据矿料的等级、沥青的标号、施工气温等因素来确定各次碾压所使用的压路机型号和碾压遍数。

（3）沥青碎（砾）石及沥青混凝土路面。沥青碎（砾）石和沥青混凝土路面，都是采用厂拌法施工的，其过程主要分沥青混合料拌制、运输及现场铺筑两个阶段。

第一阶段是沥青混合料的拌制与运输，它是在工厂利用固定式拌和设备（分间歇式和连续式两种）进行拌和的。间歇式是在每盘拌和时计算混合料各种材料的重量，连续式是在计量各种材料之后，连续不断地送入拌和器进行拌和，一般多采用间歇式拌和设备。为使拌和均匀，需要控制矿料和沥青的加热温度与拌和温度。厂拌沥青混合料拌好之后，通常用自卸汽车运往铺筑现场，应根据运送距离和道路交通状况组织运输，要求沥青混合料运抵铺筑现场时的温度不低于130℃，煤沥青混合料不低于90℃。

第二阶段是铺筑。在基层压实平整后进行摊铺，摊铺分人工和机械两种。混合料摊铺平整之后,应趁热及时进行碾压。此时温度不高于 100~120℃,碾压终了温度,应不低于 70℃,碾压过程分初压、复压、终压三个阶段。

(4)路拌沥青碎石路面。路拌沥青碎石路面是在路上用机械,将热的或冷的沥青材料与冷的矿料进行拌和,再摊铺、碾压而成。我国亦有采用人工就地拌和施工的。由于路拌沥青混合料的塑性较高,故在碾压时应选用轻型压路机碾压 3~4 遍,然后改用重型压路机碾压 3~6 遍,路面压实后即可开放交通。通车的第一个月内,应控制行车路线和车速,以便路面进一步压实,在路面形成后即可做表处层。

4.3.3.6 水泥混凝土路面及其构造

A 水泥混凝土路面及其优缺点

在各种材料所筑成的路面之中,水泥混凝土路面属于刚性路面,正如前面提到的,是因为它的抗弯拉强度较其他材料高,呈现出比较大的刚性,能承受弯矩,路面的厚度 h 是根据它承受弯矩的大小,按混凝土结构原理计算所得。

水泥混凝土路面包括素混凝土、钢筋混凝土、连续配筋混凝土、预应力混凝土、装配式混凝土、钢纤维混凝土、混凝土小块铺砌等面层板和基(垫)层所组成的路面。目前采用最广泛的是现场浇筑混凝土路面,简称混凝土路面。这里所指的素混凝土路面,是指除接缝区和局部范围(边缘和角隅)外不配置钢筋的混凝土路面,也是主要介绍的混凝土路面。与其他路面相比,水泥混凝土路面的优点有:

(1)强度高。我国规范按抗压强度值将水泥混凝土分为 9 个标号,最低的为 75 号,最高的为 600 号。75 号即抗压强度是 $750N/cm^2$。

我国产黄河自卸汽车 QD-351 的载重量为 7t,满载时车的总重达 14.6t,这时的路面承载压力为 $77N/cm^2$,远低于最低标号水泥混凝土的抗压强度。

(2)稳定性好。水泥混凝土路面水稳性、热稳性均较好,其强度还可随时间延长而逐渐提高,不存在沥青路面的"老化"现象。

(3)耐久性好。由于水泥混凝土路面稳定性好,所以经久耐用,一般能使用 20~40 年之久。

(4)养护费用低。与沥青混凝土路面相比,水泥混凝土路面养护工作量和养护费用均较少。

(5)有利于夜间行车。水泥混凝土路面色泽鲜明,能见度好,利于夜间行车。

水泥混凝土路面有以下缺点:

(1)水泥和水的用量大。一般修筑 7m 宽的水泥混凝土路面,当厚度为 0.2m 时,每 1000m 长的路面就需要水泥约 400~500t,水 $250m^3$,而且不包括混凝土养护用水在内。对于水泥供应不足和缺水地区筑路带来较大困难。

(2)有接缝。由于材料的热胀、冷缩和施工的需要,水泥混凝土路面一般要修建许多接缝。不但增加了施工和养护的复杂性,而且容易引起行车跳动,影响行车的舒适性,同时接缝又是路面的薄弱点,容易导致路面的板边和板角破坏。

(3)开放交通较迟。由于水泥混凝土路面施工后,需要经过一段(实际都达不到 28 天,约 15 天左右)时间湿养护,以使其达到一定的强度要求。如果需要提前开放交通,则需要采取特殊措施,例如施工时在混凝土内掺入速凝剂等。

(4)修复困难。由于水泥混凝土强度高,一旦损害后,挖除则很困难,修复工作量大,而且影响交通,这对于有地下管线的城市道路,带来较大困难。

根据我国的经济能力,目前还不可能大量采用水泥混凝土公路路面。但是由于其强度高,稳定且耐久,能适应重载和高速繁密的汽车运输要求,在我国的一些城市道路、工矿道路、停车场和飞机场跑道,已经得到广泛运用。随着我国的经济建设不断发展和国力不断增强,水泥混凝土路面在我国将会越来越广泛地被采用。

B 水泥混凝土路面的土基

根据理论分析,通过刚性路面的基层传到土基上的压力很小,一般不超过 0.05MPa,即 5N/cm²。所以,从强度上看对土基要求不高,而对土基稳定性的要求仍然不能降低。实践表明, 一旦土基受到水的侵害而失去稳定,产生不均匀沉降,使水泥混凝土路面板出现土基不均匀支 承,车荷就会使板底产生过大的弯拉应力而导致路面板破坏。

水泥混凝土是一种脆性材料,抗拉强度只等于其抗压强度的 1/8 ~ 1/20,抗弯拉强度约为它 的抗压强度的 1/6 ~ 1/7。因而,要尽量发挥水泥混凝土抗压强度高的优点,力求在荷载作用下 不产生过大的弯拉应力,避开其弱点。

路基的不均匀支承是路面板产生过大弯拉应力的主要原因。所以找出原因才好预防。路基 产生不均匀支承的可能有:

(1)不均匀沉降。造成不均匀沉降的因素有:湿软地基未达充分固结;土质不均匀;压实不 充分及新老路基交接处处理不当。

(2)不均匀冻胀。纵观原因可能是季节性冰冻地区,土质不均匀(对冰冻敏感性不同);路基 潮湿条件变化。

(3)膨胀土。造成膨胀土的可能有:在过干或过湿时(相对于最佳含水量)压实;排水设施不 良。

控制路基不均匀支承的办法:

(1)把不均匀的土掺配成均匀的土。

(2)控制压实时的含水量接近最佳含水量,并保证压实度达到要求。

(3)加强路基排水设施,对于湿软地基应采取加固措施。

(4)加设垫层或隔离层,以减小路基可能产生不均匀变形对层面的不利影响。

C 水泥混凝土路面的基层

水泥混凝土路面设置基层的目的是:

(1)防止产生唧泥现象。唧泥是硬石板下土层含水量增加而塑性变形最大,细料含量多和 抗冲击能力低,并且在石板上有多次重复加荷与卸荷情况下,最容易产生的现象。水泥混凝土路 面板直接放在路基上,也同样会产生唧泥现象。铺设基层后,可减轻以至消除唧泥产生。未经处 理的沙砾基层,其细料含量和塑性指数不能太高,否则仍会产生唧泥。

(2)防冰冻。在季节性冰冻地区,用粒状多孔材料铺筑基层,可以减少路基的冰冻深度,从 而减轻冰冻的危害作用。

(3)缓和路基不均匀变形的影响。设置基层,使路基顶面压应力减小,既使路基变形减小, 又使路基不均匀变形对路面的影响减小。

(4)防水作用。在湿软土基上铺筑级配料基层,有利排除从路面渗入路面板下的水分,又可 隔断地下毛细水上升,保护路基的稳定性。

(5)为面层施工(立侧模、运送混凝土等)提供方便。

(6)提高路面承载能力,延长路面的使用寿命。

D 水泥混凝土路面板的平面尺寸

由于水泥混凝土路面需要设置缩缝、胀缝和施工缝,所以,路面形成混凝土板块状态。路面 板各种缝的最终表现形式,基本上是纵缝和横缝。

(1)纵缝的间距,一般在 3 ~ 4.5m 之间。

(2)横缝分缩缝和胀缝:

1)缩缝的间距,一般取 5～6m,在可能产生不均匀沉降的路段、弯道、接近人工构造物的近处以及昼夜温差大的地区,可以采用5m以下的间距。

2)胀缝的间距,一般应根据板厚、施工时的气温及当地经验。通常取值为缩缝间距的 5～10 倍,在路面板较厚、施工时的气温较高时取上限,反之取下限。如果施工气温接近当地最高气温时,胀缝间距离可再增大。但是在变坡处、弯道起讫点、人工构造物的两端及交叉路口等处,应设置胀缝。

E 路面板的横断面形式

水泥混凝土路面板的横断面形式有两种,即厚边式和等厚式。

(1)厚边式。厚边式路面板就是从路面最外两侧板的边部,在 60～100cm 宽度范围内逐渐加厚(图 4-17),形成中间薄两边厚的横断面形式。一般边部厚度较中部约大 1/4。

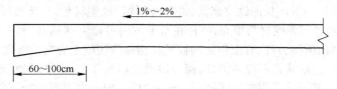

图 4-17 厚边式路面板示意图

采用厚边式路面板是由理论分析得出的结论。因为轮荷作用在板的中部时,板内所产生的最大应力,大约是轮荷作用于板的边部时的 2/3。

虽然厚边式路面板符合理论要求,但是实践表明,在板的厚度变化转折处,易引起板的折裂。可以看出,转折处容易产生应力集中,是板的薄弱点。从施工方面来看,板的厚度变化,使路基和基层的修筑很不方便。因而,目前国内外较少采用。

(2)等厚式。等厚式路面板就是用板边或板角的计算厚度中的较大值作为设计板厚。如果以板中的计算厚度作为设计板厚,则应采取措施,在纵缝和胀缝内设置连接杆和传力杆(见缝的构造),在板边加设纵向边缘钢筋,以加强路面板的边缘部分。

F 缝的构造

(1)缝及其作用。前面已经提到,水泥混凝土路面设置有胀缝、缩缝和施工缝,原因很简单,就是为避免路面热胀冷缩破坏和方便施工而设置的。

水泥混凝土路面的面层具有一定厚度,随温度变化可出现热胀冷缩现象,特别是昼夜温差较大的地区,白天气温较高,路面的水泥经混凝土面层上部温度高于下部,这种温度差会造成面层中间部分向上隆起;当夜晚来临,气温则下降较多,面层的上部温度又低于中部,因而会使面层的边缘部分向上翘起。这些变形因受到面层与基层间的黏结力、摩擦阻力等因素影响,导致面层内部产生过大的应力,造成面层的断裂或拱胀破坏。

针对上述情况,预先把水泥混凝土路面的面层用纵向和横向缝分成块状(图 4-18)。这种接缝的设置,带来的问题是降低或失去了荷载传递作用,因而需要从缝的构造上采取措施。

(2)横缝及其构造横缝是垂直于边行方向的接缝共有三种,即缩缝、胀缝和施工缝。缩缝用于面层因温度和湿度的降低而收缩时,沿薄弱断面缩

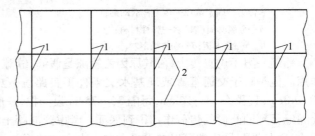

图 4-18 水泥混凝土面层分块与接缝示意图
1—横缝;2—纵缝

裂,从而避免产生不规则裂缝。胀缝保证面层板在温度升高时能部分伸张,避免路面板因高温拱胀和折断破坏,同时它又能起到缩缝的作用。施工缝则是因不能连续浇筑混凝土而设置的,但是,应尽量和胀缝一致。如果不可能,也可浇筑至缩缝处,并做成施工缝的构造形式。

为了避免接缝处向下漏水,接缝应设防水设施。

(1)胀缝的构造。胀缝缝隙一般为 18～25mm 宽,如果施工气温较高,或者胀缝间距较短,可采用低限,反之用高限。缝隙上部约为板厚的 1/4 或 5mm 深度范围内,浇灌填缝料,下部则设富有弹性的嵌缝板,可以是油浸或沥青浸制的软木板制成。

传力杆的设置,是为了保证混凝土板之间能有效地传递荷载、防止形成错台。传力杆一般长40～60cm,直径 20～25mm,普通圆钢筋即可。传力杆位置在胀缝处板厚中央,每隔 30～50cm 设一根。每根传力杆两端分别插在两块混凝土板内,其中一端(半端)固定在混凝土板内,另半段涂以沥青,端部套上 8～10cm 长的铁皮套筒(亦称金属帽)或塑料套筒,筒底与杆端之间留有 3～4cm 的空隙。并用木屑与弹性材料填充,使杆在水平方向可自由移动,以利板的自由伸缩(图 4-19)。在同一条胀缝内的传力杆、有金属帽的杆端在相邻两块板上应交错布置。

胀缝的另一种构造形式是不设传力杆,而在混凝土板缝下部用 100 号混凝土或其他刚性较大的材料,铺成垫枕,其断面采用矩形或梯形(图 4-20)。如果在混凝土板下设置炉渣石灰土等半刚性材料基层,也可将基层加厚,在板缝下边形成垫枕(图 4-21)。

与传力杆相比,胀缝下设垫枕,结构简单,造价低廉,施工方便。

为了防止地面水经过胀缝渗入基层或土基,可以在混凝土面层板与垫枕或基层之间,铺设1～2 层油毛毡或 20mm 厚的沥青砂局部隔水层。

(2)缩缝的构造。缩缝一般采用假缝形式,即在混凝土板的上部设缝隙,下部无缝隙,但当混凝土板收缩时,将会使此处的最薄弱断面有规则地自行断裂(图 4-22),缩缝缝隙宽 5～10mm,缝深约为板厚的 1/4～1/3,一般为 40～60mm,在国外有减小假缝宽度和深度的趋势。假缝内亦需浇灌填缝料,以防地面水下渗以及砂石杂物进入缝内。如果基层表面采用了全面防水(下封闭或沥青表处方式)措施之后,缩缝缝隙宽度小于 3mm 时(用锯缝法施工),可以不浇灌填缝料。

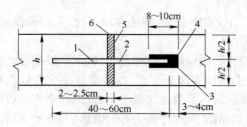

图 4-19　在水平方向可自由移动的传力杆示意图
1—传力杆固定端;2—传力杆活动端;
3—金属套筒(管);4—弹性材料;
5—软木板;6—沥青填缝料

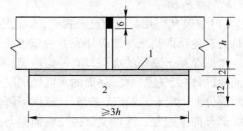

图 4-20　胀缝(板)下设垫枕示意图
1—沥青砂;2—100 号水泥混凝土预制垫枕

缩缝一般不设置传力杆,其原因为缝隙是假缝,缝隙下部断裂面凹凸不平,能起一定的传荷作用。但是对于交通繁重或地基水文条件不良路段,也应在缝隙板厚中央设置传力杆。杆长30～40cm,直径为 14～16mm,每隔 30～75cm 设一根,一般全部锚固在混凝土板内(图 4-23),以使缩缝下部凹凸面的传荷作用得到保证。考虑到混凝土板的翘曲变形,有时也将缩缝的传力杆作为一端锚固,另一端可以在水平方向自由滑动的形式,称这样的缝为翘曲缝。

应当指出,无论是胀缝或缩缝,其传力杆设置时距路面边缘的距离,应比传力杆之间的间距小一些。

（3）施工缝的构造。施工缝采用平头缝或企口缝的构造形式。平头缝上部应设置深为板厚 $1/4 \sim 1/3$ 或 $40 \sim 60mm$、宽为 $8 \sim 12mm$ 的沟槽，槽内浇灌填缝料。为利于板间传递荷载，在板厚的中央也应设置传力杆（图 4-24）。传力杆约 $40cm$，直径 $20mm$，一端锚固，另一端涂沥青或润滑油，亦称滑动传力杆。如果不设传力杆，需用专门的拉毛模板，把混凝土板接头处浇筑成凹凸不平的表面，以利传递荷载。

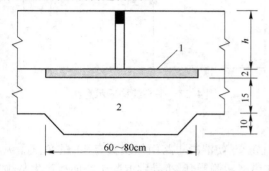

图 4-21 基层加厚式垫枕示意图
1—沥青砂;2—炉渣石灰土

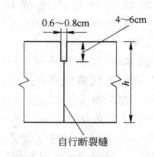

图 4-22 无传力杆的缩缝构造示意图

施工缝的另一种构造形式是企口缝（图 4-25）。

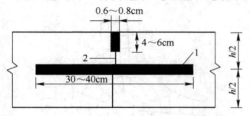

图 4-23 有传力杆的缩（假）缝构造示意图
1—传力杆;2—自行断裂缝

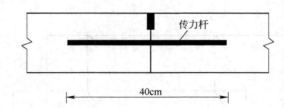

图 4-24 有传力杆的施工缝构造示意图

（4）纵缝的构造。纵缝指的是平行于混凝土路面行车方向的那些接缝。纵缝的构造形式有假缝、平头缝和企口缝，缝内可设拉杆，也可以不设拉杆。

当双车道路面按全幅宽施工时，纵缝可以做成假缝形式。对这种假缝，国外规定在板厚中央应设置拉杆，拉杆的直径可小于传力杆，间距为 $100cm$ 左右，两端分别锚固在缝两边的混凝土板内，保证两侧路面板不致被拉开而失掉缝下部的颗粒嵌锁作用（图 4-26）。

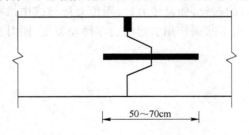

图 4-25 企口式施工缝示意图

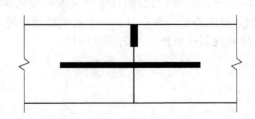

图 4-26 有拉杆的纵向假缝构造示意图

当按一个车道施工时，纵缝可以做成平头式的（图 4-27），做法是当半幅混凝土路面板浇筑好以后，对板侧壁涂以沥青，并在其上部安装厚约 $10mm$、高约 $40mm$ 的压缝板，随即浇筑另外半幅混凝土路面板,待其硬结后拔出压缝板,浇筑填缝料。

为了利于混凝土路面板之间传递荷载,也可采用企口式纵缝加拉杆构造(见图4-25),缝壁应涂沥青,缝的上部也应留有6~8mm的缝隙,缝隙内浇灌填缝料。

为了防止混凝土路面板沿两侧路拱横坡爬动拉开和形成错台,也防止横缝错开,有时在平头式纵缝及企口式纵缝设置拉杆(见图4-26),拉杆长50~70cm,直径18~20mm,间距100~150cm。

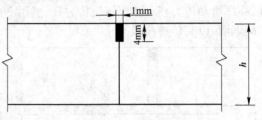

图4-27　平头缝构造示意图

对多车道路面,应每隔3~4个车道设一条纵向胀缝,其构造同横向胀缝。当路旁有路缘石时,路缘石与混凝土路面板之间也应设胀缝,但不必设传力杆或垫枕。

(5)纵横缝的布置。纵缝与横缝一般做成垂直正交,使混凝土路面板块具有90°的角度。纵缝两侧的横缝,一般都做成一条直线。如果横缝在纵缝两侧错开,将导致混凝土路面板产生从横缝延伸出来的裂缝,如图4-28所示。

对于交叉路口范围内的混凝土板块,为了避免出现锐角较小的板块,并使混凝土板的长边与行车方向一致,大多采用辐射式接缝形式,如图4-29所示。

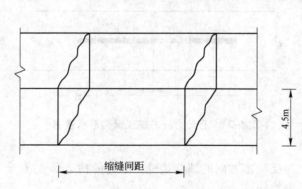

图4-28　横缝错开时引起的裂缝示意图

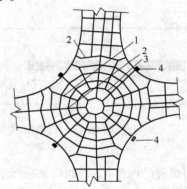

图4-29　交叉路口的辐射式接缝示意图
1—纵缝(企口式);2—胀缝;3—缩缝;4—进水口

目前国外流行一种新的混凝土接缝布置形式,即胀缝甚少,缩缝间距不等,按4m,4.5m,5m,5.5m,6m的顺序设置,而且横缝与纵缝交成80°左右的斜角,如设传力杆,则传力杆与路中线平行,其目的是使一辆车只有一个后轮横越接缝,减轻由于共振作用引起的行车跳动幅度,同时也可缓和混凝土板伸张时的顶推作用。

5 城市道路交通

5.1 城市道路交通的形成和变化

在我国的远古文献《尔雅》中讲到:道者蹈也,路者露也。意即走(踩)的人多了,野地里就显出了路。这和鲁迅先生关于路的概念一致。到了秦代,秦始皇统一了中国,实施了"车同轨",把当时全国的道路统一了起来。到了汉代,据《汉书·贾山传》载:"为驰道于天下,东穷燕齐,南极吴楚,江湖之上,濒海之观毕至,道广五十步,三丈而树,厚筑其外,隐以金椎,树以青松。"由此可见,当时全国的道路已四通八达,道路的规模和质量都相当可观。到了唐代,都城长安是全国政治、经济、文化中心,国内外商业贸易聚集于此。长安城人口超过百万,城市呈方形,采用中轴线对称布置,道路的长度和宽度(宽达30~45m)体现了王朝的尊严和气魄。唐代通往各州的道路也四通八达,如图5-1所示。

自明清之际,西方有的国家已进入资本主义社会,进而变为帝国主义。由于帝国主义列强对中国的野蛮掠夺和封建势力对民众的残酷压迫剥削,中国在近、现代科学技术方面落后了,半封建半殖民地和中国政治上不能独立,经济、文化不能发展,城市交通道路也必然处于落后状态。在19世纪末,中国开始有了火车、辛亥革命前,汽车传入中国,自行车称为洋车,也是外国传入中国的,内河航运也处于落后状态。

解放前,我国的城市化进程很低,城市数量很少,城市道路很落后,就连北京,也是刮风一街土,下雨一街泥。县城就是一个小镇,跟农村差不多。

新中国成立后,国家政权回到了劳动人民手里,城市的管理也回到了劳动人民手里,天变了。随着工农业生产的发展,经济文化的发展,城市化进程加快了,城市数量增加了,10万人口,50万人口,100万人口以上的大中小城市发展很快。城市道路也发展很快,基本上做到了全国公路通到每一个县,较发达地区公路可通到每一个乡,城市道路等级也在不断提高,交通工具也在不断现代化、先进化,真正是今非昔比。

5.2 城市道路交通的性能和组成

城市道路是城市中组织生产,安排生活所必需的车辆,行人交通往来的道路,是连接城市各个组成部分,包括市区、中心区、商业区、工业区、居民区、文化区、风景旅游区,体育场所,郊区等相互贯通的交通纽带。城市道路是城市交通运输的基础,也是各种公用管线、街道绿化、划分街坊、沿街建筑的基础,并在一定程度上影响城市沿街的自然、通风、景观(建筑艺术),城市道路又是市政工程设施的主要部分。

城市道路的组成部分为:车行道、人行道、路基、路面、平面交叉和立体交叉、停车场、排水设施、照明设施、绿化带、交道信号及管制设施、桥梁、隧道等。

城市道路按功能和范围可分为:

(1)公路,指城市、县镇的公路,大城市通向远郊工业区及独立工矿区的公路,工业区、工矿

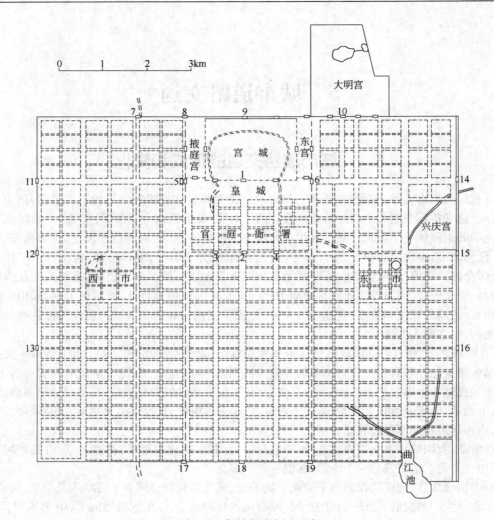

图 5-1　唐长安城布置示意

1—承天门;2—朱淮门;3—含光门;4—安上门;5—安福门;6—延喜门;7—光化门;8—芳林门;9—玄武门;
10—丹凤门;11—问远门;12—金光门;13—延平门;14—通化门;15—春明门;
16—延兴门;17—安化门;18—明德门;19—启夏门

区及县城之间的联系公路。

（2）城镇,县镇内部的道路也称为街道。

（3）厂矿道路,指工业区、工矿区连接国家公路的道路,工业、工矿区内部的道路,它们的性质、特点、功能与国家公路有所区别。

（4）农村道路,城市中农村道路常是简易公路或三合土路,通向集镇、居民点、乡镇企业等,称为马路。

5.3　城市道路交通的特征及分类

城市道路交通是城市道路系统规划设计的重要依据。在规划、设计城市道路时,需要研究城市交通问题,认识和掌握它的规律,使得城市道路的规划设计有可靠的基础。城市道路交通的特征可归纳为以下几点。

5.3.1 城市有许多交通集中点,这些交通集中点,车辆与行人错综交织

城市中的大中型工业企业、高等学校、居民区、文化娱乐场所、商场、车站、码头、公园、体育场等都是人流集中点。铁路货站、江河码头、工业的仓库、堆场、建筑工地等都是货物集散地,这些人流集中点,货物集散地自然是车流、人流集中,忙乱的地方,也是交通紧张的根源。

在一些古老城市中,历史留下来的文物,古建筑、文化设施比较多,吸引人流、车辆在这里集中。在一些旅游景点,在商业中心区(点),在一些影剧院、体育场馆、会展中心、百货公司、火车站,特别到节假日,这些地方人流如织、车辆成群结队,车速和人步行速度差不多。一些特殊地方,如上海南京路上中百一店门前(南京东路和西藏路口),北京王府井大街,前门、西单等地,每小时行人几千几百人次,在火车站,出行的、归来的、下车的、上车的、送客的、接客的,真是人山人海、人声鼎沸,道路拥挤不堪。

5.3.2 城市道路的人、车流量经常变化

城市道路的人,车流量随季节、气候、时间是变化的。比如一天之内,上下班时间是人、车流高峰,碰着风沙雨雪天气,坐车的人就多,至于随季节性的变化是显而易见的。要在工作中善于摸清规律,改善交通情况,如错开上下班时间,高校错开放假就是有效措施。

5.3.3 城市道路上运输工具类型繁多,速度不一

城市道路上的运输工具总的说可以分为机动车辆和非机动车辆。不管哪一类,都还包括好多种,尺寸、速度、载重、性能各有特点,这就造成了城市道路交通复杂的基本原因。

5.3.4 城市道路车流交叉多,相互干扰

经常看到公交车、出租车、人力车在公交车站争地盘、占时间。它们互相影响,互相干扰,影响行驶,还容易出交通事故。除发展一般的立交桥外,还可发展空中高架桥和地下交通,使行车不在一个平面上。在一个平面上也应该分速分路行驶,尽量少平面交叉。道路的平面交叉和立体交叉如图5-2、图5-3、图5-4、图5-5、图5-6所示。

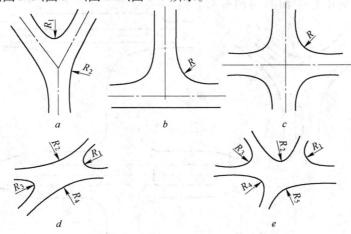

图 5-2　加铺转角式平面交叉示意图
a—Y 形交叉;*b*—T 形交叉;*c*—十字形交叉;*d*—斜交叉;*e*—五枝交叉

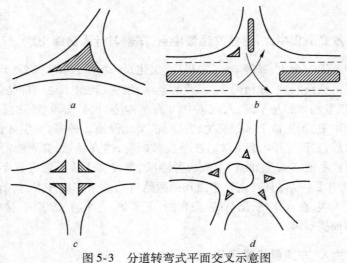

图 5-3　分道转弯式平面交叉示意图

a—Y 型分道转弯式；*b*—T 形分道转弯式；*c*—十字形分道转弯式；*d*—五枝分道转弯式

5.3.5　城市道路需要附属设施和交通管理设施

　　这一类设施包括停车场、停靠站、加油站、交通岗亭、信号灯以及交叉道口的附属设施。随着社会经济发展，车辆品种和数量剧增，我们一些设施跟不上，标准低，应当不断发展，满足人民物质，文化生活提高对城市交通道路的要求。

　　城市道路系统和分类：什么叫城市道路系统呢？城市道路系统是由城市范围内各种不同功能的道路组成的体系。城市道路网是指城市中各种道路在城市总平面图上的布局，城市道路系统的功用不仅能把城市中各个组成部分有机联系起来，同时也是城市总平面布局的骨架。城

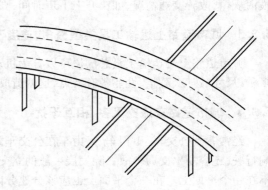

图 5-4　单纯式立体交叉示意图

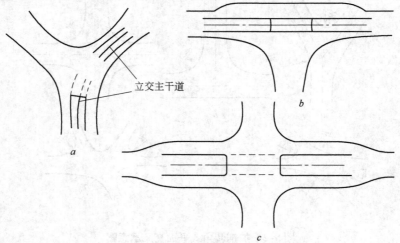

立交主干道

图 5-5　简易式立体交叉示意图

a—Y 形交叉；*b*—T 形交叉；*c*—四枝交叉

市道路系统包括：城市各组成部分之间的联系，贯穿交通干道系统和各个分区内部的生活服务性道路系统，不包括居住小区内的街坊连通道路。

图5-6 互通式立体交叉示意图

a—T形互通式立交；b—Y形互通式立交；c—十字形互通式立交；
d—完全苜蓿叶形互通式立交；e—菱形互通式立交；f—多枝互通式立交

城市道路系统，特别是干道网的规划，直接影响城市交通运输、生产和生活，同时也影响建筑布置。因为城市干道网一旦确定，路网一经形成，所有地上、地下管沟、管线都要沿道路敷设，建筑也要在道路红线（控制线）两侧兴建，很难再改变。因此城市的道路网的规划设计是百年大计。规划和设计中必须结合城市性质、规模，用地功能与分区，交通运输，结合地形地貌、工程地质、水文地质条件，环境保护等进行综合分析，形成一个完整的系统，做到功能分明，线路平顺，交通便捷，布局合理，有利于城市的经济发展，有利于人民群众提高生活水平的要求。

5.3.5.1 城市道路的分类

分类的目的是确定道路在性质上即在为生产、生活服务上的性质、功能，在城市中的地位。确定分类的基本要素是：交通性质，交通量和行车速度。城市道路的分类要综合考虑分类的基本因素，还应结合城市性质，规模及现状来合理划分。

城市道路可分类为：主干道、次干道、支道。还可以细分为：快速交通干道，主要交通干道、交通干道、区干道、支道及专用性道路等六类。快速交通干道的行车速度约为 $60 \sim 80km/h$，主要及一般交通干道的行车速度约为 40～60km/h。大城市道路分类可以细一些,中小城市道路分类可以粗一些。在人流特别集中的区域,街道可设步行街。所谓专用性道路可包括自行车道和步行街道。

5.4　城市交通运输工具

行驶在城市道路上的运输工具种类很多,有不同的分类方法,根据牵引方式,车辆用途,行驶速度都有不同的分类。

我国城市道路上行驶的机动车如客运车、货运车、特种车(如消防车、邮政车、警车、特种货车等)。非机动车辆如摩托车、自行车、三轮车、板车、兽力车等。客运车包括公交车、出租、各单位自备客车包括各种型号、各种速度的小轿车、客货两用车等。

公交车又可分为公共汽车、有轨、无轨电车,是城市中有固定行驶线路、定时往返的一类,按车身结构可分为单车和铰接式两类。公交车的优点是:噪声低,启动快、变速方便。公共汽车的废气排放会造成污染,造成公害。在少数大城市还有地下铁道或更先进的现代化的交通工具(例如上海电磁悬浮列车),这些运输工具运载量大、速度快,时间准,乘客舒适安全。

出租汽车种类很多,速度差异很大,是大中城市中主要的交通工具之一。它的特点是机动灵活方便,可以深入大街小巷,乘客还可以携带行李。

货车也是城市中主要的交通工具,包括工业运输与民用运输,特种货车如冷藏、油罐车、工程车、垃圾车。工程车有超长、超宽、超高的情况。

自行车在我国非常普遍,我国可称为自行车大国。不少居民住户,每家都有几辆自行车,自行车的行车速度为一般 15km/h,机动灵活,对道路要求条件低,很多人不只作为运输工具,通常也作为锻炼身体的器材。

板车、兽力车逐渐少见了。板车常用于生活服务设施。兽力车在城市远郊区,城乡结合部,在城市和农村之间有时还有些用途。

5.5　城市交通对道路的要求

现代化的城市交通涉及交通、道路和环境保护等的综合考虑。城市道路必须满足交通流畅、安全、迅速、运输经济和城市环境保护。

5.5.1　交通流畅、安全、迅速

道路的通行能力和行车速度是最重要的技术经济指标。车速的高低反映了道路与交通组织的技术水平与质量。根据城市规模、道路性质等合理地规定行车速度、组织交通,保证交通流畅、安全、迅速是城市道路交通的目的,这样适当放宽交叉口间距,妥善组织水平交叉,设置必要的立体交叉(如立交桥),让各类车辆各行其道,才能达到上述目的。

5.5.2　道路运输经济

道路交通的运输经济包括道路工程的综合费用(成本费)和道路上的交通运输费用(维修、维护费和运营费)。我们希望以最少的钱获得最大的服务效果,包括成本费、工程维护费、运营收入。尽可能使道路流向多、流量大,运输便宜便捷、平顺、干扰少,这就要求线路设计还要和当地或运行区域内的地形地貌相结合,降低成本,增加运营能力。

5.5.3 环境保护问题

汽车是造成严重污染的行业,包括废气排放和噪声干扰,汽车行业是一个大的、流动的污染源。废气排放是造成酸雨的原因之一,噪声干扰严重影响人们的健康、严重影响人们的工作效率。为了减少污染造成的损害,应当限制汽车噪声、加强绿化、在道路上设置隔音、消音设施,可以有所好转,影响小一些。尾(废)气排放仍是一个重要问题,现代化也带来现代化的不良影响。

5.5.4 道路的相关协调

城市道路不仅是城市的交通纽带,而且也要有沿街建筑群的配合,地上地下各种管线的布置,外国称这些管线为生命线,因为有各种电缆、电线,上下给排水管,天然气、煤气管道,通讯线路。输油管线,各种有特殊功能的线路。这些管线一旦出事故,影响极大,小则造成损失,大则毁灭城市,所以称为生命线。设想如果一座城市断水、断电、断通讯,则这座城市立即就成为一座死城,什么灾难都可能发生。如果各种设施,都能够做到安全、协调,那就对城市的整体面貌有重要影响,这种影响包括两方面:即功能和造型。如我国北京的天安门广场、东西长安大街、又如朝鲜平壤市的千里马大街,把交通干道、林荫路、绿地与道路两旁的高大宏伟的建筑(包括造型和色彩)很好地协调起来,给城市居民和城市流动人口一个整洁、舒适、美观、富有朝气的感觉,自己置身于很优美的环境中。

5.6 城市道路交通的发展方向和趋势

5.6.1 道路交通多样化

我国目前的城市道路相对单一化,大多数是一般的公路,今后的发展方向,首先应是道路的多样化。

(1)发展高等级公路和高速公路。这种道路速度快、车道多,道路上有中间隔离带,交通干扰少,在道路交叉口常设立体相交,限制行人穿越。

(2)发展城市立体交通。铁路和公路,各个方向的公路避免平面交叉,改为立交。这样可以提高速度,减少互相干扰,减少交通事故,使道路交通迅速、准时。为此就要修建许多城市立交桥。立交桥桥址选择结合铁路、公路桥梁选址,还需要结合城市规划、道路交通布局一起考虑。立交桥可分为:普通立交桥、开启桥、浮桥、跨线桥(两条公路、铁路、城市主干道在不同高程交叉时)、高架桥等。从力学上说,桥梁可分为:梁式桥、桁架桥、拱桥、刚架桥、悬索桥、斜拉桥等。

(3)高架桥。在大城市,道路交通日趋紧张,每年死于车祸的人数逐年增加,达到很惊人的程度,远远超过犯罪判死刑的人数。为了缓解城市交通的压力,常修建一些接近城市中心区的高速公路和环城高速公路,也向空中、向地下发展。向空中发展就是高架道路。

一般的高架桥沿街道的轴线布置并通行双向高速交通。当高架桥位于复杂的交叉口地段时,为了分离交通,使车辆各行其道,有时高架桥修建数层,这种结构既是高架桥,又是跨线桥。高架桥也可能位于城市建筑、铁路、河流的上方,高架桥的引道工程也做成高架的形式,可以较好地利用空间。

高架桥在结构上可分为简支板、简支梁、连续梁及箱梁,也有悬臂、悬挑部分,满足力学上的需要。

（4）城市隧道。城市交通向地下发展就是修建隧道。城市隧道可分为铁路隧道、公路隧道。按选址位置可分为山岭隧道、地下铁道、水底隧道、过街人行隧道、市政隧道。隧道的断面形式分为：直墙拱顶式，曲墙（卵形）式，落地拱式。

5.6.2 城市交通工具的多样化

目前我国的城市交通工具也相对单一化，大多数是普通汽车和自行车、摩托车。交通工具也应该多样化，满足人民群众交通方便，快捷、准时，也缓解大中城市的交通紧张的局面。

（1）自行车、摩托车。自行车应当是变速的，可快可慢，目前全靠人力，应当改进机械传动系统，可以满足人们的快速要求，也要有路面的要求，省人力又可快可慢。

（2）汽车。应该有各种型号（如公共汽车、有轨、无轨电车等等），各种速度的汽车，适应各种地形地貌，也要提高服务功能，如残疾人乘车，老年人乘车。

（3）高架车。与高架桥相对应，也应有高架车，这种车首先速度快，过道路交叉口时不受干扰，相对长途乘车者方便些。

（4）地铁列车。这种车速度快、载客量大，不受地面交通干扰。

（5）高空缆车。大城市的近郊远郊，常有山脉，或地面标高相差太大，也常是风景旅游地，解决交通就需要驾空缆车或爬坡车，可以是一节车厢，也可以是列车。

（6）电磁悬浮高速列车。这真正是现代化的城市交通工具，速度很快，载客量大，适合特大城市使用。当然现代化的概念应当首先满足人民群众多方面的要求，任何车辆单一化、道路单一化都不是现代化的本意。

（7）各种货车和专用车。城市交通中，货运量很大，通向工业区、工矿区的车辆，货运量更大。有各种各样的货物，有各种各样的车辆。还有一些运特殊货物的专用车，如和核物质有关的货物和设备、器材；有危险的物质如爆炸、有毒、枪支、弹药、矿山爆破器材；有特殊要求的物质如医药、食品等。

5.6.3 交通管理的现代化

（1）城市规划和交通规划与设计，这是个首当其冲的问题。没有一个好的城市规划和交通规划与设计，想解决好大城市的交通问题很难，因为没有基础。

（2）旧城改造问题。许多旧城市，历史很长，当时的规模、当时的交通和当时的情况相适应，和当时的生产力水平相适应，都带有时代特色。现在生产力发展了，城市发展了，郊区大了，人口多了，工业人口多了，城市交通不断适应现在的情况。这就需要进行旧城市改造工作，城市交通是改造旧城市中极重要的一环，影响很大。

（3）城市基础设施、交通设施的现代化。所谓城市基础设施，简单说就是三通一平，三通即通水、通电、通路，一平即从地形地貌上说，总要通过挖方、填方，使城市主要交通网路大致平整。只有三通一平，才谈得上其他建设，新建城市是这样，新建的工业区、工矿区也是这样，旧城市改道也是这样。交通设施的现代化包括停车场、加油站、地上地下沿线管沟（线）布置、交通管理的监控设备现代化等。大城市车流、人流很集中，为了交通的迅速便捷、安全、准时，就要严格的交通管理，没有现代化的监控设施，严格管理就难以做到。

（4）环境保护问题。这个问题是世界性的问题，汽车是个污染源。尾（废）气排放、噪声都造成污染。治理污染、减少污染是极重要的问题。除了技术改造、减少污染之外，加强城市绿化，增加城市绿地面积，可以减轻污染，这是城市发展的一个极重要的方向。

6 铁 路 工 程

6.1 概 述

自从 1825 年英国修建了世界上第一条蒸汽机车牵引的铁路——斯托克顿至达林顿铁路以来,铁路已有近 170 年的历史了。我们伟大祖国虽然具有悠久的历史,但在解放前,由于长期的封建统治,特别是最近 100 多年来遭受帝国主义侵略和国内反动统治阶级的倒行逆施,使我国社会经济长期处于落后状态。从 1876 年我国最早出现的淞沪铁路(次年即拆除)到 1949 年 10 月 1 日中华人民共和国成立为止,70 多年中全国总共修建铁路只有 21000km(不包括中国台湾省的铁路)。新中国成立以来,经过 50 多年发展,我国铁路发生了巨大变化。一是路网数量有了较大的扩展,1998 年全国铁路营业里程已达 66400km,路网规模跃居亚洲第一,名列世界第三。全国各省、自治区、直辖市均有铁路通达,基本形成了以大通道为骨架、干支结合、纵横交错、连接亚欧的铁路网络。二是路网布局有了很大的完善,占国土面积一半以上的西南、西北地区,从昔日的不足上千公里跃进到上万公里,在整个路网中的比重上升到 1998 年的 24%。三是初步形成我国铁路"八纵八横"路网主骨架的格局,特别是南北方向的京广、京沪、京九、京哈通道和东西方向的欧亚大陆桥、沪昆、京兰通道,已成为我国交通运输体系的大动脉。

铁路有单线、双线和多线之分,按轨距有标准轨距铁路、宽轨铁路和窄轨铁路。无论哪一种铁路,都少不了铁路线路(包括桥涵、隧道)和车站(场)。

就线路而言,它是由上部建筑和下部建筑所组成。上部建筑又称为轨道。

上部建筑包括:钢轨、轨枕、道床、钢轨联结零件、防爬器、道岔等。下部建筑包括:路基、桥涵、隧道、挡土墙等。

6.2 轨道的构成

6.2.1 钢轨

6.2.1.1 钢轨的工作环境

钢轨支持并引导机车车辆运行,承受车轮传来的动荷载,并把它传递给轨枕。在电气化道路上或自动闭塞区段,还可用作轨道电路。

钢轨受力情况十分复杂,如用 G 表示车轮施于轨头上的力,每一瞬间其大小、方向和作用点都在变化。G 可分解为三个分力,即垂直力 P,横向水平力 P_e 和沿钢轨轴线方向的纵向水平分力 P_n。如图 6-1 所示。

根据测定,车轮和钢轨的接触应力可达 $7 \sim 9 \mathrm{kN/cm^2}$,钢轨传递给轨枕的压应力约为 $20 \mathrm{N/cm^2}$。

此外,钢轨还受气候和其他因素影响,例如温度升降时,引起钢轨胀缩,产生轴向附加应力等。

钢轨似一个弹性支点上的连续梁被支承在轨枕上。在上述动荷载等作用下,钢轨产生压缩、伸长、弯曲、扭转、压溃和磨耗等变形。因此,要求钢轨应具有一定的刚性、韧性、坚硬性。这种相互矛盾的要求,应在钢轨的材质和热处理工艺上去做文章。

另外,车轮在钢轨上行走,要靠摩擦力,所以要求轨头表面粗糙,这样一来又会增加列车的运动阻力,增加动力消耗,因而轨头表面又不能粗糙。为了解决这一矛盾,机车设置了洒砂装置,在需要增加摩擦力时,向钢轨上面洒砂就行了。

6.2.1.2 钢轨的品种规格

为了节约而又不降低承载能力,钢轨一般做成工字形断面。如图 6-2 所示。

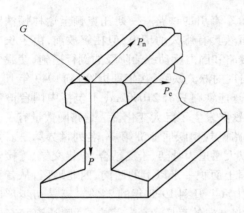

图 6-1 钢轨受车轮作用力示意图

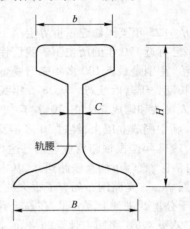

图 6-2 钢轨断面示意图

按每米重量划分,钢轨有 6 种类型,其主要尺寸见表 6-1。

表 6-1 钢轨主要尺寸

钢轨类型/kg	60	50	45	43	38	33
每米重量/kg	60.35	51.51	45.11	44.65	38.73	33.28
总断面积/cm²	77.08	65.8	57.61	57	49.5	43
轨高 H/mm	176	152	145	140	134	120
头宽 b/mm	73	70	67	70	68	60
底宽 B/mm	152	132	126	114	114	110
腰厚 C/mm	17	15.5	14.5	14.5	13	12.5
惯性矩(横轴)/cm²	3203	2037	1606	1489	1203	789.2

我国标准钢轨长度定为 12.50m 和 25m 两种,用于铁路曲线上标准缩短轨有比 12.5m 标准长度短 40mm、80mm 两种,比标准长度 25m 短 40mm、80mm、160mm 三种。

6.2.2 轨枕

6.2.2.1 轨枕的功用

(1)承受钢轨及钢轨连接件(包括防爬器)等传来的垂直力、纵向和横向水平力、并将其分布在道床上。道床顶面所受的压力平均为 1.5~3.0N/cm²;

(2)保持钢轨的方向、位置和距离。

6.2.2.2 轨枕的种类

轨枕的种类很多,按材料来分,主要有木枕、钢筋混凝土枕和钢枕。此外还有轨枕板及整体道床等新型轨下基础。除普通常用的轨枕外,还有用于道岔下的岔枕、用于桥梁上的桥枕,简单介绍两种:

(1)木枕。木枕通称枕木,到目前为止,仍然被普遍采用,其优点是:

1)弹性好,可缓和列车的动力冲击作用;

2)容易加工,也便于运输、铺设、养护和修理;

3)与钢轨连接比较简单,易于保持轨道稳定;

4)绝缘性能好,可直接用于自动闭塞和电气线路区段上。我国以红松、落叶松、马尾松、云杉、冷杉等最为常用。

木枕的主要缺点有:

1)要消耗大量优质木材;

2)每根木枕的强度和弹性都不一致,列车运行时,轨道会出现不平顺,从而产生较大的附加动应力,加速各部分的损坏;

3)容易虫蛀、腐朽,且机械强度较低,易裂缝和机械磨损,使用寿命较短。

木枕应有足够的长度,对于轨距为1435mm轨道,木枕长度以2.5～2.6m为合适,我国规定为2.5m。木枕还应保证足够的宽度和厚度,我国用于标准轨距的木枕有3种断面形式,如图6-3所示。为了延长使用寿命,对木枕应进行防腐处理,制成防腐枕木。此外,还应采取各种措施,以减少对木枕的机械磨损。

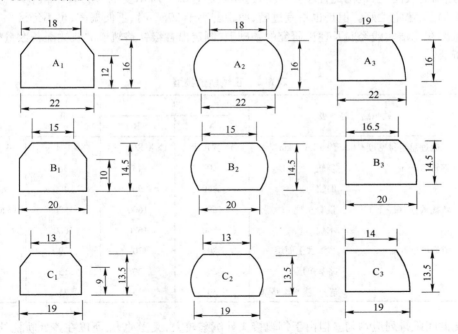

图6-3 木枕3种断面形式

(2)钢筋混凝土轨枕。使用初期的普通钢筋混凝土轨枕,抗裂性能差,在重复荷载下容易产生裂纹,因此逐渐被淘汰。预应力钢筋混凝土轨枕,抗裂性能提高了,虽然在特大荷载下出现裂纹,但荷载消失后,由于预应力的作用,裂纹能够自己闭合,因而延长了使用期限。

实践证明,钢筋混凝土轨枕的优点有:

1）节约木材,这对缺乏木材的我国来说,具有重大意义;

2）尺寸统一,弹性均匀,强度大,能提高轨道的强度和稳定性;

3）不受气候影响,不腐朽,不虫蛀,使用寿命长。主要缺点是重量大,弹性差。一根重量为 220~250kg,是木枕的 4 倍,使搬运、铺设、养护困难增加。由于弹性差,使之在同样荷载下比木枕受力大 25% 左右,因而要求道床质量高、厚度大。

钢筋混凝土轨枕有十多种型号。因轨底坡由 1/20 改为 1/40 后,目前生产的型号有"弦69"、"筋 69"。"弦"表示配筋是钢丝,我国选定钢筋混凝土轨枕长度和木枕一样长,为 2.5m,断面是变化的。这是由于轨枕受力后,弯矩沿轨枕长度方向是变化的。如图 6-4 所示。变化的断面既经济又满足了使用上的要求。

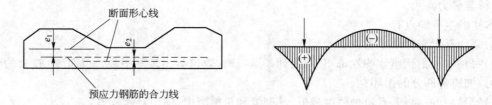

图 6-4　预应力钢筋混凝土轨枕受力弯矩示意图

6.2.2.3　轨枕的配置

每公里配置轨枕的数量,关系到轨道各部分的使用寿命和稳定性。一般来说,在运量大、轴重大,车速高的线路上,轨枕配置应多一些,这样轨道各部分所承受的应力较小,强度高,同时纵横阻力增加了,稳定性好。但是也不宜过密,净距若小于 20cm 时,不便捣固,也不经济。

铁道部在总结实践经验及理论研究的基础上,制定出各级铁路轨道的轨枕配备数量标准,如表 6-2 所示。

表 6-2　正线轨道类型

选用条件	铁　路　等　级		I		II	III
			A	B		
轨道	年通过总运量密度/100 万 t · km · km^{-1}		15 岁以上	15 岁以下 ~8	8C GH ~4	4 岁以下
	钢轨/kg · m^{-1}	新轨	50	43	38	>33
		旧轨	>50	50	43	38
	轨枕数量/根 · km^{-1}	混凝土枕	1680	1600	1520	1520 ~1400
		木枕	1760	1680	1600	1520
	道床厚度/cm	非渗水土面层	20	20	20	15
		路基垫层	20	20	15	15
		岩石、渗水土路基	30	25	25	20

轨枕的间距排列应均匀。但由于钢轨接头处沉陷较大,又受冲力,所以在该处轨枕的间距就小些,如图 6-5 所示。钢轨长为 L（包括一个轨缝）,两轨接头处轨枕间距为 c,相邻间距为 b,中间轨枕间距为 a。其间距可计算得出,要求 $a>b>c$。以 n 表示每根钢轨下轨枕数量,则假设已知 c,则由:

$$a = \frac{L-c-2b}{n-3} \quad 和 \quad b = \frac{L-c-(n-3)a}{2}$$

可计算出轨枕排列间距值,见表6-3。

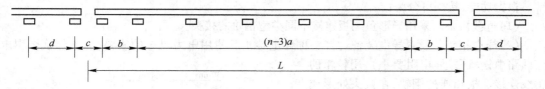

图6-5 轨枕间距排列示意图

表6-3 轨枕间距表

钢轨类型	钢轨长度/m	每公里轨枕数/根	每节钢轨下轨枕数/根	c/mm		b/mm		d/mm	
				木枕	混凝土轨枕	木枕	混凝土轨枕	木枕	混凝土轨枕
50kg	12.5	1600	20	440	520	594	597	640	635
		1760	22	440	520	524	532	580	575
		1840	23	440	—	534	—	550	—
43kg	12.5	1400	18	500	500	604	720	720	720
		1520	19	500	500	604	675	675	675
		1600	20	500	500	564	640	640	640
		1760	22	500	500	541	575	575	575
38kg	12.5	1440	36	500	500	622	705	705	705
		1520	38	500	500	617	665	665	665
		1600	40	500	500	599	630	630	630
		1760	44	500	500	565	570	570	570

6.2.3 钢轨的连接

6.2.3.1 钢轨与轨枕的连接

钢轨与轨枕(或其他形式的轨下基础)的连接是通过中间连接零件(或简称为扣件)来实现的。中间连接零件把钢轨扣紧在轨枕上,保持钢轨在轨枕上的位置和稳定,防止钢轨倾覆和纵向、横向移动。

枕木常用的扣件是道钉与垫板,道钉有普通和螺纹两种。枕木与钢轨的扣紧方式有简易式、不分开式、分开式及混合式4种。简易式是用道钉把钢轨直接扣紧在枕木上,由于易使道钉松动和损坏枕木,正规线路很少采用这种扣紧方式。不分开式是用道钉把钢轨和轨下垫板直接扣紧在枕木上;分开式则是先把垫板用4个螺纹道钉扣紧在枕木上,然后用扣轨板及底脚螺栓将轨底扣压在垫板上,中间有弹簧垫圈等减震件。混合式不解自明。

对扣件的要求是,具有一定的强度、耐久、有弹性、构造简单、利于装卸、成本低。

钢筋混凝土轨枕和其他轨下基础,由于弹性差,扣件除与木枕扣件有共同点之外,还要弹性好,有安装绝缘设备的可能,能保护轨距且方便调节,不用锤击可装卸等功能。

6.2.3.2 钢轨接头的连接

钢轨与钢轨之间通过鱼尾板和螺栓连接在一起,以便列车顺利通行。我国干线铁路的钢轨接头采用对接形式,工厂内部曲率很小的曲线钢轨采取错接形式。两股钢轨接头相互对应的称对接,接头位置互错开者称为错接。

根据功能,接头可分为:

(1)过渡接头。采用异形鱼尾板连接不同类型钢轨的接头。

(2)导电接头。设置导电装备的接头称导电接头。使用电力机车的线路,为了保证牵引电流回路由钢轨通过(电阻要小),用较粗的钢线连接两根相连的钢轨,在接头处形成电流通路,如图6-6所示。非电力机车区段,自动闭塞信号电流也要通过钢轨传导,因而钢轨接头处采用两根直径5mm镀锌铁丝(两端分别)焊接,能使信号电流顺利通过。

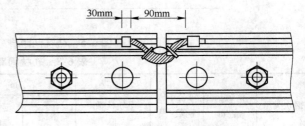

图6-6　导电接头示意图

(3)绝缘接头,为了使一个闭塞区段的电流不传到另一个闭塞区段,在区段之间或者闭塞区段两端的钢轨接头处,设置绝缘装置,称为绝缘接头。

这里用轨道电路原理说明导电与绝缘接头的功用。在两端绝缘的区段间,钢轨接头均为导电形式。因而从区段内一端送电,另一端就可以受电,这样用轨道构成的电路称为轨道电路,如图6-7所示。

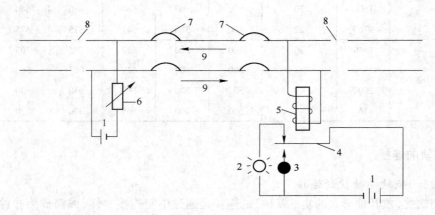

图6-7　轨道电路原理示意图

1—电源;2—绿灯;3—红灯;4—继电器GJ的衔铁;5—继电器GJ的线圈;
6—限流电阻;7—钢轨连接器;8—绝缘处;9—电流方向

如果轨道电路区段无车时,电流按图中箭头方向流经轨道继电器GJ的线圈,使前接点闭合(继电器衔铁吸起),点亮绿灯,表示这段路空闲。有车时,车轮和车轴使两轨电流接通,并且电阻比继电器线圈小得多,所以轨道电路被短路,这时流经继电器线圈的电流极小,不足以吸起衔铁,于是前接点断开,后接点闭合,红灯亮,表示这段线路有车。

依照钢轨和轨枕在接头处相对位置,接头可分为:

(1)悬空式接头,是指接头处于两轨枕之间。为了加强接头、减小弯矩,可适当缩小接头处两轨枕的距离。如图6-8所示。

(2)承垫式接头,指两轨接头处于轨枕的上面。当车轮通过接头时,单轨枕容易左右摇动,不能保证轨枕本身的稳定性,所以,一般采用双轨枕承垫。但它刚性大,捣固作业困难,在我国只用于道岔个别部位,其他部位都采用悬空式接头,如图6-9所示。

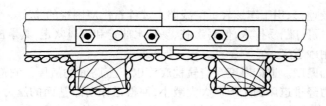

图 6-8 悬空式接头示意图

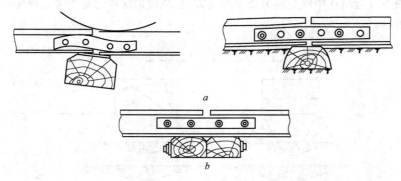

图 6-9 承垫式接头示意图
a—单轨枕承垫；b—双轨枕承垫

6.2.4 道床

道床就是轨枕下部的石砟层（道砟层），其功用为：

（1）均匀传布机车车辆荷载于较大的路面上；

（2）阻止轨枕在列车作用下面发生纵向和横向移动；

（3）排除线路上的地表水并阻止水分自路基上升至轨枕；

（4）使轨道具有弹性，借以吸收机车车辆的大部分冲击动力；

（5）便于校正轨道平面纵断面。

道床的质量直接影响轨道各部分的使用寿命、路基面的状况以及养护维修费用的多少，因而道床材料的质量首先要得到保证：

（1）质地坚韧；

（2）排水良好，吸水度小；

（3）不易被磨碎捣碎；

（4）耐冻性强，不易风化，不易被水冲走或被风吹动。

我国铁路的道床材料，主要是筛分碎石和筛选卵石。此外，天然级配卵石、矿渣和砂子也可作道床材料。

碎石道砟是用人工或机械破碎筛分而成的火成岩（如花岗岩、玄武岩）或沉积岩（如砂岩、石灰岩），这种材料坚韧而表面粗糙，有尖锐的棱角，相错结合，阻力很大，故能较好地保持轨枕的位置，线路稳定性好。

碎石要粒径大小均匀，应是粗糙的多面体，不许含有薄片，因为薄片碎石在捣固中容易被击碎或压碎。碎石料径规格有 3 种，即 20～70mm、15～40mm、5～20mm。3 种规格分别用于新建及大修、维修、垫渣起道。

卵石道床质量较差,只用于车速较低的线路上或碎石供应困难的路段。

砂质道渣最差,虽价廉、易排水,但易污脏、易被水冲走和被风吹走,其承压力和阻力均小,线路不稳定。一般不用砂道床。

道床要有一定的厚度。道床厚度是指轨枕底面以下至路面的渣厚。它应能保证由钢轨、轨枕传下来的车辆压力经过道床的扩散而大大减小,使得道床对路基面的压力小于路基土壤的允许承载能力,同时要求路基面上的压力均匀,防止路基发生不均匀的永久变形。

确定道床厚度时,必须考虑压力在道床中的分布情况。根据测量轨枕底面下的道渣内垂直应力值,在钢轨下及沿轨枕中线是应力最大的地方,在轨枕边缘应力等于零。道床中压力分布情况如图 6-10 所示。

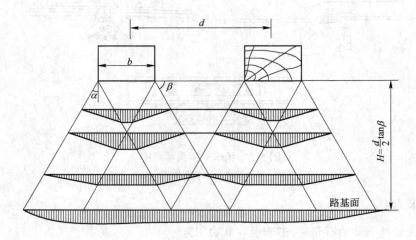

图 6-10　道床内压力分布示意图

由图 6-10 知道,道床的厚度应保证沿线路方向路基面上所受的压力大致相等。因而道床厚度 H 应为:

$$H = \frac{d}{2}\tan \beta$$

式中　d——轨枕间距,cm;

　　　β——道床的传力角,其值随道床的种类而定,我国通常采用 $\beta = 60°$。

于是:
$$H = \frac{d}{2}\tan \beta = \frac{d}{2}\tan 60° = 0.866d$$

例如轨枕为每 km 1760 根,轨枕间距为 58cm,则道床厚度 $H = 50cm$。

从轨枕传到道床上的压力是不均匀的,因而在确定道床厚度时只要求压力值不超过路基面土壤的允许应力就可以了。道床厚度可参阅表 6-2。

在道砟铺设之前,如果不是砂石路基而是普通土路基,则在路基上面先铺设一层 20cm 厚的砂垫层(底渣),其功用是使用渣传来的荷载均匀分布在路基上,防止面渣被路基的土沾污,并起反滤作用,避免不良土质的路基发生翻浆冒泥,保持线路稳定,同时也可以节约碎石道砟。

道床顶面要有足够的宽度,其值和轨枕长度有关。伸出轨枕端部的道砟称为道床肩宽,其作用是阻止道砟在列车震动下从轨枕下面挤出,维持道床的紧密状态,提高轨道的横向阻力,从而减少拔道工作量,这时曲线地段尤为重要。肩宽的增加有助于延长捣固的效果和保持枕道砟不松动,提高线路质量。

从上述知,道床顶面宽度等于轨枕长度加 2 倍道床肩宽。所以,只要确定合适的道床肩宽就可以了。

根据实验,当道床肩宽取值 15cm,道床边坡用 1:1.5 时,在列车震动的情况下不能保持稳定,轨枕端头的道砟塌落很多。当肩宽采用 20cm,并将边坡放缓至 1:1.75 时,情况就得到基本改善。若再增加肩宽,效果并不显著,反而多用道砟。

工业企业标准轨距铁路设计规范(BGJ 12—1987)规定的道床宽度见表 6-4。

根据铁道科学研究院实验结果,当道床边坡采用 1:1.5 时,在铺设初期道床塌落较快,引起轨距水平变化,经过一个时期以后,边坡逐渐稳定,这时的自然边坡多数在 1:1.8 左右。所以,铁路线路设计规范(GBJ90—1985)规定重要线路采用 1:1.75 的边坡。为了节约道砟,在运量、铺重和速度较小的轻型线路及站线,仍可采用 1:1.5 的边坡,见表 6-5。

表 6-4　正线道床顶面宽度(m)

铁　路　等　级	Ⅰ	Ⅱ、Ⅲ
直线或半径为 400m 以上的曲线地段	3.0	2.9
半径为 400m 以下的曲线地段	3.1	3.0

表 6-5　道床边坡坡度

级别	轨道类型	道床边坡坡度
正线	特重型~中型	1:1.75
	轻型	1:1.5
站线		1:1.5

6.2.5　线路防爬

列车在运行时,车轮作用于钢轨有纵向水平力,使钢轨沿线路在轨枕上或带动轨枕发生纵向移动,这种现象称为线路爬行。使钢轨产生爬行的纵向水平力称为爬行力。

形成线路爬行的原因很多,也比较复杂,如钢轨在动荷载下的挠曲,被认为是线路爬行的基本原因。

如图 6-11 所示,以 A、B 表示钢轨某一断面的上下两点,当列车驶近,钢轨断面发生转动,B 点向前,A 点向后;当车轮滚过钢轨恢复挺直时,B 点向后收缩,但前面钢轨已被车轮压住,无法收缩,于是钢轨被拉向前移动,造成与列车运行方向一致的钢轨爬行。

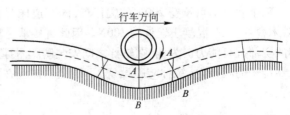

图 6-11　线路爬行示意图

其他造成爬行的原因如列车运行的纵向力,车轮在钢轨接头处撞击钢轨以及列车的制动等。实践表明,下列因素和线路爬行有关:

(1)列车制动。在长、大下坡地段,特别是在车站地段,列车减速、限速或停车,常引起和列车运行方向相同的线路爬行。

(2)运量。单线铁路,运量较大的方向,线路爬行量也大。在复线铁路上,爬行方向和列车运行方向一致。

(3)轴重及速度。轴重及速度大的列车所引起的爬行大,因此高速行车的干线更应防止线路爬行。

(4)线路状态。钢轨轻,轨枕根数少,道床捣固不实,引起的爬行严重。在曲线地段,如外轨超高与速度不适应,则由于两股轨线受力不均等,其爬行量也不一致。如超高不足,外轨受力大,其爬行也较大;反之,超高过大,则内轨受力大,形成内轨爬行较严重。

　　线路爬行对铁路危害很大,它会引起轨枕的位置歪斜、间隔不正;会使钢轨的接头缝隙不均,一端形成瞎缝,另一端则拉宽轨缝,造成鱼尾螺栓折断;线路爬行常使轨枕离开捣固坚实的基础,造成线路沉落,产生低接头等。根据资料分析,线路病害有 30% 以上与爬行有关。因此要采取措施,防止线路爬行。

　　防止爬行最根本的办法是采用强有力的中间扣件,使钢轨不能在垫板或轨枕上移动。钢筋混凝土轨枕自重大,其扣件的扣着力也大,所以防爬能力较强,在一般情况下,钢筋混凝土轨枕的线路可不另外采取防爬措施,只在其坡度大于 0.6% 的制动地段或新铺线路尚未稳定时,可适当加设防爬设备。

　　在木枕地段及爬行力较大的地段,单靠加强钢轨与轨枕之间的连接是不够的,应加设特制的防爬设备。我国目前常用的是穿销式防爬器。

　　穿销式防爬器(图 6-12),是由穿销及带挡板的轨卡组成。轨卡的一边紧紧地卡住轨底的一边,另一边与轨底的另一边之间用楔形穿销楔住,牢固地卡住轨底,挡板应靠紧轨枕侧面(如果是混凝土轨枕,可在挡板与轨枕侧面之间另加木楔以承力)。如果挡板与轨枕侧面不贴紧,则防爬器传不了力,受不到轨

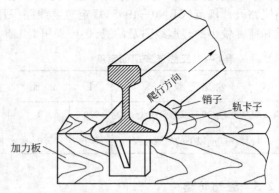

图 6-12　穿销式防爬器示意图

枕的抵抗。由于穿销一端断面小,另一端断面大,形状似楔子,小头插入轨卡及轨底之间,列车运行时产生向前方的爬行车,使楔形穿销愈紧,爬行力由轨卡挡板传到轨枕上,钢轨保持稳定而不爬行。

　　每个防爬器可承受 200N 的爬行车,碎石道床阻止一根轨枕沿线路方向位移的阻力却小得多,木枕约 70N,混凝土轨枕约 100N。因此直接承受防爬器挡板的轨枕稳定不住,发挥不了防爬器的全部抗爬能力。为此,在轨枕之间安装防爬木撑,把 3 ~ 5 根轨枕联系起来,共同承受一对防爬器传来的爬行力(统称防爬设备)。防爬木撑设在两轨枕之间,方向同钢轨一致,与轨枕轴线垂直。

6.2.6　曲线轨道加强

　　铁路曲线(尤其是小半径曲线)地段,横向水平力比直线地段大,可使钢轨在轨枕上移动,扩大轨距,挤坏混凝土轨枕外侧挡肩,有时使轨道平面位置歪曲,使曲线养护工作量增大,因此小半径曲线地段应予以加强。

　　实践表明,当曲线半径从 600m 减小到 250m 时,横向力系数约增加 34%,曲线半径大于 60m 时,横向力系数与直线近似,半径小于 600m 时,钢轨磨损严重。

　　工业铁路设计规范规定半径在 400m 及以下者,曲线应加强,其办法是:

　　(1)增加每节钢轨下的轨枕根数。如果是木枕,每 km 增铺 160 根,钢筋混凝土轨枕则增铺 80 根。其作用是增加轨枕位移的阻力。

　　(2)设置轨距拉杆,以保持轨距不变。如图 6-13 所示。

　　工业铁路设计规范规定,当曲线半径在 400m 及以下时,每节为 12.5m 长的钢轨,安装轨距拉杆 5 根,当曲线半径在 200m 及以下时,安装轨距拉杆 10 根。

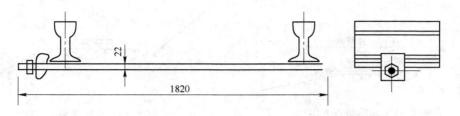

图 6-13 轨距拉杆示意图

6.3 铁 路 路 基

6.3.1 路基横断面

路基是铁路线路的重要组成部分,它承受铁路轨道的重量以及通过轨道传来的机车车辆动力荷载。路基修建的质量关系到行车速度与安全,因此要求路基应坚实、稳定、耐久;具有良好的排水设施;有利于机械养护与维修;修建费用低。

垂直于线路中心线的路基截面,称为路基横断面,简称路基断面。

路基断面形式有:路堤、路堑、不挖不填、半路堤、半路堑、半填半挖等。如图6-14 ~ 图6-19所示。

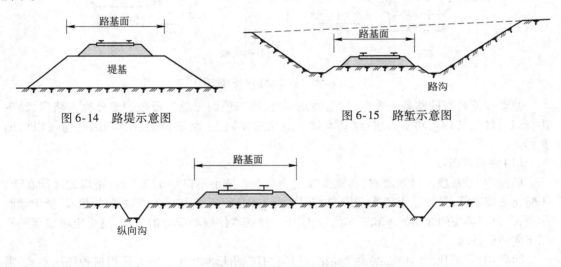

图 6-14 路堤示意图

图 6-15 路堑示意图

图 6-16 不填不挖示意图

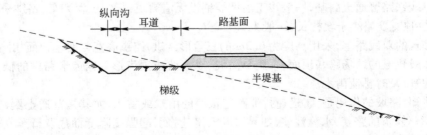

图 6-17 半路堤示意图

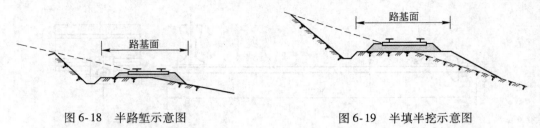

图 6-18　半路堑示意图　　　　　　　　　图 6-19　半填半挖示意图

路基横断面设计分定型设计和个别设计两大类。

通常情况下,路基填挖高度不大,地质水文条件一般,修建路基为普通土壤,大都采用路基标准设计图。如果遇到高填深挖或地质不良地带等特殊情况,要根据具体情况进行个别设计,或对标准图进行某些修改。

6.3.1.1　路堤横断面

由土质路堤断面图(见图 6-20)可以看出,路基包括路基本体和辅助设施,如排水、防护及加固等设施。

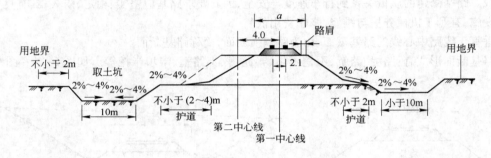

图 6-20　路堤横断面示意图

铺设铁路轨道的路基上表面,称为路基顶面,路基顶面无道砟覆盖的部分称为路肩,路肩边缘以外的斜坡称为路基边坡;路基本体是原来地面以上、路基顶面以下和路基边坡以内的实体。

(1)路基顶面:

1)路肩,路基顶面设置路肩,其宽度规定为 0.6m,最小不得小于 0.4m。路肩的功能在于:①防止道砟散落,保持道床完整;②供铁路员工行走,避车,运送和存放线路器材、机具,便于养路作业;③设置必要的线路标志和行车信号;④增强路堤本体核心部分的作用,制止土壤在荷重作用下向两侧挤动。

2)路拱,路基顶面沿中心线设置路拱,其形状有三角形和梯形。究竟采用何种路拱形式,需按具体情况而定。

对于单线铁路普通土路基,一般竣工后即需铺设无渣轨道,行驶工程列车,路拱采用梯形,拱高 0.15m,拱顶宽度略小于轨枕长,一般为 2.1m。

同时修筑的双线路基,采用高度为 0.2m 的三角形路拱,路拱底宽与路基顶面相同。

铺设多股轨道的站场路基顶面,采用单面坡、双面坡或锯齿形。锯齿形路拱的低洼部分,应设置排水沟管,及时排泄雨水。

由上述知,路坡的作用是:①迅速排泄路基顶面的雨水或雪水,尤其是普通土壤(黏土、砂黏土、黏砂土等)修筑的路基,水稳性差,如果水渗入路基将引起强度降低而危及行车安全;②防止路基顶面被压陷形成凹槽,避免路肩病害。

3)路基顶面宽度,路基顶面宽度可根据道床断面的标准尺寸,路拱形状尺寸以及路肩宽度确定。通常单线为5.2～6.7m,双线为9.2～10.8m。

除正线、调车运行的联络线和牵出线以外的其他单线路基面宽度,可根据采用的道床厚度选用表6-6的数值。

表 6-6 其他线路单线路基面宽度(m)

道床厚度/m	路基土种类	
	非渗水土	岩石、渗水土
0.25	5.2	4.8
0.20	5.0	4.7

(2)曲线路基加宽,区间单线曲线路基面外侧加宽按表6-7规定,并在缓和曲线范围内递减。当无缓和曲线时,应在曲线外轨超高的递减范围内递减。

(3)路堤边坡,路堤边坡坡度,应根据修筑路堤的土壤或其他填料的物理力学性质、边坡高度、基底工程地质条件合理确定。如路堤基底良好,路堤边坡最大高度及其边坡按边坡稳定设计。

(4)路堤的沉落,在路堤填筑时,由于所用填料不同,含水量的差别,压实时条件的变化,此外加之路堤经长年累月的行车震动等多种原因,会产生一定的下沉。因而,在修筑路堤时应视填料、堤高、压实方法等综合考虑适应按路堤高度的1%～3%加高,称这个加高量为沉落量。加筑沉落量的路堤,仍保持设计坡脚不变,施工边坡略陡于设计边坡,路基面不小于设计宽度。

表 6-7 曲线路基外侧加宽值(m)

铁路等级	曲线半径	加宽值
I	400 及以下	0.4
	400 以上至 450	0.3
	450 以上至 700	0.2
	700 以上至 3000	0.1
II	400 及以下	0.3
	400 以上至 450	0.2
	450 以上至 1200	0.1
III	300 及以下	0.3
	300 以下至 450	0.2
	450 以上至 1200	0.1

(5)路堤护道,为了保护路堤稳定,在路堤坡脚和取土坑或纵向排水沟之间必须留出不小于2m宽的天然护道,只有当取土坑经常干燥而路堤高度不大时,可将护道宽度减小到1m。护道应留有向外侧倾斜2%～4%的表面坡度,以利于排水。

(6)取土坑及排水,为填筑路堤而取土形成的取土坑,一般应设在路堤两边的较高一侧,用以排水。当地面无明显横向坡度时,取土坑应设在路堤两侧。取土坑应连续贯通,设置2‰～8‰的排水纵坡,并和天然沟渠连接,及时排除坑内积水。设有取土坑的路堤,应在路堤两侧(或一侧)设置纵向排水沟,沟底宽不小于0.6m,在干燥少雨地区可以减至0.4m。如图6-21所示。

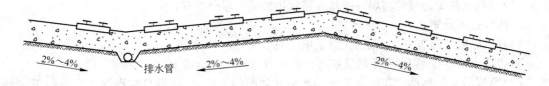

图 6-21 多股道的路基排水措施

6.3.2 路堑横断面

土质路堑标准横断面图如图6-22所示。

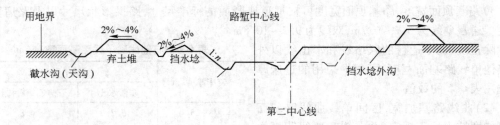

图 6-22　土质路堑示意图

路堑顶面构造和路堤相同。

路堑边坡坡度应根据工程地质和水文地质条件、路堑土的性质、施工方法和边坡高度等条件,结合调查自然山坡和人工边坡的结果综合考虑。岩石边坡应把岩体结构、性质、风化程度、岩层倾向、地貌等各种因素一起纳入设计。无地下水及地质条件良好,边坡高度不超过 20m 时,可按规范的值设计。

路堑堑顶为路堑边坡与地面交界处的顶缘以上部分。

弃土堆是堆放开挖路堑土方的土堆,位于路堑堑顶地面横坡的上坡一侧,连续堆放形成挡水堤坝,高度不超过 3m,并堆成顶部向路堑外侧倾斜,坡度为 2% ~4% 的坝顶,弃土堆的边坡陡度取 1:1.5。路堑堑顶无明显横坡或为了施工方便,减少出土困难,也可在路堑两侧设弃土堆。堑顶横坡较大时,弃土堆设在下坡一侧,并分段堆放,每 50 ~100m 留一缺口,用于排除隔带的水。

隔带为弃土堆靠路堑一侧的坡脚和路堑边坡与地面交线之间的距离,其值一般不小于 5m。在将来添筑第二线路一边的隔带的宽度,应增加 4m。

挡水埝位于隔带部分,目的是防止雨水停滞或顺坡流向路堑。挡水埝横断面呈三角形,距路堑坡顶边缘至少 1m,挡水埝顶部应做成向田野方向 2% ~4% 的下坡,使水向外流。路堑排水由侧沟、截水沟、挡水埝外沟共同完成。路堑的侧沟设在路肩两侧,用于排除路基面和边坡汇来的雨水,沟底宽度不小于 0.4m,沟深 0.6m。纵坡不小于 2‰,一般和路堑纵坡相同。截水沟(天沟)设在弃土堆外侧,以截引斜坡上方流来的雨水。侧沟、天沟的出口,应向外偏斜引出、防止水流冲毁路基。挡水埝外沟用于排除挡水埝顶和弃土堆之间汇集的雨水。

6.3.3　路基的稳定

影响路基稳定因素很多,例如土壤的种类、气候条件、地面水及地下水的作用、地基的强度以及施工质量等。任何因素的不利作用,都会影响路基稳定甚至破坏。

(1)路基或路堑边坡的坍塌。路基或路堑边坡的坍塌原因有:

1)边坡过于陡峭;

2)修筑路堤的施工方法不正确(斜层填土);

3)边坡土壤过分潮湿,路堑修筑在有含水层或地下水的山坡上。

(2)路堤沿地基移动。其原因可能是地基在陡峭的土坡上,特别是在潮湿或含有地下水的地基上。

(3)路堤沉陷。路堤沉陷的可能因素为:

1)路堤的地基较弱而引起沉陷使路堤下沉;

2)填土压实程度不够。

(4)潮湿或冻害使路基丧失了承载力,致使路基上层变形。

道床厚度不足、基面土质松软、道床排水不良都能使路基承载力下降,在列车作用下造成基面下沉,形成凹槽。

为了防止路基的各种病害发生,要立足于事前预防。防护和排水是预防路基病害的主要措施。

6.3.4 路基的防护

(1)坡面防护。根据坡面具体情况,通常采用:种草、铺草皮、植树(灌木)、喷浆、抹面、勾缝灌浆、嵌补、护墙、浆砌片石护坡等。

(2)冲刷防护。防止水流对路基的冲刷和掏蚀,可采用:铺草皮、植(防水林)树、铺石、抛石、石笼、浆砌片石护坡、混凝土块板、挡土墙或用排水坝等。

(3)路基变形防护及加固。常用石砌挡土墙、支垛等措施。

(4)修筑路基的天然地面处理。根据基底土质、地面横坡、路基填土高度、地下水等各方面的情况,按规范(GBJ 12—1987)第3.3.8条规定处理。

6.3.5 路基排水

(1)地表排水设施:

1)水沟类。包括边沟、截水沟、排水沟。

水沟的断面尺寸、纵向坡度,在路堤、路堑横断面中已有叙述。为了防止水流的冲刷,在有的部位应进行加固、防护。

2)水槽类。对于受条件限制不能修筑排水沟的、土质不能保持边坡的、或者水流急易冲刷的地段,可采用石砌、混凝土、钢筋混凝土等铺砌水沟或水槽。

3)跌水、急流槽。跌水是连接上、下两个排水设备的设施,水流以瀑布形式通过。急流槽是坡度较大(可达1:2)的排水槽,水流经过时不离开槽底,形不成瀑布。

(2)排除地下水的设备:

盲沟(或称渗沟、暗沟)是常用的排除地下水的方法。用于拦引地下水、降低地下水位,汇集地下水并输送到一定地点去。

1)有管盲沟依靠周壁有渗水孔的水管排除地下水,水管有陶土管或混凝土管,一般做成圆形的。有管盲沟的纵坡一般不小于0.5%,无论如何要大于0.2%,纵坡太小易于淤塞。管沟上部一般采用砂、石滤水层,用以汇集地下水进入排水管。

2)无管盲沟用于排水量不大,盲沟长度不长的情况。

3)盲沟埋设不得小于当地水源深度,以保证全年都能发挥作用。

4)严寒地区渗水沟和渗水隧洞的出口,应采取防冻措施。

5)盲沟的埋深、位置、大小应根据水文地质、土壤性质等各种因素具体确定。

6)降低地下水位也可采用渗井,把上层地下水排(渗)入下面含水层中去。

7 桥 梁 工 程

7.1 概　　述

　　桥梁是人们生活中所熟悉的土木工程。纵观 960 万 km² 中华大地,南北东西纵横交错地遍布着数以万计的大小江河,其中大中型河流就有 1500 多条,总长度达 40 多万千米。大山丘岭之间的深谷大沟更是难以数计。人们为了跨越这些障碍,不得不借助桥梁达到目的。我国的桥梁建筑已有数千年历史。中国历史上记载的第一座桥梁,是距今约 3000 年的渭水浮桥。它是为周文王(公元前 1185 ~ 1135 年)迎亲需要临时搭建的,用后遂拆除。这个事情被唐《初学记》收录:"周文王造舟于渭"。到了秦代,秦始皇修建了长达 400m、68 孔的长安石桥。而石拱桥远于公元前 250 多年前就开始修造了。从考古发掘中,河南洛阳发现一座周代末年韩君墓,墓门为石拱结构的事件上获得证实。公元 282 年建成的(石拱)旅人桥,是历史上记载的第一座石拱桥。最著名的石拱桥是隋代李春、李通带领能工巧匠所建造的河北赵县安济桥(俗称赵州桥)(公元 591 ~ 599 年),全长 50.82m,净跨 37.02m,矢高(从拱脚到拱顶的垂直距离为拱的高度,即拱矢)7.23m,宽约 10m,也是世界上最宏伟的石拱桥,并且使用至今依然巍巍挺立。英国李约瑟教授指出:"中国兴建敞拱桥确实优先欧洲达千年以上,因为至铁路时代(19 世纪 70 年代),西方才出现一些可以相比的桥梁。"并认为是学安济桥创造的"敞肩拱学派"对古今世界的桥梁工程界产生了巨大影响,指出李春敞肩拱桥建筑成了现代许多钢筋混凝土桥的祖先。另外有代表性的拱拱如北京永定河上的卢沟桥、苏州宝带桥等都有其独到之处。其他类型的桥梁,如梁桥、悬索吊桥等,在我国古桥梁建筑中,也是不胜枚举的。

7.1.1　桥梁的含意和构成

　　桥梁的形式各不相同,大小差别更大,所用材料因桥而定。无论如何,桥梁总是用于跨越江河湖川、山岭、海洋等天然障碍,或者横过铁路、公路、房屋等人为障碍,并且又总是(除浮桥)架设在离开水面或者地面的空中,成为道路的一部分。因而可以说,桥梁是用于跨越各种障碍的空中道路,或者称空中的支撑结构。

　　各种桥梁有其共同的构成部分:

　　(1)上部结构。它是直接承受载重的架空部分,又称为桥跨结构,是桥墩桥台以上部分的总称。

　　1)主体大梁。是承受桥上载重的主要构件,常由许多根梁组成(桥是拱圈,吊桥则是主缆索),这些梁沿桥的纵向(行车方向)首尾相接,沿桥的横向(河水流向)依次排列,共同组成主体大梁。

　　为了使各梁之间连接坚固,用多种横梁、系杆、盖板等,使纵横两个方向互相联系结成整体。

　　2)桥面部分。大多数桥面是铺筑在主体大梁之上,通常设有中央车道和两侧的人行道以及栏杆、栏板等。

　　3)支座。是在梁端底部和桥墩或桥台顶部设置的联系装置,用以承托桥梁以及用于车辆制动和随气温变化伸缩时的移动,并保证桥梁挠曲时在端部(活动)支承处转动。

(2)下部结构。包括桥墩、桥台及其下面的基础。

1)桥墩。它四面临空,两侧都支撑有桥跨。在河中的桥墩,一部分露出水面支撑主梁,一部分浸入水中,下面与基础相连。上部称为墩帽、中部叫做墩身,下部是墩底。

2)桥台。和桥墩共同构成桥梁的"腿",它屹立于两岸,将桥与路连接起来,它不仅与桥墩一样具有承受桥跨传来载重压力之功能,而且还承受桥头路堤土的水平力,使岸坡土不致向河里崩塌。桥台由上部的台座、中部的台身和底部的台基组成。

3)基础。为传递上部结构荷载至地基上的结构,一般设置在天然地基上。桥的基础有沉箱、沉井,在土层上浇灌墩底混凝土板等形式。通过基础桥墩(台)就牢牢扎根于地下或坚实的土层之中了。

7.1.2　桥梁的分类

7.1.2.1　按桥梁全长分(这里桥梁全长是指包括它的两岸桥台在内的全部长度)

(1)小桥——桥梁全长在30m以下者;

(2)中桥——桥梁全长在30~100m者;

(3)大桥——桥梁全长在100m以上者;

(4)特大桥——全长超过500m的,工程上称为特大桥。

7.1.2.2　按桥跨结构在承载时静力性质的特征分类

(1)梁式桥——在垂直荷载下,墩台只产生垂直反力(见图7-1)。

(2)拱桥——在垂直荷载时,墩台产生垂直及水平反力(见图7-2)。

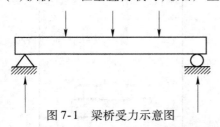

图7-1　梁桥受力示意图

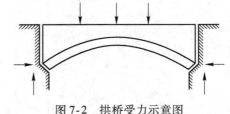

图7-2　拱桥受力示意图

(3)悬桥——桥跨结构主要承载部分由柔性链或缆索构成,链或缆索在垂直荷载下承受拉力。悬桥也称为吊桥或悬索吊桥(见图7-3)。

(4)刚架桥——墩台与桥跨连成刚性整体,常用钢筋混凝土构成,在垂直荷载下,墩台产生垂直及水平反力,如图7-4所示。

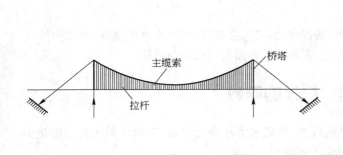

图7-3　悬索吊桥受力示意图

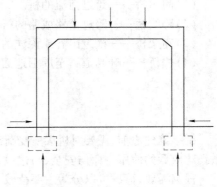

图7-4　刚架桥受力示意图

（5）联合体系桥——其中同时有几个体系的主要静力特性互相联系并互相配合工作的桥梁。

7.1.2.3 按桥跨可否活动分类

（1）固定桥——桥跨不能开启。

（2）活动桥——当建桥受到经济、技术或者其他影响，不能建造得太高，因而通行船舶受到阻碍。为了解决这一矛盾，把桥造成活动的，以便在必要时，可以开启通行船只。

7.1.2.4 按照主要建桥材料分类

（1）木桥；

（2）钢桥；

（3）石桥；

（4）混凝土桥；

（5）钢筋混凝土桥。

7.1.2.5 按照桥面的所处位置分类

（1）上承式桥——桥面位于结构（梁、拱、桁架）承载部分之上（见图7-5）。

（2）下承式桥——桥面位于两主梁（桁架或板梁等）或两肋之间，并将荷载传递于其下部（见图7-6）。

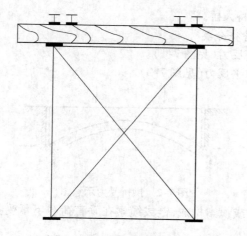

图7-5 悬索吊桥受力示意图

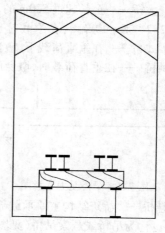

图7-6 刚架桥受力示意图

7.1.2.6 按照桥梁跨越的障碍分类

（1）河川桥——跨过河流的桥。

（2）跨线桥——跨过公路或路的桥。

（3）高架桥——横过山谷或深洼的桥，通过水流，又用来替代路堤（在建造路堤不可能时）。

（4）栈桥——升高道路至周围地面以上，在道路下方留有宽敞空间的桥。

7.2 桥梁的荷载

桥梁修建之前，需要对桥梁所受荷载的种类、形式和大小进行分析，其选择是否恰当直接关系到建成后的使用寿命与安全，与建设费用也密切相关。

根据需要，荷载可以分为主要荷载、次要荷载和特殊荷载。主要荷载是经常起作用的荷载；次要荷载不是经常起作用，但在荷载组合中必须考虑；特殊荷载的名称和类型已经对荷载特殊性作了说明。

　　静力荷载、动力荷载与附加荷载也是常采用的荷载分类法。然而我国公路设计规范（1985年）中荷载分为永久荷载、可变荷载和偶然荷载。

7.2.1　永久荷载

　　永久荷载是指结构在设计使用期内其值不随时间变化，或者变化与平均值相比可忽略不计的荷载。作用在桥梁上部结构的永久荷载，主要是结构的重力及附属设备等外加重力。作用在桥墩桥台上的永久荷载，主要是上部结构的永久荷载在支座上作用力、墩台本身的重力、土压力及其引起的土侧压力或水浮力（水中墩台）。

7.2.2　可变荷载

　　可变荷载包括基本可变荷载（活载）和其他可变荷载。

7.2.2.1　基本可变荷载

　　（1）车辆荷载。对于公路桥梁，行驶车辆的种类很多，小型车辆除外，仅载重汽车载重量就可由数十吨到数百吨，此外还有平板挂车、履带车、压路机等，也可能以车队形式过桥。所以，汽车荷载的车队分为4个等级，即汽车－10级、汽车－15级、汽车－20级、汽车－超20级。这种标准化荷载等级是规范规定的，各个等级都有其计算图式。

　　验算荷载也分4个等级：履带－50（50t履带车）、挂车－80、挂车－100、挂车－120。

　　为了方便计算，各种标准车辆荷载可以作用相等的均布荷载代替，称为等代荷载。

　　（2）人群荷载。人群荷载一般为$3kN/m^2$，城市郊区行人密集地区一般为$3.5kN/m^2$，在有人行道的桥上，人群荷载与汽车荷载同时考虑，验算时则不计入人群荷载。人群对栏杆扶手有水平推力和竖向力。

　　（3）汽车冲击力。汽车的突然加力将引起桥梁振动，路面不平和车轮不圆也会引起桥梁振动。这种振动造成内力加大现象称为冲击作用。近似计算法是汽车荷载重乘以冲击系数。

　　（4）离心力。对曲线桥梁，当半径等于或小于250m时需考虑离心力作用。离心力等于车辆荷载乘以离心系数C。

$$C = \frac{V^2}{127R^2}$$

式中　　V——计算行车速度，km/h；

　　　　R——曲线半径，m。

　　（5）车辆引起的土侧压力。

7.2.2.2　其他可变荷载

　　（1）风力。对于大桥，特别是斜拉桥和吊桥，风荷极为重要，有时甚至起着决定性作用，即对结构的强度、刚度和稳定性起控制作用。

　　（2）汽车制动力。在车辆刹车时产生滑动的摩阻力即是制动力。

　　（3）温度影响力。

　　（4）支座摩阻力、流水压力及冰压力。

7.2.3　偶然荷载

　　（1）地震荷载。

　　（2）船只、漂流物撞击力。船只或漂流物撞击力有时十分巨大，可达1000kN以上，在可能条件下,应采用实测资料为依据。

7.3　桥台与桥墩的构造形式

桥台与桥墩是桥梁的重要结构,支撑着桥梁上部的结构荷载,并将它传给地基基础。桥台起着支撑上部结构和连接两岸道路的作用,同时要挡住桥台背后的填土。桥墩除承受上部结构竖向压力和水平力外,还要受到风力、流水压力、可能发生的冰压力及冲撞力、偶尔碰到船只和漂流物的撞击等。施工时的临时荷载更不可避免,有些情况下还需对墩台作临时加固补强。地震力虽然不可预测,但实际表明,它的影响不可忽视,对于多地震的我国来说,必须予以考虑。足够的强度和稳定性,对桥台与桥墩来说其作用是显而易见的。

此外,桥台和桥墩应考虑上下部结构协调一致,造型合理美观,安全耐久,满足交通要求,造价低廉,维护工作量少,施工方便,工期短等各方面因素。

7.3.1　桥台的构造形式

7.3.1.1　重力式桥台
重力式桥台也称实体式桥台,主要靠自重来平衡台后的压力。

A　重力式 U 形桥台

U 形桥台由形状而得名,在平面上呈 U 字形,由台身(前墙)、台帽、基础和两侧墙(翼墙)组成。台帽是搁置桥梁的地方;台身支撑桥跨结构,并承受台后的土压力;侧墙连接路堤,在满足一定条件时,参与前墙共同承受土压力,侧墙外侧设锥形护坡;大面积的基础坐落在下部的地基上,它承压面大,应力较小。由于在前墙、侧墙和基础之间填满了土,容易积水,结冰后会使桥台结构产生裂缝。

重力式 U 形桥台如图 7-7 所示,这种桥台适用于桥宽不大、路堤填土不高、中等以上跨径的桥梁。桥台的填土应采用渗水性较好的土夯填,并做好台背排水。

B　重力埋置式桥台

重力埋置式桥台大部分埋于土层之中,台前是锥形护坡,不需另设侧墙,仅由台帽两侧的耳墙与路堤衔接,台帽外露以便安置桥跨,如图 7-8 所示。

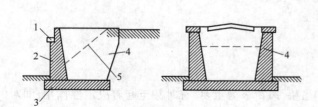

图 7-7　重力式 U 形桥台示意图
1—台帽;2—前墙;3—基础;4—侧墙;5—锥坡

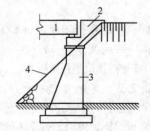

图 7-8　重力埋置式桥台示意图
1—梁;2—耳墙;3—台身;4—锥形护坡

埋置式桥台的台身为圬工实体,台帽及耳墙采用钢筋混凝土,锥形护坡保护适当不被冲毁时,可平衡一部分台后的土压力,因而这种桥台圬工数量较省。由于锥形护坡伸入桥孔,压缩了河道,有时需要增加桥长。这种桥台适用于桥头为浅滩,锥形护坡受冲刷较小,填土不高的中等桥跨。

最常见的重力式桥台就是 U 形及埋置式,其他如八字形、一字形等在此不作介绍。

7.3.1.2　柱式、框架式桥台

柱式、框架式桥台是由埋置式桥台改造而成。柱式可以做成单柱或双柱;框架式桥台也可称为多柱加横向支撑的桥台,图7-9是一个较典型的图式。柱式、框架式桥台一般采用埋置式,台前设置留坡,台帽两侧设耳墙与路堤连接,下部采用柱基础。

这类桥台所受土压力较小,适用于台身较高、地基承压力较低、跨径较大的梁桥。

7.3.1.3　撑墙及箱形桥台

撑墙式、箱式桥台都属薄壁轻型桥台,能充分发挥材料力学性能,节约材料,施工较快,适用于地基承载力较差、填土高度不太大的情况。可以采用适当形式的挡土侧墙,也可以做成埋置式桥,用耳墙连接路堤。减少撑墙宽度可不设撑墙,就形成了扶壁式或悬臂式桥台,如图7-10所示。

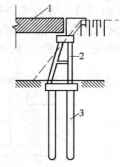

图7-9　框架式桥台示意图
1—梁;2—桩基础;3—桥台本身

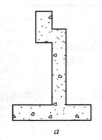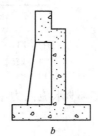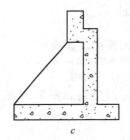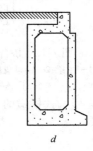

a 　　　　　b 　　　　　c 　　　　　d

图7-10　薄壁式轻型桥台示意图
a—悬臂式;b—扶壁式;c—撑墙式;d—箱式

7.3.1.4　其他

为使桥台轻型化,在构造上可以采用多种办法。例如采用柱式台身与挡土板加锚固拉杆桥台(图7-11a),台身锚固拉杆桥台(图7-11b),台身与挡土墙组合式桥台(图7-12),台身加前后撑墙承拉式桥台等等。桥台类型很多,对于拱桥、悬索吊桥等具有特殊要求的桥台,这里不再涉及。

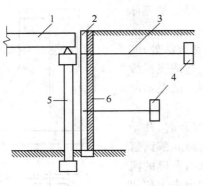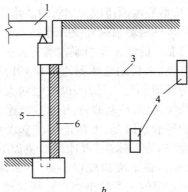

a 　　　　　　　　　　　　　b

图7-11　锚固拉杆加固组合式桥台示意图
a—分离式;b—结合式
1—主梁;2—立柱;3—拉杆;4—锚定板;5—台身;6—挡土墙

7.3.2　桥墩的构造形式

7.3.2.1　重力式桥墩

重力式桥墩即实体桥墩,主要靠自重来平衡外力,从而保证桥墩的强度和稳定。重力式桥墩由墩帽、墩身、基础三部分组成(图7-13)。

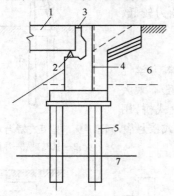

图 7-12　桥台与挡土墙组合式示意图

1—主梁;2—活动支座;3—防水伸缩缝;4—隔离层;

5—柱;6—砂垫层;7—持力层

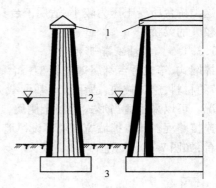

图 7-13　重力式桥墩示意图

1—墩帽;2—墩身;3—基础

重力式桥墩的常见截面形式如图7-14所示,从减少水流阻力来说,尖端形、圆形、圆端形较好。

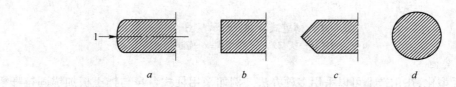

图 7-14　实体桥墩常见截面形式示意图

a—圆端形墩;b—矩形墩;c—尖端形墩;d—圆形墩

我国北方存在季冻性河流,流冰对桥墩是一大威胁。为了减轻冰块或其他漂流物对桥墩的撞击力,在桥墩迎水面铸成尖端状的破冰棱体(图7-15),使流冰或漂流物在未达桥墩前撞碎或引避。

黄河河套处的流冰及内蒙古黄河大桥,需要特殊方法处理。一是炸药爆破(大桥附近主河道冰层)开河,二是大炮或飞机投弹轰击上游漂流的巨大冰块,以减轻对大桥的威胁。最根本的办法还是修库筑坝,控制流量,使水少流速慢。

破冰护桥的原因是,上游地处河套以南,冰融河开时,几十米宽的巨大(达两人体高)厚冰块顺流而下,但河套最北部河道却未解冻,流冰逐渐堆积成坝,一旦下游河开,像冰山一样的流冰则向内蒙古黄河大桥冲击而来。预先炸冰开河和炮击大冰块是河套的特殊地理气候环境造成的。

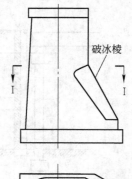

7.3.2.2　薄壁空心桥墩

针对重力式桥墩建筑材料用量多,力学性能利用低的情况,　图 7-15　桥墩破冰棱体示意图空心薄壁桥墩应运而出。一般高度的空心墩比实体墩省工 20% ~ 30% 左右,钢筋混凝土空心墩则可省工 50% 左右。当墩高小于 50m 时,混凝土空心墩的壁厚一般要求不小于 30cm。有资料表明,跨度在 12 ~ 26m 的多跨连续梁桥,桥墩壁厚可做成 40 ~ 80cm,造价比一般桥墩节约 20% 以上。南京长江大桥,墩位水深 40m 有余,江面通航万吨轮船,墩身高超过了上海 24 层的国际饭店,墩底面积相当于一个篮球场,这样一个庞然大物就是空心的。

空心桥墩的截面形式有圆形、圆端形、长方形等(见图 7-16)。沿墩高一般采用可滑模施工的变截面,即斜坡式立面布置,墩顶和墩底部分,可设实心段,以便设置支座与传递荷载。

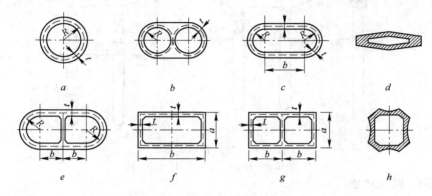

图 7-16　空心桥墩截面形式示意图

7.3.2.3　柱式与桩式桥墩

A　柱式桥墩

柱式桥墩沿桥横向布置形式有单柱式、双柱式和多柱式,当墩身高大于 6 ~ 7m 时,可设横向连系梁。

柱式桥墩一般由基础之上的承台、柱式墩身和墩帽(又称盖梁)组成(图 7-17)。墩身的截面形式有圆形、方形、六角形或其他形状等。柱式桥墩在公路桥中应用广泛。

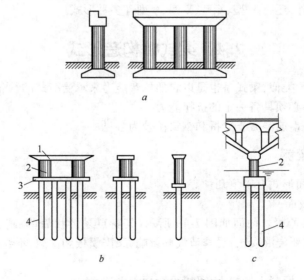

图 7-17　柱式桥墩示意图

a—三柱式桥墩;b—双柱式桥墩;c—拱桥柱式桥墩

1—墩帽;2—柱;3—承台;4—桩

　　B　桩式桥墩

　　桩式桥墩是将钻孔桩基础向上延伸为桥墩的墩身,在桩顶浇筑盖梁(即墩帽),如图7-18所示,它(下部)既是桩(上部)又是墩,一般都是钢筋混凝土的。根据强度不同,上部和下部的直径可有区别,配置钢筋数量也应不同。如果桩柱长度太大,中间可以设置系梁,以增强整体稳定性。

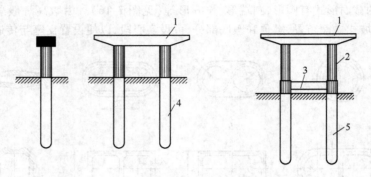

图 7-18　桩式桥墩示意图
1—顶帽;2—柱;3—系梁;4—桩柱;5—桩

7.3.2.4　柔性桥墩

　　柔性桥墩是指在墩帽上设置活动支座,桥梁热胀冷缩时产生的水平推力以及刹车制动力通过桥梁对桥墩的水平力,都因活动支座而桥墩免于承受,墩身也比刚性桥墩细。所以说,柔性桥墩对水平力是柔的而不是刚的。柔性桥墩造型纤细,为了承受竖向荷载,墩身要加入一些粗钢筋和采用高强度材料。

　　柔性桥墩也可以做成空心、薄壁的。世界上高达146m的空心薄壁预应力钢筋混凝土柔性桥墩,壁厚仅35～55cm,比实体墩节省材料70%,它就是奥地利的欧罗巴公路大桥二号桥墩,建于山谷之中,采用了矩形截面形式。

　　除上面所提桥墩外,还有 V 型、X 型、Y 型、A 型等多种形式。

7.4　梁式桥构造形式

　　和房屋建筑中的梁类似,梁式桥也是以它的抗弯能力来承受荷载的,当然抗剪能力也要得到保证。此外,梁式桥还必须具备一定的抗扭能力。

　　从所用材料来看,钢筋混凝土梁桥和钢梁桥较为多见。

7.4.1　钢筋混凝土梁桥

　　混凝土梁桥的截面形式有以下几种。

7.4.1.1　板式截面

　　(1)整体式矩形实心板。截面如图7-19所示,其特点是形状简单,施工方便,建筑高度小,结构整体刚度大,但需要浇混凝土,受季节气候影响,又需模板和支架,不经济,自重大,适用于小跨度板桥。

　　为了避免现场浇注混凝土的缺点,可以采取预制办法。

　　(2)装配式预制空心板截面。其孔洞形式也有多种,如图7-20所示,可根据情况而定。

　　(3)异形板截面。形式亦可多种多样,如图7-21所示,但现场浇注施工较复杂。

钢筋混凝土板式梁桥跨度一般在 10m 以下。

7.4.1.2 肋梁式截面

当梁桥的跨度增大时,其弯矩随跨径平方成正比,剪力只与跨径成正比。所以,弯矩随跨径增大的速度要快得多。因而要求梁的截面高度加大,这样一来,又会使梁的自重增大。为了克服这个缺点,把梁截面下部的一部分挖出,做成 T 形,冂形和工形等基本截面形式,如图 7-22 所示,梁桥则由多片这类基本截面形式的肋梁组合而成,如图 7-23 所示。肋梁式截面桥可以做成整体式或装配式,如图 7-24 所示。

7.4.1.3 箱形截面

梁桥跨度继续增大时,箱形截面最适宜。目前已建成的超过 60m 的预应力混凝土梁桥中,其横截面积大多数为箱形的。这种截面抗扭刚度很大,具有良好的动力特性,且收缩变形数值小,因而受到人们的重视。

常见的箱形截面基本形式,有单箱单室、单箱双室、双箱单室、单箱多室、双箱多室等等。如图 7-25 所示,B 表示桥宽。

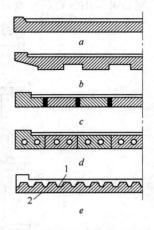

图 7-19 矩形板截面示意图
a—整体式;b—矮肋式实心板;
c—装配式实心板;d—装配式
实心板;e—组合式板
1—现浇注混凝土;2—预制构件

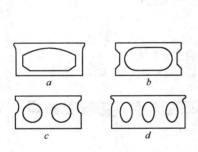

图 7-20 空心板的孔洞形式示意图

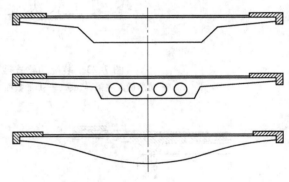

图 7-21 异形板截面示意图

从箱形截面的受力状态分析表明,简箱单室截面受力明确,施工方便,节省材料。一般常用于桥宽在 14m 左右的范围。

由分析知,无论单箱单室或单箱双室,对截面底板尺寸和腹板都影响不大,而对顶板却影响明显。

用框架分析的方法表明,单箱双室式顶板的正负弯矩一般比单箱单室式分别减少 70% 和 50%。但双室式施工比较困难,腹板自重弯矩所占恒载弯矩比例增大,影响了双室式截面的应用。

重庆长江大桥在初步设计中,曾对双箱单室截面与双箱双室截面做过经济比较,结果前者比后者减轻重量 13% 左右。

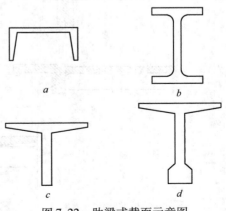

图 7-22 肋梁式截面示意图

宽桥可采用多箱多室截面,但由于施工不方便,所以可采用分离式截面形式。

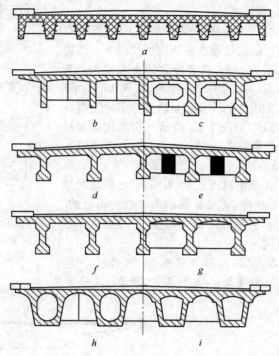

图 7-23　装配肋梁式截面基本类型示意图

a—肋形截面主梁;b、c、d、e—T 形截面主梁;f、g、h、i—组合肋梁式截面

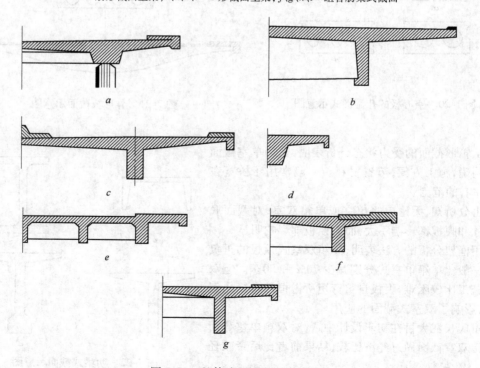

图 7-24　整体式 T 形截面示意图

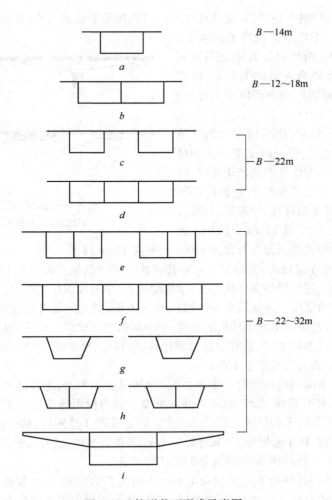

图 7-25　箱形截面形式示意图

a—单箱单室截面;b—单箱双室截面;c—双箱单室截面;d—单箱三室截面;

e—双箱双室截面;f—三箱单室截面;g、h—分离式;i—悬臂板上加横梁

实际工作中,究竟采用何种截面形式,要考虑很多因素,诸如技术问题,经济问题,军事上的要求,与周围环境的配合,城市建桥时的城市规划限制,使用过程中的养护维修等等。在各种因素的制约下,有时只能照顾某一方面或某几方面,或者可称为抓主要矛盾。

钢筋混凝土梁桥,按静力特性分简支梁、悬臂梁、连续梁、T 型刚构梁、连续－刚构梁等 5 种体系。

(1)钢筋混凝土简支梁桥主要有板梁桥、T 型梁桥、组合梁桥等形式。

混凝土板桥承载时挠度较大,限制了跨度,一般跨度在 10m 以下。10～20m 经济跨度的钢筋混凝土梁桥则要采用 T 型截面。目前,世界上预应力混凝土简支梁桥的最大跨度已达 76m,为奥地利阿尔姆(ALM)桥。但在一般情况下,跨径超过 50m 后,桥型显得过于笨重,安装重量较大,相对地给装配式施工带来困难,实际上并不经济。我国预应力混凝土简支梁桥的标准跨径在 40m 以下。

(2)悬臂梁桥。悬臂桥的梁有单悬臂的和双悬臂的。由于臂伸太长会使梁端产生过大挠度和不稳定现象,所以臂长受到一定限制。为了保持长跨,可以在跨中的两个悬臂梁端点再挂上一个简支梁(简支挂梁),习惯上称悬臂梁主跨为锚跨。受力分析表明,无论单悬臂梁或双悬臂梁在锚跨(见图7-26)中的弯矩,因有支点负弯矩的卸载作用而显著减小;在悬臂跨中因简支挂梁的跨径缩短而跨中正弯矩也同样显著减小。

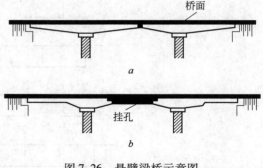

图7-26　悬臂梁桥示意图
a—悬臂梁桥;b—带挂孔的悬臂梁桥

当悬臂长度等于中孔跨径的1/4时,正负弯矩面积和仅为同样跨径简支梁的1/3.2。所以与简支梁相比,悬臂梁可减小跨内主梁高度,降低材料用量,较为经济。

但是,在实际工作中,因为跨径大而梁体太重,不易装配化施工,现浇时支架的工费昂贵;另外,由于支点负弯矩存在而产生裂缝,降低使用寿命,预应力悬臂梁虽然克服这一不足,而跨中的简支挂梁的存在,伸缩缝的构造,使行车不如连续梁平顺,所以,较少采用。预应力混凝土悬臂梁桥世界上最大跨径为150m,一般在100m以下。

(3)钢筋混凝土连续梁桥,因施工上同悬臂梁桥有同样的缺点而应用较少。预应力混凝土梁桥应用非常广泛。连续梁桥突出优点是:结构刚度大,动力性能好,主梁变形挠曲线平缓,有利于高速行车。预应力混凝土连续梁常用范围在40~160m,最大跨径已达240m左右。

(4)T型刚构桥是由墩上伸出较短的悬臂,跨中用简支挂梁组合而成,因悬臂和墩形成T字,故称T型刚构。预应力的采用,适宜做长悬臂结构,所以从20世纪50年代起,预应力混凝土T型刚构获得了发展,最大跨径已达270m。

预应力混凝土T型刚构分为跨中带剪力铰(只传递竖向剪力,不传递水平推力和弯矩的连接构造)和带挂孔(挂孔即简支梁)的两种基本类型。剪力铰可传递竖向力到另一个T构单元上,从而减轻直接受荷的T构单元上的结构内力。带挂孔的T型刚构,桥面伸缩缝增多,但节省了构造复杂的剪力铰,利于悬臂施工(较连续梁节省两道工序)。对大跨径跨越深谷、深水、大河及急流的桥梁,施工十分有利,能获得满意的经济效果。

(5)连续－刚构桥是综合了连续梁和T型刚构桥的受力特点,将主梁做成连续体与薄壁板墩固结而成。随着桥墩高度的增大,薄壁墩对上部梁体的嵌固作用愈来愈小,逐渐蜕化为柔性墩的作用(所谓柔性墩是工程上的称谓,指的是不承受桥梁热冷伸缩和车辆制动等所产生的水平推力的桥墩)。而薄壁墩底部所承受的弯矩,梁桥内的轴力随桥墩高度增大而急剧减小。

连续－刚构桥只在设计桥墩时考虑上部梁体变形(转动与纵向位移)对桥墩的影响,采用它可获得很多好处,首先是连续梁的优点,其次是节省大型底座的昂贵费用,并且减少了墩身和基础的工程量以及改善了结构在水平荷载作用下的受力性能。世界上最长桥跨260m的预应力连续刚构体系桥为澳大利亚给脱威桥。

7.4.2　钢梁桥

和混凝土梁桥类似,钢梁桥有I字梁、钢板梁、箱形梁及桁架梁等形式。钢桁架梁桥称钢桁桥。

为了节约钢材,可以将钢筋混凝土板置于钢梁上部,组成结合梁桥。混凝土板不仅帮助钢梁受压,而且增加梁体的刚度。我国在铁路上常用的结合梁桥跨度有32、40、44m等几种。结合梁桥比同跨度的钢桥可减少用钢量40%。

按支撑方式分,钢梁桥也可以建成简支梁、连续梁、悬臂梁等形式。

简支梁桥的跨度一般在160m左右,我国四川成昆线金沙江三堆子铁路简支钢桁架桥,跨长达 192m。

连续梁桥跨度可达 250~300m。我国建成了跨度达 176m 的四川宜宾金沙江桥,就是采用钢桁架连续梁桥。世界上钢连续梁桥跨径为 300m 的巴西席尔瓦海岸瓜纳巴拉钢连续箱形桥。

钢悬臂梁桥一般用于 150~500m 的跨度。世界上钢悬臂梁桥中跨径最大的桥,要算加拿大魁北克铁路大桥,跨度为 548.64m,建造了 20 年之久。

其次是英国的福斯铁路桥,有两孔跨度都是 521m。日本的港大桥,跨长 510m。美国于 1972 年所建的德拉韦河桥为 501m 跨长,居世界第四位。

一般来说,特大型的钢桥,尤其是公路铁路两用的双层钢桥,多采用钢桁架的形式,钢桁桥有上承式、下承式和中承式。下承式有利于提高桥下净空,便于桥下通航。

钢桥强度高、自重轻、跨度大、施工简便。但材料昂贵,造价高,尤其是使用期间养护维修工作量大(如防锈需经常油漆等)。

7.4.3 梁桥的支座

连接桥跨与墩台的构造部分称为支座,其作用是把桥跨结构上的各种荷载传递到墩台上,其中主要是垂直荷载,次之是桥梁随温度变化而伸缩和车辆制动所产生的水平推力。

梁桥的支座分固定与活动两类。固定支座允许梁截面自由转动而不能移动,活动支座允许梁在挠曲和伸缩时转动与移动。

简支梁桥,通常每跨一端设置固定支座,另一端设置活动支座。多跨者则把固定支座设置在桥台上,每个桥墩上设置一个(或一组)活动支座与一个(或一组)固定支座,以便使所有墩台均匀承受纵向水平力。

连续梁桥,一般在一个墩或台上设置一个固定支座,其他墩台均设置活动支座。

悬臂梁桥的挂梁支座和简支梁一样。

(1)支座的形式很多。10m 以内跨径的公路桥支座,可用垫层支座。它是用油毛毡或水泥砂浆做成。桥梁固定端,用预埋在墩台帽内的锚钉锚固。

(2)当跨度大于 15m 时,可采用钢板夹滑垫层支承。即在梁的下端部预埋(或焊接)一块钢板做底板,在墩台顶部埋设一块钢板叫做垫板,两板中间设一层薄的涂石墨的石棉,或锌板,或铜板以减小底板和垫板在滑动时的摩擦。为了防止梁体的横向移动,可在底板预先做成带有椭圆形的孔,该孔穿过垫板上的地脚螺丝,使梁体可纵向移动而不能横向移动。如图 7-27 所示。

(3)球面支座适用于曲线梁桥,以适应多方向的转动,有的设计转角达 3.43°,如图 7-28 所示。球面支座由高级锻钢或热处理的合金钢制作,梁桥的转动依靠粗糙度很高的接触面的滑动来完成。为了保持其作用效果,通常将支座封在油箱内。改进的滑动面由聚四氟乙烯面与不锈钢板或镀铬钢板的滑动来完成。

(4)钢筋混凝土摆柱式支座,如图 7-29 所示,水平位移较大,用于跨径为 20m 左右的梁桥。钢筋混凝土摆柱的上部和下部,都固定一块弧形钢板,分别与梁端底部的底板(钢板)和墩台顶部的钢垫板接触,构成摆柱式支座。

(5)钢筋混凝土(缩颈)铰(支承)。如图 7-30 所示,缩颈铰利用其颈缩部分而转动。其优点是支座高度小,构造简单,用钢量少,缺点是不能抵抗拉力,不能调整高度,转动量小(约 1/300(11.5)),不便于更换和修理。混凝土铰曾多次用于大跨径桥梁中,支承反力可达 10000kN。

(6)板式橡胶支座,是由数层薄橡胶片与刚性加劲材料(钢板)黏结而成,如图 7-31 所示。

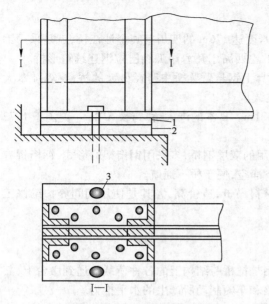

图 7-27　膨胀支座示意图
1—底板；2—垫板；3—活动端底板的椭圆孔

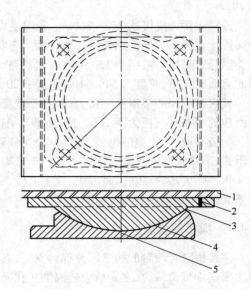

图 7-28　球面支座示意图
1—上支座板；2—下支座板；3—不锈钢板；
4—聚四氟乙烯板；5—滑动面

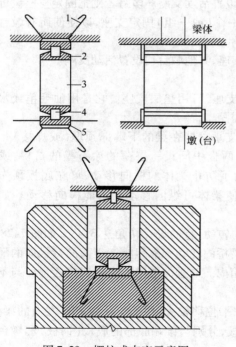

图 7-29　摆柱式支座示意图
1—锚固筋；2—弧形钢板；3—钢筋
混凝土摆柱；4—齿板；5—钢垫

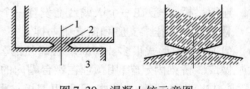

图 7-30　混凝土铰示意图
1—钢筋；2—混凝土铰；3—桥台

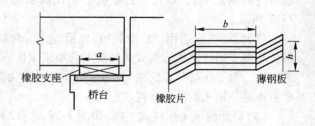

图 7-31　板式橡胶支座示意图

桥梁上常用的橡胶支座每层胶片厚 5mm,橡胶片间的钢板厚 2mm。由于钢板加劲,可以阻止橡胶片的侧向膨胀,从而提高了橡胶片的抗压能力。一般可用于支承反力在 2940kN 左右的中等跨径桥梁。其显著优点是:1)构造简单,加工方便,宜于工厂成批定型生产;2)用钢量少,为弧形支座 1/15 左右,每个支座约用钢 1 ~3kg,造价为弧形支座的 1/3 左右;3)支座高度小;4)安装方便,更换容易,平时不需养护;5)能适应宽桥、弯桥等各个方向的变形;6)支座摩擦小,能分布水平力,吸收部分振动,使墩台受力缓和。对高墩、地震区的桥梁有利。

(7)盆式橡胶支座,其橡胶板置于扁平的钢盆内,盆顶用钢盖盖住,如图 7-32 所示。在高压下,其作用就像液压千斤顶中的黏性液体,盆盖相当于活塞。由于在边缘与盆壁很好的密合,橡胶在盆内是不可被压缩的。因此支座能承受相当大的压力,在均匀承压应力的情况下,可作微量转动。盆式橡胶支座分固定支座和活动支座。活动盆式支座,由上支座板、不锈钢板、聚四氟乙烯滑板、圆钢盆、橡皮板、紧箍圈、防水圈和下支座板组成。

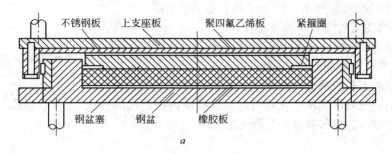

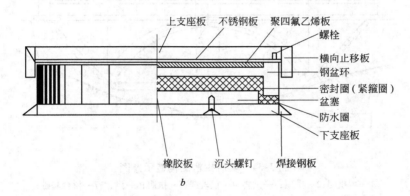

图 7-32 盆式橡胶活动支座示意图

我国用于预应力钢筋混凝土梁桥的盆式橡胶支座承载能力达 20000kN。国外有的可达 49000kN,支座外径为 1.86m。

7.5 拱桥构造形式

拱桥建筑在我国将近有两千年的历史,现在也是我国公路上常用的一种桥梁形式,它形体优美,状如"彩虹"。

拱桥主要承受压力,力学性能好,结构耐压,节约材料,构造简单,利于普及,承载力大,养护费用少,因而在我国建造得较多。

拱桥的分类方法各有不同。按行车道的位置,拱桥有上承式、下承式和中承式。如图 7-33 所示。按照拱轴线形式,分圆弧拱桥、抛物线拱桥、悬链线拱桥等。

根据有无水平推力,拱桥可分成有推力拱桥和无推力拱桥。由拱上建筑的形式分,有实肩(亦称实腹)拱桥和敞肩(空腹)拱桥。从所用材料看,有石(亦称圬工)拱桥、钢筋混凝土拱桥和钢拱桥。依照主拱圈的构造形式分为板拱、肋拱、箱形拱、双曲拱、偏壳拱等拱桥。还有桁架拱、刚架拱、铰拱等桥形。

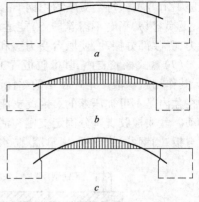

图 7-33　拱桥示意图
a—上承式；b—下承式；c—中承式

7.5.1　拱桥的构成及有关名称

以实肩拱桥为例,如图 7-34 所示。桥跨结构由主拱圈(简称主拱)和拱上结构构成。

主拱圈是主要承重构件,承受桥上的全部荷载,并通过它把荷载传递到墩台及基础。拱上结构包括桥面(即行车道部分)和拱圈与桥面之间的填充物。

拱顶又称拱冠,指的是跨度中央的拱圈截面。拱脚即拱趾,指拱圈支承处的截面,即拱圈供以支撑于墩台上的截面。净跨径是支撑边缘间的距离。拱圈的计算跨径指的是两拱脚中心线间的距离。计算矢高为连接拱脚中心线的直线至拱顶(截面)中心线的距离。拱度,也称矢跨比,指矢高与计算跨度之比值。

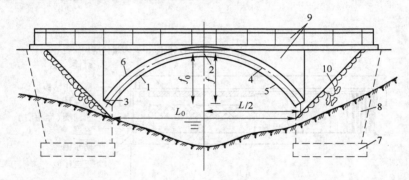

图 7-34　实肩拱桥的构造示意图
1—主拱圈；2—拱顶；3—拱脚；4—拱轴线；5—拱腹；6—拱背；7—桥台基础；
8—桥台；9—拱上建筑；10—锥坡；
f_0—净矢高；f—计算矢高；L_0—净跨径；L—计算跨径

7.5.2　拱桥的构造形式

7.5.2.1　敞肩拱桥

敞肩(空腹)拱桥为在主拱圈的拱背和行车道之间,做成孔洞形式。做成拱形的孔洞称为拱式腹孔,孔洞上部呈梁形者,则称梁式腹孔。如图 7-35 所示。

拱式腹孔的拱上建筑,在一般的圬工(如石拱)拱桥上采用较多,外观笨重,对地基要求高。腹拱跨度一般选用 2.5~5.5m,也不宜大于主拱跨径的 1/8~1/15。腹拱宜做成等跨,腹拱可采用板拱、双曲拱、扁壳等形式的拱圈。

梁式腹孔的拱上建筑,一般用于钢筋混凝土拱桥,它可使桥梁造型轻巧美观,减轻拱上重量和地基的承压力,所以拱桥跨径较大。梁式腹孔由立于主拱圈上的立柱和立柱上部的(桥道)梁构成。桥道梁可以做成简支的、连续的或连续刚架式的,其梁截面可以是 T 形、箱形或空心板等形式。

敞肩拱桥除石拱桥、钢筋混凝土拱桥外,还有钢桁架拱桥,钢拱桥的跨度更大。

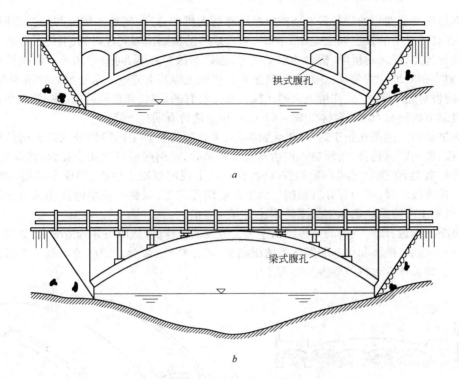

图 7-35 空腹拱桥示意图
a—拱式腹孔拱桥;b—梁式腹孔拱桥

拱桥建筑在我国至少于 1700 多年以前就有文字记载。河北赵州桥(敞肩石拱桥)早于欧洲同类桥梁约 1000 年之久。现在我国建成了跨度更大的石拱桥。云南省的单孔长虹石拱桥(1962年)跨度 112.5m;四川丰都县的九溪沟桥(1972 年),跨度达 116m,它们都是世界上跨度较长的石拱桥。建于瑞典和丹麦两国之间绥依纳拉特海峡桥,跨长 155m,为世界上跨径最长的石拱桥。

钢筋混凝土拱桥的跨径更大些。1969 年所造的北京丰沙线永定河七号铁路桥,主跨150m,为钢筋混凝土系杆拱桥。四川渡口金沙江混凝土箱形公路拱桥的跨度达 170m。世界上跨度最大达 390m 的钢筋混凝土三室箱形等截面敞肩无铰拱桥,是南斯拉夫 1980 年建造的叫 KRK 铁托桥。设计时即考虑在拱冠处设置钢筋混凝土块,经 2～3 年后移去而代之液压千斤顶(在截面上部设置 30 个,下部设置 32 个),用以调整拱的中心线,消除一段时间内的变位。对 390m 跨第一次调整是在 1982 年 4 月 24 日,这次使拱抬头 63mm,第二次则是在 1983年 5 月 31 日进行的。

7.5.2.2 双曲拱桥

双曲拱桥体现了我们的民族特色。在 1964 年,由江苏无锡的建桥职工继承和研究了我国2000 年来石拱桥建筑的丰富经验,并吸取了钢筋混凝土桥的构件在工厂预制和现场安装的施工特点,成功地创造了新型桥梁。它从无锡的第一座 9m 长的农桥已发展到跨度达 100～200m 的大桥了。我国已经建造的双曲拱桥总长度已有几十万米之多,尤其是江南水乡地区,更是桥群遍地密布,仅江苏一省,就修成了近万座双曲拱农用桥梁。1967 年建成的河南嵩县前河大桥,跨长150m,就是较大的双曲拱桥之一。南京长江大桥南北 22 孔引桥,共长 700m 以上,宛如波带的优美姿态,也是双曲拱桥。

一般(单曲)拱桥,纵向是弯曲的,横向结构却类似板梁,拱桥承载时,整个拱圈都是受压,而在横向却出现弯曲变形的受拉区。双曲拱桥因有横向拱的存在,使整个拱圈都是受压而无受拉区,从而提高了全桥的强度和稳定性。同时,双曲拱桥的横剖面形同开口箱,节约了材料,带来了自重减轻的优点,使之对桥墩、桥台的水平推力,也就不像同跨度、同矢跨比的一般拱桥那么大。所以,双曲拱桥对地质的要求也降低了,甚至可以在软土地基上建造。水平推力的减少有利于放低矢高,使桥身趋于平坦,方便桥上交通运输。根据已有的记载,和相同跨度的一般拱桥相比,双曲拱桥可以节约钢材60%,木材20%～40%,使桥梁造价有明显下降。

　　双曲拱桥的主拱圈在施工时,可以化整为零,再化零为整。主拱圈划分成四种构件即拱肋、拱波、拱板、横向联系构件,当预制构件达到强度要求后,把钢筋混凝土肋合拢,与横向联系的构件组成拱形框架,在拱肋之间装配砌筑拱波,在拱波上现浇混凝土拱板,形成主拱圈,如图7-36所示。当桥跨较大时,拱肋可分段预制。由于预制装配施工,双曲拱桥整体性受到一定影响,所以在设计、施工中应采取确保主拱圈整体性的有效措施。

　　主拱圈的构造:双曲拱桥的主拱圈由于施工分成四种构件,然而按其构造形式,如图7-37所示,只需分为拱肋、拱波和加强肋间联系的横隔板(或拉杆)三部分。现浇的混凝土拱板,是为了加强主拱圈的整体性和拱波厚度的必需工序。

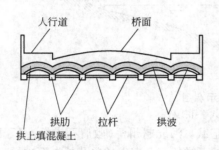

图7-36　双曲拱桥剖面示意图

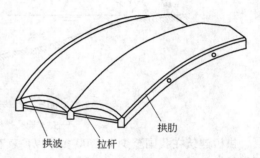

图7-37　主拱圈的截面形式示意图

　　拱肋是双曲拱桥主拱圈的骨架,其截面形式应有利于肋、波、板的结合,保证组合截面的整体性。常采用的拱肋截面形式有倒T形、L形、I字形、槽形和箱形等,如图7-38所示。倒T形和I字形截面,由于其腹板伸入到现浇的拱板层内,增大了拱板与拱肋的结合面,提高了结合面的抗剪和抗拉能力,增强了截面的整体性,槽形截面的肋板结合面较大,不易产生裂缝,截面的整体性能好,箱形截面一般用于双肋单波的情况,L形截面用于边肋。

　　对于跨度较大的双曲拱桥,拱肋多分段预制,并根据吊装能力划分段数,一般为了避开拱顶接头都按奇数分为3或5段等。为了保证吊装时的稳定性,每段肋拱长度一般不超过拱肋宽度的50倍。分段的拱肋接头,应构造简单,结合牢固、施工方便,一般可预留钢筋焊接或绑扎等,然后现浇混凝土;或者用电焊钢板对接接头,或者采用法兰盘螺栓对接接头等。如图7-39所示。

　　拱波一般预制圆弧形。分块的宽度由横隔板的间距而定,故宽度不完全相等,且曲率各不相同,需编号标明,吊装时对号入座。拱波厚度一般为6～8cm。

　　拱板多用现浇形式。目前常采用波形或折线形拱板,其厚度不小于拱波的厚度。拱板中的钢筋应和拱肋的锚固筋等相连接,以加强拱圈的整体性。

　　横向联系构件使主拱圈的整体性加强,使主拱圈在活荷载作用下受力均匀,避免拱波顶可能出现的纵向裂缝。横向隔板和横系梁是常采用的主要形式。

　　横系梁多用于中等跨长的双曲拱桥,常采用正方形或矩形截面,厚度一般为0.2m。横隔板的横向刚度大,一般用于大跨径桥和宽桥,厚度为 0.15~0.2m。横隔板可伸入到拱板中,其伸入部分可与拱板一起现浇,使整体性加强。

横向联系构件的间距一般为 3~5m。

7.5.2.3　铰拱桥

通常所建造的拱桥是无铰拱桥,其结构刚度大,构造简单,施工方便,维护费用少。但是,当温度变化、材料收缩、结构变形以及墩台位移等,会造成拱桥产生较大的附加内力。因此无铰拱桥一般希望建造在地基条件良好的地方。

如果遇到地质条件不良的情况,墩台基础可能发生位移,而且还要采用拱桥形式,特别是坦拱桥。为了减小各种原因引起的附加内力,有采用铰拱桥的。

铰拱桥有三铰拱桥、两铰拱桥、单铰拱桥等形式,如图 7-40 所示。

由于铰拱桥的存在,使其构造复杂,施工困难,维护费用高。和无铰拱桥相比,其整体刚度降低,削弱了抗震能力。而且对三铰拱桥来说,由于拱圈挠度曲线在拱部铰上面有转折,使拱顶铰处的桥面下沉,当车辆通过时,会发生大的冲击。对行车不利。

总的来说,铰拱桥建造得比较少。德国在 1934 年建造了 Mosel 钢筋混凝土三铰拱桥,为敞肩双室箱肋,跨度达 107m。日本 1974 年建造了双铰拱的外津桥,跨度 170m。单铰拱桥很少。法国的 L'artuby 桥为单铰拱桥,跨径 110m。

我国仅在一些较小跨度的拱桥上采用铰拱桥形式。

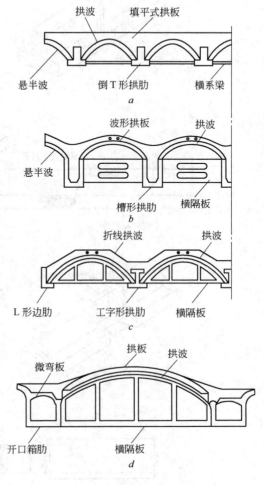

图 7-38　主拱圈的截面形式示意图

铰拱桥的拱铰,按其作用可分为永久性的和临时性的。永久性拱铰应满足设计计算的要求,并能保证长期的正常使用。临时性拱铰是在施工过程中,为消除或减少主拱的部分附加应力,以及对主拱内力作适当调整时,在拱顶和拱脚设置的铰。施工结束时,则把临时性铰封固,因而构造也简单。

较常采用的拱铰形式有:

(1)弧形铰。对于钢筋混凝土、石料做成的拱铰,如图 7-41 所示。一般由两个不同半径的弧形表面块件合成。一个为凹面(曲率半径为 R_2),一个为凸面(曲率半径为 R_1)。铰的宽度等于拱圈的宽度,R_2 与 R_1 的比值在 1.2~1.5 之间。沿拱轴线方向的长度为拱厚的 1.15~1.20 倍。设计时应验算接触面的承压应力和横向拉应力。弧形铰圆筒形表面相互位移时,压力线的作用点就发生偏离,在靠近的拱段中将产生附加弯矩。所以铰的接触面要求精确加工,以保证紧密结合。

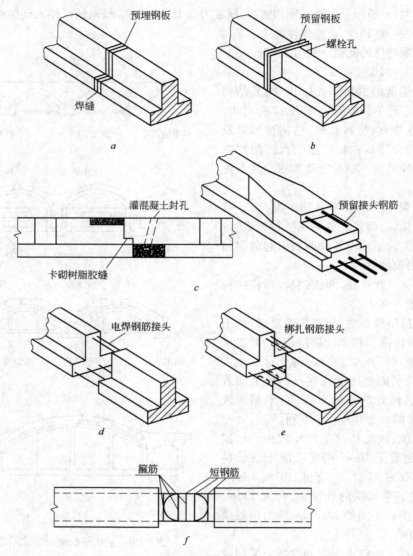

图 7-39　拱肋接头示意图

a—钢板电焊接头；b—法兰螺栓接头；c—环氧树脂水泥胶卡砌接头；d—钢筋电焊现浇混凝土接头；

e—绑扎钢筋现浇混凝土接头；f—环状钢筋现浇混凝土接头

（2）铅垫铰。采用锌、铜薄片（1～2cm）做包皮、铅板做芯（1.5～2cm）的铅垫板拱铰，是利用铅的塑性变形，容许支承截面自由转动来实现铰功能的（如图 7-42 所示）。在垫板中心设置一根锚杆，保证压力正对中心且能承受一定剪力，又不妨碍铰的转动。

（3）平铰。平铰是平面相接，构造简单，适用于小跨度的拱圈。敞肩拱桥的腹拱圈采用铰拱者可采用平铰。铰的接缝间可以垫衬油毛毡，如图 7-43 所示。

（4）不完全铰。对于跨径不大的拱圈或人行拱桥，可以采用不完全铰（缩颈铰），由于拱铰处的拱截面急剧地减窄，

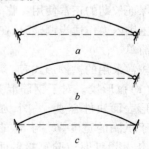

图 7-40　铰拱桥（拱肋静力）示意图

a、b—铰拱；c—无铰拱

使得支承截面处能够转动而起到铰的作用(如图7-44所示)。截面减窄处将发生很大应力,颈缩部分可能会开裂,可以配筋加强。

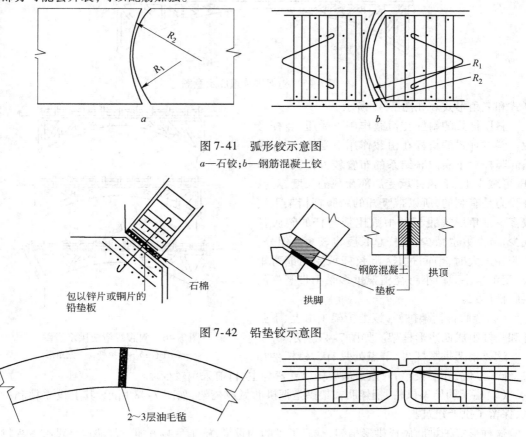

图7-41 弧形铰示意图

a—石铰;*b*—钢筋混凝土铰

图7-42 铅垫铰示意图

图7-43 平铰示意图

图7-44 不完全铰示意图

(5)钢铰。在大跨径的拱桥中可采用钢铰,钢铰可做成圆柱式销轴或没有销轴的形式。

7.5.2.4 桁架拱桥

桁架拱桥有钢桁架拱桥和钢筋混凝土桁架拱桥。根据我国情况,钢筋(预应力)混凝土桁架拱桥已成为建造拱桥优先考虑的桥型之一。

桁架拱桥由桁架拱片、横向联结系杆和桥面三部分组成。其中桁架拱片为承重结构,是由上弦杆、下弦杆、腹杆以及跨中的由上、下弦杆靠近而形成的实腹段所组成的,如图7-45所示。

桁架拱的拱上结构与拱肋溶为一体共同受力,整体性好,各腹杆主要承受轴向力,拱跨中央部分的实腹段具有拱的受力特点。在恒载作用下,主要承受轴向压力,在活载下将承受弯矩,成为偏心受压构件。

桁架拱综合了桁架和拱的有利因素,以承受轴向力为主。从桁架拱受力情况分析,无合理拱轴问题。在恒载作用下,其压力曲线愈接近下弦轴线时,腹杆内力愈小;当恒载压力曲线在下弦杆轴线下方通过时,腹杆基本上都是受压。对于跨中的实腹段,其截面形心的连线就是实腹段的拱轴线,所以希望有较大曲率的曲线作为拱轴线。在选择拱轴线曲线时保证拱底曲线是连续的。

根据受力特性,桁架拱桥可分为:

(1)斜腹杆桁架拱桥,该类桁架拱的各杆件均承受轴力,按斜杆角度不同,有斜压杆式、斜拉

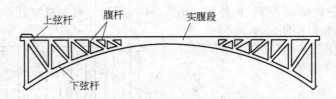

图 7-45　桁架拱片组成示意图

杆式和三角形式。如图 7-46 所示。

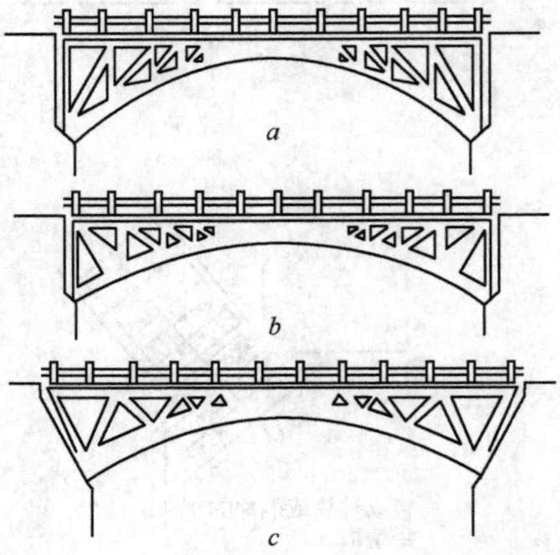

斜压杆式的斜杆在恒载作用下受压,竖杆受拉。斜拉杆式的斜杆在恒载作用下受拉,竖杆受压。竖杆对于横向联结系的布置较方便,有了竖杆,可减少上、下弦杆承受局部荷载的长度,对弦杆受力是有利的,所以带竖杆的斜腹杆桁架采用较多。三角形式腹杆的根数比带竖杆的斜腹杆式少,节点数也减少,腹杆总长度也较短。但是,当跨径过大时,节间过长,上弦杆承受局部弯矩大,用钢量多。中小跨径桁架拱多采用带竖杆的斜腹杆形式。

(2)竖腹杆桁架拱桥,该类桁架拱由上、下弦杆和竖杆组成四边形框架。如图 7-47 所示。

这类桁架拱腹杆少,节点处只有 3 根杆件相关,施工方便,外形较整齐,但是框架杆以受弯为主,目前采用较少。

图 7-46　斜腹杆桁架拱示意图
a—斜压杆;b—斜拉杆;c—三角形

(3)桁架肋桁架拱桥,桁架肋桁架拱是把拱肋做成桁架,如图 7-48 所示,其上设立柱和桥面系,保留了拱上建筑。

这种形式把拱肋做成拱形桁架,减轻了拱肋的重量,施工吊装方便。其缺点是没有发挥拱上建筑的结构作用,没有体现桁架拱桥整体受力的特点,施工程序较多,较少采用。

钢筋(预应力)混凝土桁架拱桥具有整体的钢筋骨架,在施工过程中可以采用整体预制安装,也可以分段预制,在吊装就位后用接头连成整体。桁架拱预制构件规格少,施工速度快,而且该桥构件受力合理,因而目前在我国公路桥中采用得很多。其中贵州剑河斜拉杆式悬臂桁架拱桥径达 150m。

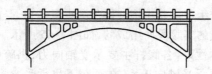

图 7-47　竖腹杆式桁架拱示意图

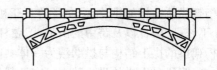

图 7-48　桁架肋桁架拱示意图

7.6　吊桥与斜拉桥构造形式

吊桥和斜拉桥是两种不同的桥型,然而也有其相同之处,主要表现在两种桥都是采用钢索(钢绳)把桥梁吊起,并把力传递给索塔(或称桥塔),再由索塔传力于桥墩(或岸边的锚墩)和地基。所以,斜拉桥称为斜索吊桥。

7.6.1 吊桥

吊桥即悬索吊桥,也称悬索桥。由悬索(或称主缆索),竖向拉索(或吊杆),索塔(或称桥塔),以及桥墩、锚墩和主梁构成。如图7-49所示。

由于悬索吊桥的索塔高达100m,甚至200m,对于有些不适宜建造高索塔的桥位,以及强风地区,高塔与吊桥稳定性受到影响等情况,可以建造"反向吊桥"。就是把主缆索"倒挂"在桥梁之下,把悬索吊桥的竖向拉索改为"立柱",支承于桥梁与主缆索之间,成为受压杆件。如图7-50所示。

图7-49 悬索吊桥示意图　　　　图7-50 反向吊桥示意图

反向吊桥省去了索塔工程,降低了建桥造价,但对桥下净空不利,所以适应建于没有通航要求的峡谷地区。

悬索桥的建造,在我国可以追溯到很久以前。晋《华阳国志》记载,秦孝文王蜀守李冰在四川建造了笮桥,即用竹索做成的桥。到唐朝就有了铁链悬桥。新旧《唐书》都有关于这方面的记载。我国大渡河铁索桥始建于清康熙四十四年(1705年),由13条锚固于岸的铁链组成,净跨100m,为世界上最早的悬索桥。欧洲最早的铁链悬桥建于1741年。美国于19世纪末建造上述布鲁克林桥,到20世纪30年代,悬索桥跨度突破了1000m大关。1931年,乔治·华盛顿桥的中孔跨度达1067m,1937年美国旧金山的金门桥以跨长1280m超过了它。现在英国的恒比尔公路悬索吊桥又以1410m的跨径超过了所有吊桥(1976年),可以并列行驶4部汽车。日本设计建造中的明石海峡大桥中孔跨度为1780m。至今悬索桥仍为最大跨长的桥梁体系。

新中国建立后,也陆续建造了一些悬索桥,其中四川重庆嘉陵江大桥,跨度达186m。

7.6.1.1 缆索的构造

建桥实践表明,悬索吊桥所用的钢缆索(也称钢索),被斜拉桥广泛应用(斜拉索),并且占斜拉桥造价的25%～30%。新中国成立后,很长一段时间,建桥缆索还需进口,改革开放后才能自己制造。

目前世界范围内所用钢索形式较多的有平行钢丝束、钢绞线束和锁紧钢绞线(封闭式钢索)。在某些斜拉桥上还有用高强钢筋和型钢的。

平行钢丝束,在国外称为PPWS索。这就是预应力混凝土桥中惯用的钢丝索。钢索一般由若干平行钢丝束捆绑成一根大索而成。

钢绞线是用高强钢丝扭结而成。最简单的钢绞线为7根钢丝绞线,是由一根筋作内芯而围绕一层6根成螺旋形的钢丝构成。由于相对地螺距很大,钢丝轴对钢绞线的斜角很小,使钢绞线的刚性接近钢丝的刚性。典型地,7根钢丝钢绞线的标称弹性模量较钢丝本身的弹性模量低5%～6%。

多股螺旋钢绞线是绕一根直的内芯陆续缠绕多层绞线制成,一般为分层相反方面的螺线。在多股钢绞线中,由于采用小螺距,其刚性降低很多,因而标称弹性模量往往较直线钢丝降低15%～25%。

封闭式钢索最早由联邦德国生产,并用于吊桥和斜拉桥。此类钢绞线中应用很多不同形状的钢丝,构成一根有较光滑与较紧密表面的钢绞线。密封式钢索有一根由圆钢丝组成的标准螺旋钢绞丝作内芯,围绕该内芯有一到数层楔形钢丝,而外层为特制的Z形钢,如图7-51所示。由于应用紧密配合在一起的楔形和Z形钢丝,锁紧钢绞线的材料密度近似90%,而圆钢丝螺旋钢绞线只有70%的密度。密封绞线由于各层扭结,螺旋绞线变为自紧,因此不需要再缠绕(钢丝)将线中各根钢丝扎结为一体。自紧作用加上外层钢丝的特殊形状可保证表面更有利紧密。

图7-51　密封式钢索示意图

钢绞线索和密封式钢索的弹性模量都较低,而且在受力时由于截面紧缩,螺距增大而形成较大的非弹性变形(伸长)。为使钢绞索在结构中的作用接近理想弹性材料,所以在使用前对钢绞索进行预张拉,要求预张力超过预计的最后使用条件下的最大张拉力,一般常用超载10%~20%,但一般不超过破断拉力的55%。

7.6.1.2　缆索的防护

为了提高缆索的耐久性,增长使用寿命,减少养护工作,必须重视防护工作。主要是防止缆索锈蚀,为此要求防护层有足够的强度而不致开裂,有良好的附着性而不脱落,具有良好的耐候性以延长使用时间。

由钢索的构造形式,可采用不同的防护方法。以平行钢丝束为例,防护分为钢丝的防护和钢索的防护。

钢丝的防护可以采用涂防锈底漆、电涂漆或镀锌的办法,以使在施工过程中未作钢索防护前钢丝不致锈蚀。应注意在防护之前将表面油脂及锈迹去掉,但不能损伤钢材表面以防形成应力集中,也不要用酸洗的方法以免发生氢脆。

钢索的外层防护,有柔性索套、半柔性索套、刚性索套三种。

柔性索套是用得较多的一种。用复合材料做成。一般在钢索外面用沥青或树脂材料涂抹,然后用玻璃丝布和树脂缠涂三层、树脂可以是环氧树脂、丙烯酸树脂或环氧–聚硫橡胶等。切忌用沥青膏–玻璃布作内层,而用环氧树脂玻璃布作外层,因为二者相容性不好。最后在外面套上聚氯乙烯套管,并在管内压入水泥浆或树脂。这样,钢索仍能有较大的横向变位,因此称为柔性索套。

半刚性索套和刚性索套管用钢筋混凝土,预应力钢筋混凝土或钢材做成。这些材料做成的套管如容许钢索有横向变位则是半刚性的,而形成一个刚性杆件时则为刚性索套。采用混凝土索套时,最好用预应力混凝土的,以免在反复荷载或动力荷载作用下开裂。刚性索套施工复杂,索套迎风面大,对抗风不利。

7.6.1.3　索与塔间的连接

(1)钢索通过索塔顶部的鞍座与索塔连接。这种连接方法适用于悬索吊桥,也可用于斜拉桥多绞线拉索和塔间的连接,如图7-52所示,钢索是连续牵引固定塔顶的鞍座上。在图7-52*b*中,仅采用鞍座,但鞍座下使用辊轴可使纵向活动,在悬索吊桥架设期间,当需互相调节以避免塔脚出现不希望有的弯曲时,往往采用这种形式。但当吊桥架设完毕,一般使其纵向固定于塔上,最后连接形式就成了图7-52*a*的样子。

(2)钢索锚固于索塔上的连接。这一做法如图7-52*c*所示,是钢索不连续通过索塔,用锚头将钢索锚固于塔上。适用于斜拉桥在变化拉索的数目、尺寸及斜度方面,有较大的自由度,而且索的长度可以根据索塔锚固点至大梁锚固点的距离预制,索的长度短,方便运输和施工。

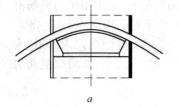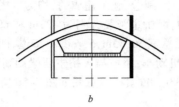

图7-52 索与塔的连接示意图

7.6.2 斜拉桥

明朝万历年间(15世纪)的《蜀中名胜记》中归纳出建造索桥的两种方法,其中一种是用多根竹绠(读 geng,意为粗绳索)将梁吊起,竹绠(另一端)则锚系在两边崖壁上。此法实际上就是现代斜拉桥的雏形。

第一座现代斜拉桥是1955年在瑞典建成的斯特勒姆桑德桥,跨长为(75+183+75)m,采用钢筋混凝土板和钢板梁的组合梁。此后,斜拉桥在世界范围内得到迅速发展。1983年西班牙建成了跨径达440m的卢纳巴里奥斯钢筋混凝土斜拉桥,国际上大跨度的钢结构斜拉桥为加拿大的安娜雪丝桥,跨度为465m,跨高比达210。

我国在1982年建成的山东济南黄河桥,跨长是(104+220+104)m,1986年建成了天津永定河上的永和斜拉桥,跨径为(120+260+120)m,其都是钢筋混凝土桥。

1991年12月1日我国建成了当时居世界第二的上海第一座斜拉桥南浦大桥(图7-53),两年时间后,黄浦江上又一座居世界第一的斜拉桥——杨浦大桥通车了(图7-54,图7-55)。

图7-53 南浦大桥

图7-54 杨浦大桥

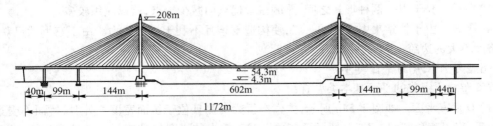

图7-55 杨浦大桥主桥

这两座大桥都是我国自行设计、制造、施工建成的,均为双塔索面斜拉桥,采用钢梁与钢筋混凝土预制桥相结合的叠合梁结构,两桥主跨径分别为 423m 和 602m,桥下通航净高 46m 及 48m,可通过 5.5 万 t 级的轮船;主桥面总宽 30.35m,6 条机动车道,两侧各设 2m 宽的观光人行道;大桥口通车能力为 4.5 万~5 万辆机动车;桥塔与大桥主要采用高强钢(丝)索连接,索面成空间扇形布置,最长的钢索达 330m,重 33t。竹索桥示意图如图 7-56 所示。

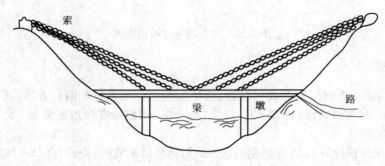

图 7-56　竹索桥示意图

7.6.2.1　斜拉桥的分类

斜拉桥的主要组成部分是主梁、索塔和拉索。

由于主要组成部分的不同构造形式,构成不同类型的斜拉桥。

按索塔多少分,有单塔、双塔斜拉桥。

按主梁构造分,有钢筋混凝土斜拉桥、钢斜拉桥及混合型斜拉桥。

根据梁的支撑条件不同,又可分为连续梁、单悬臂梁、T 形刚架和连续刚架等。

不论主梁采用哪种形式,都应注意到拉索是柔性的,只能承担拉力,因此拉索宜布置在梁的恒载负弯矩区段内。对于在活荷载作用下可能出现的反号弯矩的部位(即活载作用时的上拱段),其拉索应保持足够的拉力,以免该拉索退出工作。

7.6.2.2　拉索的布置形式

根据拉索在纵向的不同布置方式可分为:

(1)辐射式。是将全部拉索汇集的塔顶,使各根拉索有尽可能的最大倾角,以便有效利用索的拉力。但拉索汇集到塔顶,使锚头拥挤、构造处理较困难,且塔身从顶到底都受到最大压力,刚度要求高。

(2)平行式。拉索彼此平行,各对拉索分别连接于塔身的不同高度,使塔索连接构造容易处理,且各索锚固设备相同,利于施工,索塔所受压力逐段向下加大,对塔身稳定有利。这种形式索的用钢量最大,如图 7-57 所示。

(3)扇式。介于以上两种形式之间,兼顾三者优点而减少缺点,所以应用较多。

(4)星式。由于拉索集中在梁的一点,使构造复杂且不利于梁的受力。由于它形状美观,可用于跨度不大的边跨上。

7.6.2.3　拉索的平面类型

拉索布置所组成的平面基本类型有:

(1)双垂直平面。如图 7-58a 所示,拉索在桥梁两侧且位于桥面宽度之外时,桥面不受索和塔的妨碍,得以充分利用,但要从梁的两侧伸出截面粗大的横梁供拉索锚固和传递弯矩与剪力。如果将拉索平面设在桥面之内,虽然省去了悬臂横梁,但却要增加桥面宽度供锚固拉索和建立索

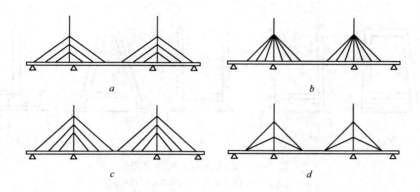

图 7-57　拉索布置形式示意图

a—平行形；*b*—辐射形；*c*—扇形；*d*—星形

塔。只有进行方案比较和技术经济分析后，才能决定取舍何种类型。

（2）双斜面。如图 7-58*b* 所示，当索塔在横向采用 A 形刚构时，拉索就可布置成双斜面。索塔在横向构成三角形刚构体，增大了横向刚度；双斜面拉索有利于桥梁抗扭与抗风。

（3）单平面。如图 7-58*c* 所示。单平面拉索设置在桥梁的纵轴线上，有利于两边分道行车，当两侧活荷载不平衡时，桥梁要受扭，同样还有（侧向）风力的影响。这种类型使主梁重量较大。

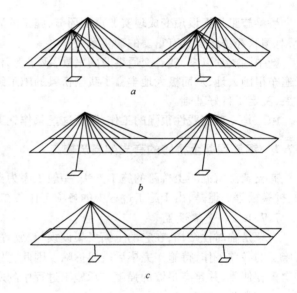

图 7-58　拉索平面基础类型示意图

7.6.2.4　索塔的构造类型

索塔上部连接拉索，下部与主梁、桥墩相配合，要承受巨大的轴向压力，有的还要承受很大弯矩。一般多采用钢筋混凝土结构。

从桥的纵向看去，索塔有单柱式，A形和倒 Y 形之分（图 7-59）。其中单柱式构造最简单，用得也最多。A 形和倒 Y 形有利于承受弯矩和抗震。

从桥梁横向看，索塔有横向形式，如图 7-60 所示。

（1）门式索塔——由两根塔柱和横梁组成门式框架，必要时还可以加横梁联系。

（2）双柱式索塔——两根塔柱独立承受荷载，它们之间没有横向联系。

（3）A 形索塔——两根塔柱相对倾斜，在顶部相交于一起，或用短横梁联系。

（4）单柱式索塔——有一根桅杆式单柱，用于单平面拉索的桥。

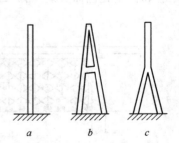

图 7-59　索塔纵向形式示意图

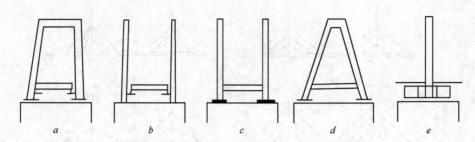

图 7-60　索塔横向形式示意图
a—门式;b、c—双柱式;d—A 形塔;e—单柱式

7.7　桥梁的施工

　　桥梁施工是把设想变成现实的重要环节,施工的质量直接关系到桥梁的使用寿命和工程造价,对国家经济建设具有重要的现实意义。

　　新中国成立以来,随着交通事业的发展,成千上万座大小不等、形状各异的空中道路——桥梁遍布祖国大地,从而极大地丰富了我国桥梁的施工经验和施工方法,为我国桥梁建筑的进一步发展,奠定了良好基础。

　　施工是一项实践性很强的工作,因而这里只作施工方法的原理性介绍。

7.7.1　钢筋混凝土桥跨的有支架浇筑施工

　　有支架浇筑混凝土桥跨的施工方法,一般工序为支模板、绑钢筋骨架、混凝土浇筑、混凝土养护、拆模板等。但是,由于施工过程中的各项工作要在支架上进行,所以也称支架为脚手架。

　　7.7.1.1　支架设置

　　支架是临时性结构,在它的上面要架设模板、放置施工机具,工作人员要在支架上边从事桥跨施工的各项工作,待施工完毕后就要拆除。因此,要求支架应结构简单,便于架设与拆除,能够多次重复使用,并且有足够的强度支承施工过程中的所有荷载。

　　A　满堂红支架

　　满堂红支架就是在整个桥跨下部,布满有斜撑的立柱,立柱顶部设置施工用的承重梁或承重拱,拱桥的支架也称拱架(图 7-61)。

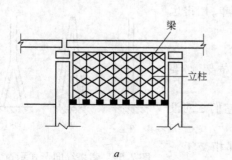
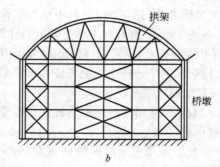

图 7-61　梁桥与拱桥的满堂红支架示意图
a—梁桥支架;b—拱桥支架

拱架应设置预拱度,如图 7-62。因拱架承受荷载后将产生弹性变形和非弹性变形,拱架卸落的拱圈受自重、温度变化及桥墩台位移等因素影响,也要产生弹性下沉。为使拱桥轴线符合设计要求,必须在拱架上预留施工拱度,以便抵消所述垂直变形。

满堂红支架适用于桥下无水或不能通航的浅水河道,同时桥墩不高,桥跨不大。支架的承重梁可采用工字钢梁、钢板梁或钢桁架梁。拱桥可采用钢板式拱架或钢桁架拱架。

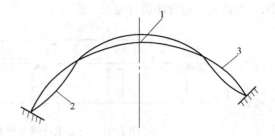

图 7-62 拱架预拱度示意图
1—拱顶枯拱度;2—施工拱轴线;3—设计拱轴线

B 可通航式支架

有的桥梁在施工时期仍不能中断通航,有的桥下河水太深,有的桥墩或桥台太高等。这些情况都不宜采用满堂红支架施工,可通航式支架则大有用武之地。梁桥可用梁式支架,拱桥可用八字式拱架或拱式拱架,如图 7-63 所示。

C 有支柱式支架

采用有少数刚度较大的桁架立柱代替满堂红立柱施工,不但可保证一定的通航能力,也减小了水中漂流物和洪水的威胁,而且使材料用量和用工相应减少,如图 7-64 所示。

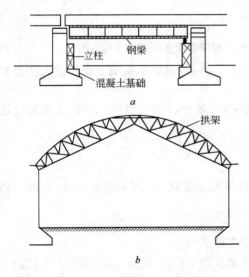

图 7-63 可通航式支架示意图
a—梁桥支架;b—拱桥支架

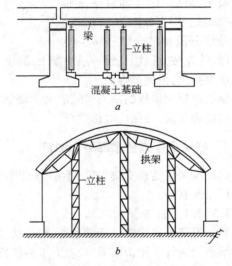

图 7-64 有支柱式支架示意图
a—梁桥支架;b—拱桥支架

7.7.1.2 混凝土浇筑

安装模板、绑扎(或吊装)钢筋骨架,都是在临时支架上进行的,经检验证明完全符合设计要求后,便可浇筑混凝土。

混凝土的浇筑顺序因桥梁形式不同而异。对于小跨径连续梁或空心板桥,一般采用从一端到另一端,分层浇筑混凝土的施工方法(图 7-65),当两跨梁混凝土浇筑完成后,再浇中间桥墩顶部的预留合龙段。

当梁桥采用箱形截面时,混凝土浇筑有两种方法,即分层法和分段法。

分层法是先浇筑底板混凝土,再浇筑腹板混凝土,最后浇筑顶板混凝土,在各分层浇筑过程中,也可再按分段方法进行施工。

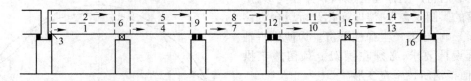

图 7-65　空心板连续梁桥的混凝土浇筑顺序示意图

　　分段法则是根据混凝土的搅拌、运输、浇筑等各环节综合考虑,把梁分成若干段,段与段之间设置连接缝(一般在弯矩较小的区域),在各段混凝土浇筑完毕后,再浇筑连接缝。

　　拱桥的混凝土施工,应分三部分考虑:第一主拱圈,第二腹拱或立柱与斜杆,第三桥面(或桥道梁)。

　　拱圈浇筑一般应分段施行,或者采用分层与分段相结合的浇筑方法。为了避免混凝土浇筑时拱架变形而引起拱圈的反复变形,分段施工应按不同部位,依照一定次序,在拱圈两侧,对称均衡地浇筑混凝土,最后封拱(即封拱顶部分)。其施工顺序如图 7-66 所示。

　　分层分段相结合地浇筑混凝

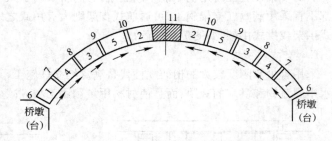

图 7-66　拱圈混凝土浇筑顺序示意图

土拱圈,首先按分段法浇筑一层混凝土,形成一个拱圈后,再在已筑好的拱圈上面按分段法浇筑第二层混凝土,依此类推。

　　钢筋混凝土拱桥的拱上建筑混凝土浇筑,应注意拱圈、腹杆(立柱、斜杆)、桥面之间相互连接处的结合牢固,并保持对称进行。

7.7.2　移动模架式桥梁混凝土浇筑

　　移动模架指的是支架(即脚手架)和装配式模板都是可随混凝土浇筑而纵向移动的,形似活动的桥梁预制厂。

7.7.2.1　悬吊模架施工

　　悬吊模架基本构造包括承重梁、肋骨状横梁、移动支撑三部分。

　　承重梁通常采用钢箱梁,长度大于两倍桥的跨径,承受施工设备、模板、现浇混凝土全部施工荷载。

　　移动支架是支承承重梁的。承重梁前端的移动支架支承于桥墩上,使梁前端呈单悬臂工作状态,承重梁后端的移动支架支承于已完成的梁段(桥墩部位)上。

　　横梁伸出承重梁两侧,呈悬臂状,有许多根,覆盖全桥宽度,并由承重梁上向两侧各用 2～3 组钢索拉住横梁,以增加其刚度。横梁的两端各用竖杆和水平杆形成下端开口的框架并将主梁包在其中。当模板支架处于浇筑混凝土状态时,模板依靠下端的悬臂梁和锚固在横梁上的吊杆定位,并用千斤顶固定模板。当模板需要纵向移位时,放松千斤顶及吊杆,将模板放在下端悬臂梁上。下端悬臂梁的尾端有一段可以转动,用以模架纵向移动时可顺利通过桥墩。如图 7-67 及图 7-68 所示。

　　在一个桥跨梁施工完成以后,承重梁起导梁作用,将悬吊模架纵移到前面施工桥孔。承重梁

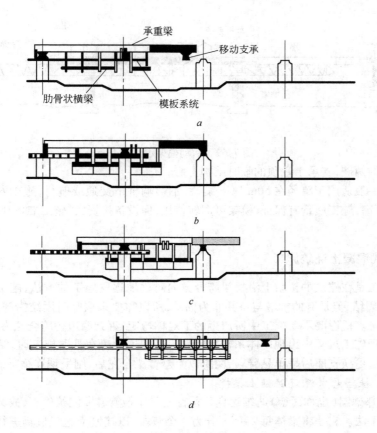

图 7-67 悬吊模架示意图

a—施工完成;b—移动支承点;c—移动模架;d—待浇状态

的移位及内部运输由数组千斤顶和起重机完成,操作通过控制室进行。

7.7.2.2 活动模架施工

活动模架的基本构成有承重梁、导梁、台车、桥墩托架等部分。承重梁有两根,分别设在桥墩两侧托架上,用于支承模板和承受施工荷载,其长度大于桥梁的跨径。导梁主要用于移动承重梁和活动模板,因此需要大于桥梁跨径两倍的长度。当一孔桥梁浇筑完毕并脱模卸架后,承重梁和模板系统沿桥梁向前的纵向移动,是靠台车完成的,即前方台车(在导梁上移动)和后方台车(在已完成的桥梁上移动)运输前行的。在承重梁就位后,导梁再向前移动支承于前方桥墩上(图 7-69)。

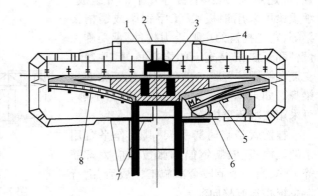

图 7-68 悬吊模架横截面示意图

1—油压千斤顶;2—滑泄前端;3—中央支承;4—边主梁;
5—将模板放低;6—可调整模板支柱;7—下工作平台
及延伸部分;8—浇筑混凝土状态的模板

当承重梁和导梁(功能)合而为一时,承重梁的长度应大于两倍桥梁跨径,两根承重梁分设

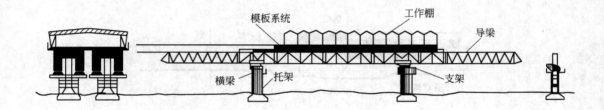

图 7-69　活动模架示意图

于箱形截面梁的两侧,支承于墩顶的临时结构上。

移动模架一般适用于跨径在 50m 以下梁桥,不影响桥下交通或航行,施工安全,可靠,机械化、自动化程度高,施工质量有保证,模架可周转使用,但设备投资大,施工准备和操作比较复杂,技术要求高。

7.7.3　悬臂式混凝土浇筑施工

悬臂式施工是在建成的桥墩上沿桥梁跨径方向对称地逐段施工的方法,施工中需要桥墩与桥跨(梁或拱)固结,但是有的桥墩与桥并非为固结,所以需要采取临时固结措施,待桥跨合龙后恢复原结构状态。桥墩要承受施工中所产生的不对称弯矩,直到两边桥跨合龙为止。同时,也应注意并及时处理施工过程中出现的体系转换问题。例如连续梁在悬臂施工时,结构受力呈 T 形结构,一端合龙,更换支座后呈单悬臂梁,两跨以上悬臂梁合龙后,则呈现连续梁的受力状态。

7.7.3.1　挂篮悬臂浇筑混凝土梁桥

1959 年联邦德国(也称西德)迪维达克公司首先采用挂篮悬臂浇筑施工,故又称悬臂施工法为迪维达克施工法。它是将梁体每 2～5m 分为一个节段,以挂篮为施工机具进行对称悬臂浇筑混凝土施工(图 7-70)。

挂篮通常由承重梁、悬吊模板、锚固装置、行走系统、工作平台等几个部分组成。承重梁可采用钢板梁、工字钢梁或钢桁架梁等,它是挂篮的主要受力构件,承受施工设备和新浇筑混凝土的全部重量,并通过支点和锚固装置将荷载传到已施工完成的梁身。如果承重梁后支点的锚固力不够,可采用尾端压重措施。

挂篮就是临时脚手架,其工作平台用于架设模板、安装钢筋和张拉预应力索筋等工作,当一个节段全部施工完成后,由行走系统将挂篮移向前方。

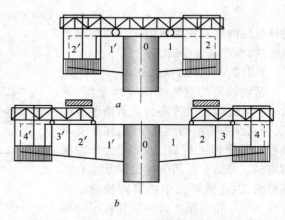

图 7-70　挂篮悬臂浇筑混凝土桥梁示意图

行走系统包括电动卷扬机、向前牵引装置、尾索保护装置、轨道轮或聚四乙烯滑板装置等。

挂篮用来支承梁段模板,调整位置,吊运材料、机具,浇筑混凝土,拆模和预应力张拉工作等各项施工活动。因此,要求挂篮应有足够的强度和安全可靠性。同时要操作使用方便,变形小,稳定性好,装、拆、移动灵活,施工快且造价低。

桥墩顶部的(0 号块)混凝土浇筑,一般和悬臂根部节段一起进行,支承这一部分施工重量可采用三角托架。当桥墩较低时,支架可支承在桥墩基础或地基上(图 7-71);当桥墩较高时,可在墩内设置预埋件,用于支承或吊住托架进行施工。由于桥墩的限制,悬臂头几段混凝土浇筑时,两边挂篮的承重结构可在墩顶部位连接起来(图7-70),待悬臂达一定长度后,再将承重梁分开,向两侧逐节段推移。对箱形截面,可采用分层浇筑法。

合龙段的施工是悬臂浇筑的关键,由于结构荷载和施工荷载使长悬臂产生较大挠度,所以除了应在各节段注意调整外,合龙时也需作精细调整。为了控制合龙段的准确,可在合龙段设置劲性钢筋定

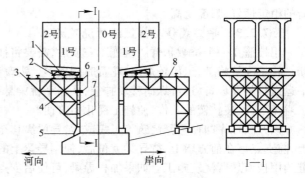

图7-71 悬臂根部梁段浇筑混凝土支架示意图
1—三角垫架;2—木楔;3—工字钢架;4—扇形托架;5—混凝土垫块;6—预埋钢筋;7—硬木垫块;8—门式托架

位,以及采用超早强水泥,控制合龙温度等措施,以提高施工质量。

7.7.3.2 桁式吊悬臂浇筑混凝土施工

采用钢桁架梁悬吊移动式模板进行悬臂浇混凝土施工,其施工重量均由桁架梁承受,并通过桁架梁的支架将荷载传到已浇筑完成的梁段和桥墩上,由于桁架梁将正在悬臂浇筑施工的梁段和已完成的梁段沟通,材料和设备均可在桥上运至施工桥跨,如图7-72所示。

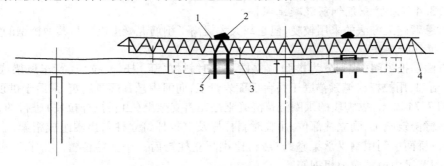

图7-72 桁式吊悬臂浇筑施工示意图
1—导梁;2—吊架;3—支架;4—辅助支架;5—模板

固定式桁架梁设置在桥梁上方,在悬臂施工时不能移动,需在桥梁全长布置桁架,用于不太长的桥梁施工。

移动式桁架导梁随施工进度逐跨前移。移动式桁架吊由桁架导梁、支架、吊框支架和辅助支架构成。桁架是承重构件,长度大于桥跨的跨径;支架是桁架的支点,施工时支承于上部结构上;吊框吊在桁梁上,用于悬挂模板和浇筑混凝土;中间支架支承浇筑的湿混凝土和悬吊模板重量;辅助支架设在桁梁的前端,当桁梁移动到下一个桥墩时支承在桥墩上。

桁式吊悬臂浇筑施工合龙后,移动桁梁的过程是:先将前后悬吊模板移向桥墩,移动桁梁至前方桥墩,浇筑前方墩上节段,待墩上节段张拉预应力索完成后,将桥墩临时固结,再将桁架前移呈单悬臂梁,并在墩顶(桥架)主梁上设置支架支承桁架,进行对称混凝土(梁)节段浇筑施工,逐段建立预应力,直至与后方悬浇端合龙,然后再依次循环上述过程直至全桥完工。

桁梁的支承位置有两种形式。第一种是桁梁的前支承位于前方桥墩,后支承放在已浇好的梁段上,则悬臂施工的重量由已完成的悬臂梁承担一部分。第二种是后支承点放在后方的墩顶上,已完成的梁段不承担施工荷载。

移动桁式吊悬臂浇筑施工的经济跨径为70~90m,一套设备可周转用于多跨长桥,比采用挂

篮的稳定性好,强度也高。

7.7.3.3　导梁式移动挂篮悬臂浇筑施工

用挂篮在一个桥墩悬臂浇筑施工完成后,需要将挂篮拆、运并且装在下一个墩位处继续进行新一轮悬浇筑施工,工作较烦琐,花费时间也多。为改善施工,采用导梁悬吊挂篮,并且用导梁水平运送材料及设备,还可纵向移动挂篮,从一个桥梁悬臂端到另一个桥墩,使新一轮悬臂浇筑施工避免了拆、装挂篮的工作,使施工简化而方便。

该方法程序即在悬臂浇筑施工完成后,导梁纵移至前方墩,其后支点放在已完工的悬臂梁端上,前支点落在前方墩上,待导梁就位后,使用导梁上的轨道吊车将一对挂篮移至前方墩,就位后继续用挂篮悬臂浇筑施工。如果加长导梁,可使后支点放在后方墩顶桥面上,避免悬臂梁端承受较大的集中施工荷载。导梁挂篮式悬臂浇筑施工如图 7-73 所示。

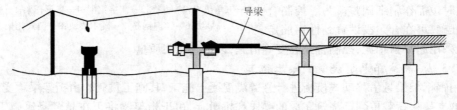

图 7-73　导梁移动挂篮悬臂浇筑施工示意图

7.7.3.4　悬臂浇筑钢筋混凝土拱桥

拱桥悬臂施工方法的采用较晚,但它却大大提高了钢筋混凝土拱桥与其他桥型的竞争能力。

A　拉杆桁架法

该方法是把拱圈(或划分为拱肋)、立柱与临时斜拉(压)杆、上拉杆(行车道梁或临时上拉杆)组成桁架,用拉杆或缆索锚固于桥台后面岩盘上,向河中悬臂逐节浇筑,最后于拱顶合龙。

由图 7-74 看出,拱脚段的拱圈浇筑混凝土是在斜支架上(由斜拉杆拉住)进行的,立柱间的拱圈用悬臂浇筑施工;到立柱部位,用临时斜拉杆及上拉杆将立柱与拱圈组成桁架;立柱浇筑时上下设绞;桥面板利用钢支承梁整跨浇筑,比拱圈立柱错后一个立柱位置。为了随施工悬臂弯矩,在拱圈节段中设预应力粗钢筋。

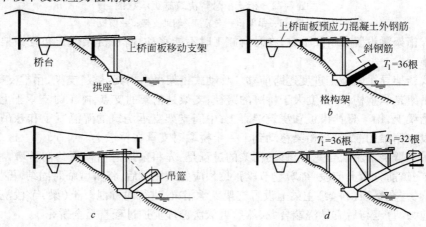

图 7-74　钢筋混凝土拱桥悬臂浇筑施工示意图

B　塔架斜拉索法

这种施工方法是在拱脚墩(台)处安装临时钢(或钢筋混凝土)塔架,用斜拉索(或粗钢筋)

一端拉住拱圈节段,另一端绕向台后并锚固在岩盘上,逐节向河中悬臂浇筑,直到拱顶合龙。施工时用斜拉索悬挂活动式钢桁支架,在其上安设钢筋模板及浇筑混凝土,斜拉索扣住已浇筑好的拱圈节段,移动钢支架,浇筑第二段拱圈,以一个立柱间距为一个浇筑单元。图 7-75 是采用缆索吊机运送混凝土的。

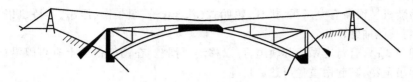

图 7-75　塔架斜拉索浇筑混凝土拱桥示意图

C　刚性骨架与塔架斜拉索组合法

该施工方法是在拱脚处设立塔架,在拱脚及其邻近拱圈采用斜拉索悬吊钢支架浇筑混凝土,逐段施工,当由一段转向下一段时,先用斜拉杆扣住已浇筑的拱圈,然后卸下钢支架移向下一段继续施工。对于拱顶一定长度的拱圈,采用拱形刚性骨架,然后围绕骨架浇筑混凝土,即把刚性骨架作为混凝土的钢筋骨架,不再拆卸回收,因而也叫埋入式钢拱架(图 7-76)。骨架用钢量较多。

D　半刚性骨架假载法

该方法是先用角钢焊制桁式拱形骨架,吊运至桥孔安装,在骨架拱顶加载区设置一系列拉索,系在地锚上面的紧固器上,并施加假载,由拉力计观察控制拉力,以保证浇筑混凝土时半刚性骨架的稳定性。模板及施工脚手架都悬挂在钢骨架上,浇筑从两拱脚同时对称地向拱顶进行,分层浇筑时,应合龙一层后再浇筑下一层(对箱形截面拱圈,分层浇筑顺序为底板、腹板和顶板)。该方法是我国在刚性骨架基础上发展而来,减少骨架用钢量 2/3 以上(图 7-77)。

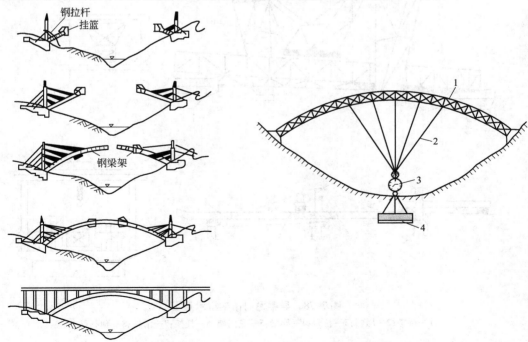

图 7-76　刚性骨架与塔架斜拉索组合施工示意图　　　图 7-77　半刚性骨架假载施工法示意图

1—钢骨架;2—锚索;3—拉力计;4—地锚

7.7.4　机械吊装施工

机械吊装架板的施工方法,既可用于梁桥,也可用于拱桥,又能架设钢筋混凝土桥,大桥小桥都可采用,应用广泛。

常用的吊装机械设备有龙门吊、扒杆、轮胎式(汽车)吊、履带吊、浮吊、架桥机以及导梁、千斤顶、卷扬机与其他辅助设备。

龙门吊即门式吊,有行走系统和轨道,可以移动、行驶。在门架横梁上有可以沿横梁行走的电动卷扬机起吊重物,其起吊重量可达数百吨。

浮吊是船载吊机,简易浮吊是在平板驳船上安装木扒杆,大型浮吊由钢构件组装,起吊重量达5000t,国外有的浮吊起重能力还要高。

架桥机是专供架桥用的综合性机组。例如我国的胜利型架桥机,由主机、机动平车以及龙门吊三大部分组成。主机的臂长近53m,机臂上部装有吊梁用小车,机动平车是负责运送梁体的车辆;龙门吊可把梁体从普通车上换装到机动平车上,送到梁的位置。

7.7.4.1　梁桥的吊装

A　龙门架导梁吊装法

使用导梁长度大于两倍桥跨,其上铺设轨道,由平车在导梁上运送桥跨梁体至桥孔,通过两桥墩上的龙门吊起吊梁体并横向移动就位。导梁所占用的梁位,由导梁向前移动空出后,通过龙门吊吊装就位。龙门吊由一个桥墩移向另一个桥墩,是借助托架在桥梁上纵向移动完成的。该施工方法如图7-78所示。

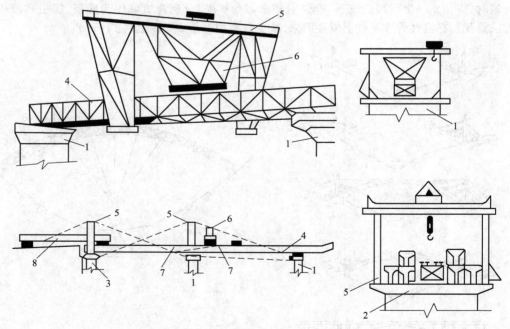

图7-78　导梁龙门吊架桥示意图

1—桥墩;2—墩帽;3—桥台;4—导梁;5—龙门架;6—托架;7—滑轮;8—预制梁

B　扒杆导梁吊装法

两套扒杆分设在吊装孔的两桥墩上,梁体从导梁上运至桥孔起吊,导梁移出所占梁位后,梁体落至桥墩经横移就位。一跨由多根梁构成,而扒杆起吊的横向摆动幅度很小,因此在吊装过程中,导梁和扒杆移动位置频繁,施工麻烦,只用于多跨而跨径小的桥梁(图7-79)。

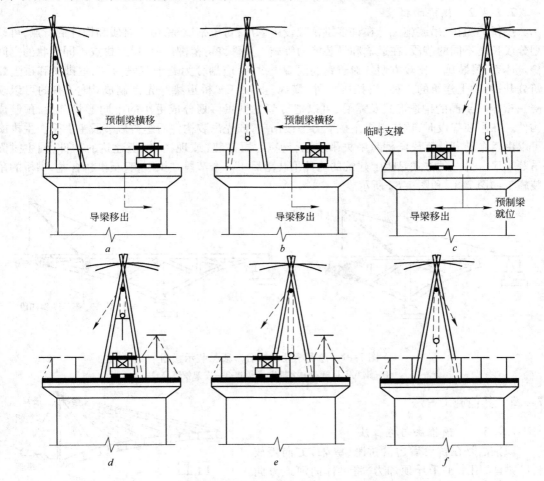

图7-79 扒杆导梁吊装施工示意图

a—1 号梁就位;b—2 号梁就位;c—5、6 号梁就位;d—吊起 4 号梁;
e—导梁移出,4 号梁就位;f—3 号梁就位

C 浮吊架桥

浮吊架桥的前提是能通航或水深的处所。浮吊需配置运输驳船运送梁体,岸边设临时码头,在施工时要有牢固锚锭。该施工方法速度快,高空作业少,吊装能力强,适用于大跨多孔的过河桥梁架设,如图7-80 所示。

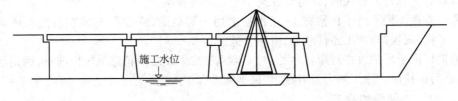

图7-80 浮吊架示意图

　　梁桥吊装施工方法还有扒杆吊装、双跨(桥)墩龙门吊架桥、双导梁(穿巷式架桥机)施工,汽车吊与履带吊架设陆地桥等等,这里不再细述。

7.7.4.2　拱桥的拼装

　　拱桥的组拼、吊装施工已在许多拱桥架设中采用,对于钢拱桥,由于材质和构件的特点,可以划分成长度不同的节段,在运输和吊装能力等施工条件许可范围内,可以组拼成不同形状的空间稳定体系,吊装施工比较方便。对于钢筋混凝土拱桥,应划分为若干节段,并把主拱圈和拱上建筑分开;将拱上建筑的立柱、斜拉压杆件、横撑、上拉杆或桥道梁等先预制成构件(有的可以现浇);根据主拱圈的构造形式及需要,可以把每节主拱圈再划分成更小的不同形状单元,预制成构件。在吊装架设时,首先组拼主拱圈分节段吊装,或先吊装构件后组拼成节段主拱圈。主拱圈可以由墩台处开始逐段向桥跨中央吊装至合龙后,再吊装(或现浇)拱上建筑的构件,同主拱圈吊装顺序。另一种方式是拱上建筑的构件吊装落后于一个节段主拱圈,直至拱桥合龙,拱桥的吊装施工如图 7-81 和图 7-82 所示。

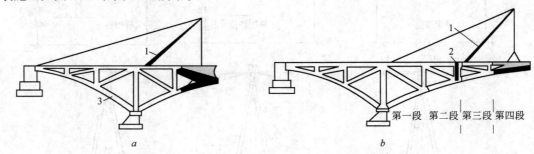

图 7-81　悬臂桁架拱桥分节段吊装示意图
1—钢八字扒杆;2—全桥完毕断缝;3—搭架就地浇筑

7.7.5　其他施工方法

7.7.5.1　顶推法与拖拉法

　　顶推法是在桥台后边沿桥跨(纵轴)方向停放桥跨梁体,用水平千斤顶加力,将梁体向河道方向顶推,采取边加长梁体边向前推进的办法,直到桥梁架设完毕。

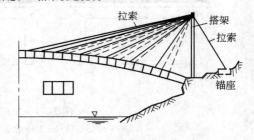

图 7-82　箱形截面主拱圈分节段吊装示意图

　　顶推可以是单点也可以是多点的。单点顶推是在桥台处设置一组千斤顶加力;多点顶推是在桥台和梁体前面的桥墩上分别设置千斤顶组,实施多点加力的施工方法。桥墩上设置顶推千斤顶,可以平衡一部分梁体前进过程中与桥墩间产生的摩阻力,所以,多点顶推法可以用于柔性墩,增大了顶推法的适用范围。

　　梁体在顶推前进时,梁前端所在桥跨可设置导梁,一方面引导梁体前进,另一方面去了梁前端的悬臂状态。当跨度较大时,还可以在跨中设置临时桥墩。

　　大跨度变截面梁不适于顶推施工,顶推法适用于等截面,跨度在 50m 左右的梁桥架设。顶推法施工平衡、无噪声、施工条件较好,费用较低。

　　如果把顶推千斤顶放在对岸桥台处,对梁体施加拉力使之沿桥梁纵轴向前进,达到架设桥梁目的的,称为拖拉法。除了加力,拖拉法和顶推法没有多大差别。

7.7.5.2　石拱桥的砌筑

　　石拱桥的拱架与混凝土拱桥的拱架相同。

砌筑拱桥所需拱石,必须预先按拱桥设计进行放样,制作拱石样板,按样板进行加工编号,砌筑时对号入座(图7-83)。

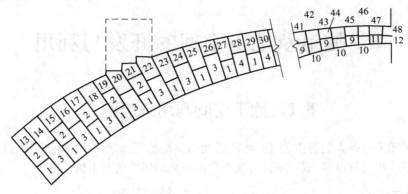

图 7-83　拱石编号示意图

对于小跨径圆弧等截面拱圈,因截面简单,可按计算确定拱石尺寸,制作木样板,按样板加工编号即可,而大跨径主拱圈,则需要按1:1比例制作样台,用木板或镀锌皮在样台上依分块大小制作样板,然后按编号加工拱石。主拱圈的砌筑亦需分段对称进行(见图7-84),根据拱石编号定位。砌筑时的方向由拱脚向拱顶进行。

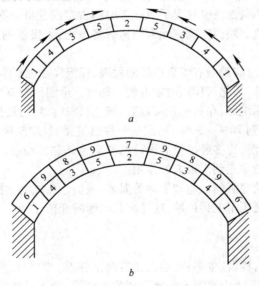

图 7-84　主拱圈砌筑次序示意图

8　隧道及地下空间的开发与利用

8.1　地下空间利用的历史

地壳表层和表面是人们居住、生活、生产活动的主要场所,对地下空间的利用古已有之,而且越到后来越多。我们暂以辛亥革命为界,地下空间利用的历史情况举例如下。

8.1.1　居住场所

远古的人们没有房屋,就住在洞穴里,以避风、遮雨、防寒,开始是自然形成的洞穴,后来是人们模仿自然即开挖的窑洞,一直演变、发展到现在,这就是古典文献《周易》上说的"上古穴居而野处"。

在陕西北部横山县发现了 5000 年前的窑洞,其中一部分至今保存完好。在宁夏海原县发现了 4000 年前的窑洞。在西藏古格也发现了 700 年前的古窑洞遗址。在山西介休发现隋末的地下通道,是古代战争的遗迹。陕西宝鸡有元末明初著名道士,太极拳创始人张三丰的住处,也是黄土窑洞。

到后来,直至近现代,窑洞民居有了更广泛的发展,规模尺寸也不断有所扩大。分布在陕西、甘肃、宁夏、山西、河南西部,河北、青海、内蒙古的一部分。全国约有 200 多个县约有好几千万人居住在窑洞里,在黄土高原地区,在黄土丘陵地区、城、镇、农村,特别是县级以下的村镇、农村,在窑洞中居住的人口可以占到 70% ~ 90%,窑洞是一种建筑类型、建筑风格,是因地制宜发展的一种民俗,穷人、富人都住窑洞,许多经过精心设计的窑洞也是建筑精品。延安大学就是一个窑洞小区,延安窑洞在中国革命中起到了很大的作用。

有了在山体、地层中挖窑洞的经验和生活的需要,人们也在城墙上挖窑洞居住,如陕西米脂、西安市等地。除了民居,还用于屯兵护城,这是窑洞用途的开拓、发展。

8.1.2　养殖、贮物

凡是人住窑洞的地方,牲畜、牛羊、鸡等也在窑洞里养着。贮物如农具、柴草、杂物也使用窑洞。贮物还包括贮水、冰窖,因为窑洞多的地方如黄土高原、黄土丘陵区,多数属于干旱、半干旱地区,这里的老百姓吃水是困难的事,终年雨量很少而且多集中在雨季,为解决吃水问题,就要在雨季把雨水引入水窖中,澄清后使用,所以每家每户都要有一个或二三个水窖,贮水要够一年内使用,年复一年,艰难度日。水窖也是地下空间利用,属空间体,从地表挖下去,呈一个罐子形,做好内表面防渗水后,可以存很多水供使用。新中国成立后,政府给这些地区的老百姓打了不少机井,通常几百米深才能找到水源,群众个体要打这种井是不可能的。

8.1.3　墓葬

按照迷信的说法,人有灵魂,死后也要居住,这就是墓葬。建造墓葬要看风水,风水理论中有迷信的成分,也有合理的成分。建造墓葬要不容易坏,安全、长久。古代以至近现代墓葬,一般为竖穴、封土为陵。也有扩大规模、扩大空间的情况。如埃及的金字塔,中国历代的帝王陵,地下空间相当大,分为许多墓室,如西安的乾陵(唐武则天墓),北京的定陵(明代万历墓)。陪葬墓如西安秦兵马俑。新疆喀什的香妃墓,是空间结构的墓室。

8.1.4 水利工程

中国是一个农业大国,水利是农业的命脉。汉代为修龙首渠,在陕西大荔县境内铁镰山(也称商颜山)中开凿隧道工程,开口处的竖井可达几十丈深。新疆戈壁 – 沙漠地区,需要修井渠引高山雪水灌溉,有明渠,有暗渠(地下挖渠),暗渠开口处需要修井,这就是坎儿井,它的作用是观测、维修和汲水。坎儿井起源于汉代,它对新疆的农业发展和生态发展起着极重要的作用。

8.1.5 城建工程

城市建设现代有,古代也有。城市建设一定有给排水工程,给水用井水,排水必须有地下管道,排水管道有明挖段,有暗挖段。中国迟至西汉,早至周秦,已经有了陶质排水管和涵洞工程。当时也有了类似沉井技术造井。

8.1.6 采矿工程

人们生活在大自然中,不断地向大自然索取,采矿就是主要一项活动,随着生产力的发展,由铜器时代进入了铁器时代,开铁矿采铁矿石是一项重要活动。中国在 3000 年前的春秋时代,就在湖北大冶县铜绿山开铁矿、铜矿,当时矿山有竖井、巷道。当时开山破石常用火爆法即在山石旁堆柴烧火,烧到一定时候,猛泼冷水,石头即噼啪爆裂开来,再用工具将石块撬开,就这样艰难地向前进,劳动条件很艰苦。常用俘虏和犯罪的人干这种活。

当时除了采矿之外,还有井下采盐,如四川自贡,这主要是竖井作业。

8.1.7 军事工程

古今中外,战争是不可避免的,它是阶级斗争,利益集团斗争的一种激烈形式,就现代而言,有帝国主义就有战争。战争的一方都是要保护自己和消灭敌人,保存自己就包括隐蔽、隐身,这就要挖战壕、壕沟,军事上称为工事、掩体、也包括巷道,这也是利用地下空间。

军事工程还包括国家机器的内容即专政和监狱,古代的监狱也有放在地下利用地下空间的情况,如新疆吐鲁番县唐代或汉代交河故城就有地下监狱,又如山西省蒲县唐代和洪洞县明代的窑洞监狱。

8.1.8 道路工程

道路工程需要凿山穿陵者很多,在汉代为解决陕西汉中和四川的交通,需要穿越秦岭,就在汉中石门开凿了褒斜古道(也有人说其中也有一段隧道),这是当时关中通巴蜀的唯一通道,成为要冲,为兵家必争之地。

8.1.9 艺术宝窟

全国、全世界著名的敦煌莫高窟、大同云冈石窟,洛阳龙门石窟,还有许多艺术宝窟,都处在山体中,是开发地下空间,当时开凿时是借宗教的力量,现在维修保护是我们的责任。敦煌莫高窟是砾岩、大同云冈石窟是砂页岩,几百年来风化很严重,艺术殿堂面临威胁,这是人类文化遗产,尽管采取了许多措施,但是面对岩石风化,这还是一个难题。

8.1.10　宗教建造

全国有很多洞窟,从工程上说是地下空间利用,从内容上说是佛教教义与故事。宗教的本质是迷信,佛教以其比较完整的理论使很多人迷信它,在洞窟内绘画和雕塑,现代的人们科学知识多了,迷信的成分少了,只把佛教的内容与故事当作艺术品看,看作人类文化遗产的一部分。

8.2　近现代地下空间的开发与利用

时代在发展,生产力在发展,科学技术也在发展,在地下空间的开发与利用方面也在发展。近现代地下空间的开发与利用,规模越来越大,内部设施标准越来越高,人们使用地下空间越来越方便,越来越舒服。

8.2.1　黄土窑洞

中国黄土地层的厚度在世界上得天独厚,利用黄土地层挖窑洞居住,历史悠久,黄土是中国的一项资源。黄土窑洞的宽度 3.0~4.0m,高度 3.0m 多,高宽比在 1.0 附近。黄土窑洞的长度为 6.0~10.0m,属平面应变问题。窑洞的剖面呈各种拱形、半椭圆形、拱顶直墙形、卵形,受压力比较有利,窑洞顶的埋置深度,一般为 8.0~10.0m 或更多。并排几孔窑洞,前边是院落、场地。这就是窑洞人家,家家如此,这就是窑洞村落。住窑洞可以得到冬暖夏凉的效果,这就改善了劳动人民的生活条件。当前有一种说法,说住窑洞代表穷,生活水平提高了就搬出窑洞。这是一种错误的认识,一种错误的导向。比如过去群众住的平房,很简陋,那是因为穷,现在还住平房,但房屋要坚固耐久,周围环境要好,通过内部设施可以改善居住条件。窑洞也是一种建筑类型,建筑风格,也是一种民俗,它深深地植根于群众心目中。窑洞可以改造、改善,不应抛弃。窑洞怎么改造呢? 主要是通风和采光,群众已有了简易的低成本的改进措施,我们还可以用现代科学技术,现代材料来改造、改进窑洞的居住条件,使窑洞的优势(不占耕地,冬暖夏凉)发挥更大的作用,造福于人们。

8.2.2　管、线工程

近现代地下管线工程包括深埋、浅埋的给排水管道、供热管道、地下电缆、输油、输气管道等。日本人称这些为生命线工程,因为离开这些,一个城市就没法正常存在,生活、生产、通讯,动力、能源就依赖这些管线,才能正常运行,管线是这些工作的生命所在。比如一次地震过后,这些管线工程造成的连锁性间接破坏如水灾、火害、爆炸等,其损失可能超过地震造成的直接损失。输油、输气管道的破坏会造成全线失控,造成的损失是惊人的。

8.2.3　水利、水电工程

水利包括防排洪、蓄洪、灌溉、航运等方面,水电就是水力发电。修筑水库大坝时,有一种定向爆破筑坝方法,先选好筑坝地址,再将坝址近处一座山头挖空,巷道纵横交错,装够炸药,起爆后,几十万、上百万方土石材料向着坝址抛掷聚集,拦河大坝基本成型,再经过修整、灌浆处理,一座水库大坝就筑成了。这既是高超的爆破技术,也是地下空间利用的一种类型。

现代社会离不开电力、水电、火电、核电这些能源工程。水电就是在大江、大河的干流或支流上先选好地址,然后筑坝截流,在大坝内部,在坝前、坝后,除了地下电厂(站)之外,还有一些隧道、廊道,布置设备、管道或做水工测试,这些都是地下空间。

我国幅员辽阔,江河密布,一些大江大河,流经距离很长,可以选多个筑坝地址,这称为多级或梯级开发。如黄河上的龙羊峡、拉西互、李家峡、刘家峡、青铜峡、三门峡等,又如长江上游金沙江、长江中游支流清江、汉水、长江主流上的三峡工程都是典型的梯级开发。

8.2.4 采矿工程

所谓采矿,除了露天采矿之外,都在地下,目前都在陆地上,将来还会有海中、海底采矿,目前的采矿深度可达3000m(近1万ft.),地面通地下有竖井、斜井、地下还有水平巷道,大型采场,采矿工程也称井巷工程,井巷的规模和安全关系到采矿者的生命。国内露天采场深达500～700m,国外甚至深达1000m,边坡稳定极为重要。在井巷中不稳定的岩石,还有涌水、涌泥,岩爆(在高地应力作用下岩石块突然发射出来),瓦斯(CO_2、CH_4 的混合物)爆炸等重大事故。井巷工程可以位于岩土体中或地下深部,也可以位于建筑物下,水体(江河)下,铁路公路下,这更增加了保证井巷安全的困难,为了发展生产,为了人民的生命财产安全,工程师们必须做到精心勘察,精心设计、精心施工。

8.2.5 铁路、公路等交通工程

铁路、公路工程,经常要穿山越岭、跨河过沟,这时除了明修桥梁之外,就是从山体内部通过,这就称为隧道。隧道也可以是江河湖海底下通过。目前世界上有十多条长度超过10km的山岭隧道,其中中国有三条,中国还有从底下穿过长江、黄河、黄浦江的水底隧道。中国还在青藏高原上海拔5000m处修建了高原冻土隧道。英国、法国、日本还修了海底隧道,中国正在规划、勘察修建海底隧道。山岭隧道、水底隧道特别是长隧道,技术非常复杂,岩土压力、水压及渗水、通风、采光、隧道上部的山岩沉陷、塌坑、涌水、涌泥与正常的车辆及轮船行驶等都有可能引起隧道事故,需要从工程地质、岩土力学与工程、水力学、通风、设备工程诸学科,从勘察、设计、施工、维修诸方面慎之又慎,保证交通工程大动脉的正常运行。

8.2.6 军事工程

近现代战争常是海陆空联合作战,不仅是钢铁战争,也是信息、高科技战争。战争的一方都是要保护自己和消灭敌人,这就要隐蔽,士兵要隐身在掩体(工事)、巷道内,飞机要在机库内、军舰要在军港内自由出入,以便于战斗,还有核废料存放。飞机库跨度大、高度较小,军舰隐蔽所跨度、高度都很大,战时指挥所、通信中心等都是地下工程,在山体内部,都是地下空间利用,陆军的掩体、巷道更多。有帝国主义就有战争。从备战角度出发,地下工程的开发量很大,要保卫世界和平,要支持和维护被压迫民族的正当权益,正义的战争也是不可避免的。

8.2.7 地下工厂和民用工程

把山体挖空或把平地挖下去,开发利用地下空间,把各种类型的工业(工厂)与民用设施放进去,一来是备战的需要,因置入地下隐蔽得好;二来也是经济发展的必然趋势。地面上人口不断增加、建筑越来越密集,土地逐年减少,出路在哪里?一是向高空发展,修高层建筑,但对高层建筑的利和弊,历来建筑、规划专家意见分歧很大,有的说高层、超高层建筑弊多利少,那么城市发展的另一种发展趋势呢?就是向地下发展,开发利用地下空间。有些工厂和设施放在地下安全、适宜、有利,如物资储备、各种仓库、冷冻冷藏等放在地下更合适,地下医院做手术时也有些方便,易燃易爆产品的生产放在地下,危害性可以减少,生产过程要求恒温恒湿的工厂放在地下更容易满足要求。中国在上述两种背景下发展起来的地下工业与民用建筑很多,还有公共设施如

商业购物、学校等,还有城市地铁工程、地下车站、地下通道及购物中心等也是人流集中的公共场所,如北京、广州、成都、郑州等地。

8.2.8　人防工程

20 世纪 70 年代初,全国以备战为背景,大规模修建各种类型的人防工程,这是史无前例的。如西安市区通往终南山的人防主干道至少有三条,可以通行人、吉普车,按一定的人防等级设计与施工。后来为了合理利用资源,并结合发挥人防工程效益,许多地方人防工程变成了商业一条街,如成都。在大城市多高层建筑一般都有地下室,这些地下室连通起来就是地下商业通道和人防工程,可以为平时、也为战时服务,如上海。

在大城市的公共场所如车站、戏(剧、电影)院、集会广场一般也设置地下空间,这也是人防工程,也用作特殊情况下的紧急疏散,如上海、西安等许多地方。

在地下人防工程竣工后的若干年内,常和多高层建筑的地下室或建筑物本身发生矛盾,因为在新建建筑物或它附建的地下室底下有防空洞,怎么办呢? 有的地方对人防工程采取了封堵、填埋的办法,这是不对的,应该合理规划、统筹兼顾,应先对人防工程进行加固处理,既保证人防工程,又保证新建工程的安全。

8.3　隧道及地下空间的勘察、设计

地下空间除了天然溶洞是自然形成的之外,都是人工挖成的,这就需要勘察、设计、施工。

8.3.1　天然溶洞的稳定性评价

所谓天然溶洞就是岩溶(喀斯特)作用长期形成的大、小型洞穴,空间很大,可以容下一个车间、一座工厂,可以利用地下空间办各类事业。既然要开发利用地下空间,那就得先弄清溶洞是否安全、稳定,这就需要从地质上(包括工程地质和水文地质),从工程力学、地质力学上考察,评价溶洞的稳定性。

8.3.1.1　从地质力学方面考察溶洞所在的区域、所在的山体是否稳定
即区域稳定和山体稳定问题,这是洞体稳定的大前提。

8.3.1.2　从工程地质方面来判断洞体稳定
从工程地质方面看是否有断层和地震、断层角砾岩、断层破碎岩的碎裂情况、糜棱岩和断层泥的存在状况,由此形成的软弱夹层及泥化夹层的情况。还要考察洞内是否有褶皱构造及所处的褶皱部位。构造应力状况,侵蚀、出露情况。还要考察不整合(角度不整合)情况,岩浆岩侵入,岩脉有无和其状态。还要考察裂隙发育状况、张闭情况、填充情况、切割汇交情况、临空面情况等。

8.3.1.3　从水文地质方面考察洞体稳定
首先要看洞内是否有水及水的流动性如何。有水表示溶洞还处于发育阶段,无水说明溶洞发育已经停止,处于稳定阶段。因为水是天然溶洞发育的基本条件,有水才有水化学作用。还要注意洞顶、洞壁滴水、渗漏水、流水的情况。这些情况对洞体稳定不利,对裂隙还有冲刷作用,会减少摩擦、增加岩块滑动和滑塌的可能性。溶洞底下可能还有地下暗河。溶洞的空间分布复杂化,可能有多层溶洞分布,对洞体稳定更不利,利用天然溶洞时要用各种方法加强排水或堵漏,尽量增加溶洞安全稳定的因素。

8.3.1.4　岩性分析
天然溶洞一般发育在石灰岩、白云岩地层中,砂岩、泥灰岩中有时也有,这是岩性。还要看岩

石的透水性和可溶性。透水性越好,可溶性越强,岩溶越容易发育,发育越快。

8.3.1.5　顶板稳定状态

地下岩洞受三维应力状态,相对而言顶板受力不利,容易有节理裂隙,也容易渗漏水和滴水、流水,所以易掉块、崩塌。

8.3.1.6　洞壁危岩及处理

地质构造和节理裂隙交汇切割形成欲动将动岩块和明显的、潜在滑动面都是危岩体。首先要考察确认,然后再处理。处理危岩的办法有三类:一类是清除,彻底解决,但要注意安全。第二类是喷 - 锚固定。在危岩体周边的裂隙中及危岩体的出露面(洞壁)喷射一层厚为 2~3 或 3~5cm 的细石混凝土,它有早凝和高强的作用,增加裂隙面的黏结力和摩擦力,也从下面起一个托盘的作用,使危岩体固定、安全。也可以钻孔打锚杆,穿透危岩体,使锚杆打入深部整体性好、强度高的岩体上,将危岩体悬吊、固定,就像用铁钉将木块固定在墙壁上一样。如果岩体破碎,也可在洞壁再加一层钢筋网,这称为喷 - 锚 - 网联合支护,效果更好。中国的喷 - 锚技术在世界上已处于先进行列,这种支护是有把握的。第三类是用结构的方法对危岩体进行支撑、支护,如梁、板、拱、桥、框架等。一定要保证消除危岩体的危害性,保证利用溶洞的安全可靠。

8.3.2　地下硐的选址

地下硐室(包括隧道)的选址也是保证稳定、安全,包括硐的出入口和硐体内部,包括施工期间和使用期间,就硐体内部而言,要查明区域稳定和山体是否稳定,查明不良地质现象,包括断层、地震、褶皱、不良岩层接触、高构造应力,不良岩性如膨胀岩、节理裂隙密布情况和存在状态、出入口处的边坡稳定情况、岩体风化状况、拟选址处山体内部及周围附近地下水类型、水质和汇水、径流、污染情况、有没有泥石流的潜在危险,岩溶是否发育,是否有诱发地震的条件等。上述不良地质条件在施工开挖(静力和动力作用)以后会有哪些不良变化,一旦失误或有漏洞,就会造成无可挽回的损失。

8.3.3　硐体周围的应力场和位移场

开挖硐前,岩土体内存在天然的(自然)应力场,分垂直应力和侧向应力,其计算如瑞士地质学家海姆(Heim)假定那样(1878 年静水压力假定)。

俄国人普洛托季雅科诺夫(简称普氏),20 世纪 20 年代在顿巴斯煤矿巷道观察得到的结果,如图 8-1 所示。开硐以后硐顶的岩石由于失去支撑而首先塌落成一个自然拱形,断面大体呈抛物线状。假若在硐内不进行支护,任其应力重分布及变形、塌落,则随着时间的推移,在硐顶部及两侧会继续塌落,扩大空间。实际观察表明硐顶及两侧的塌落不会无限进行下去,达到一定程度就基本上可以稳定下来,此时形成的周边形状称崩塌拱,大体上仍呈抛物线状。硐内两侧岩体的坍滑形成的倾斜面和水平面的夹角大致为 ϕ(岩体内摩擦角)。在工程实践中,开硐后为了生产安全都要及时地或适时地进行支护,阻止硐周围岩塌落范围的扩大,绝不允许开硐后围岩中

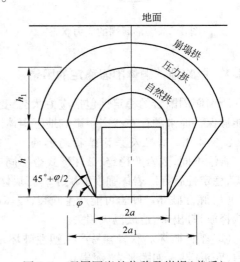

图 8-1　硐周围岩的位移及崩塌(普氏)

的应力重分布、围岩变形及塌落长期进行下去,在支护结构作用下,硐顶及两侧围岩中出现有限地松动欲坍塌的边界范围如图 8-1 中的压力拱,横剖面也大体呈抛物线,硐体两侧的塌滑斜面和水平面的夹角成 $(45° + \dfrac{\phi}{2})$,在压力拱边界以内松动的岩体作为荷载作用在支护结构上,压力拱的名称由此而来。压力拱范围以外的岩土体重量通过拟想的压力拱向下、向两侧传递分散,对支护结构起到保护、卸荷作用。所以压力拱在有的书上又称为卸荷拱。

根据普氏的长期现场观察结果,进行简单的计算,其结果还是可靠的,在人们的认识中实践是第一位的。在此基础上,再将感性认识上升为理性认识,这就是科学理论。我们在开挖硐时就开挖成直墙拱顶形,就不再开挖成矩形断面了,这也是实践中得到的经验。

在开硐后,天然应力场要发生变化,硐周围岩要出现局部的有限的松动与变形,即发生应力重分布和相应的变形,这称为硐周围岩中的二次应力和位移。我们的认识由感性上升到理性,就是要通过数学、力学的方法把二次应力场(有时也需要计算位移场)计算出来,这就是理论。怎么计算呢? 要把工程地质、数学、理论力学、材料力学、结构力学、弹性力学结合起来进行分析。实际的硐形是多种多样的,为了克服数学上的困难,一般是把硐体面积化成当量的圆面积或椭圆面积,如图 8-2 和图 8-3 所示。因为圆和椭圆有标准的数学方程,就可以用弹性力学方法求解硐周应力,需要参考专门的书籍。实际的硐形不是圆和椭圆,也可以用结构力学方法、试验方法、近似的数学方法、有限单元法求解硐周应力,需要参考专著。

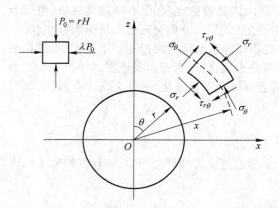
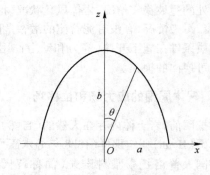

图 8-2 圆形硐周的应力状态   图 8-3 椭圆形硐

8.3.4 影响地下硐体围岩稳定的因素

所谓硐周围岩的稳定性包括应力状态、变形状态和破坏状态。稳定就是在条件变化的情况下能够保持原来的存在状态。影响地下硐体围岩稳定性的因素很多。

8.3.4.1 岩性及岩体结构的影响

岩性不同,围岩的稳定、破坏形式也不同。岩体强度高低也直接影响围岩的稳定性,岩体强度高,稳定性就好。岩体强度取决于岩石块体强度和岩体结构类型。

(1)脆性破坏。硬岩可能产生脆裂,破坏前变形很小,还可能发生岩爆即岩块在应力作用下突然释放、打出来,造成巨大损失。

(2)塑性破坏。软岩容易产生塑性破坏,破坏前产生明显的变形,如围岩向硐内变形,挤入硐内,底板鼓胀,如膨胀岩、泥岩。

（3）掉岩块或岩块松动。节理裂隙发育、密集、纵横交错、切割，容易形成危岩体，一旦一块危岩体掉下来或滑下来，常引起连锁反应，造成大规模、连续性破坏。

（4）层状岩体的破坏。层状岩体如图 8-4 所示。这种岩体全靠层间黏结或摩擦，如因重力或渗水使层间连接减弱，发生滑动、坠落、断裂、碎裂，或因岩溶发育，扩大破坏范围。

a b c

d e f

图 8-4 层状岩体破坏形式

（5）碎裂岩体及土体硐室的破坏。岩石碎块之间，土颗粒之间也有一些连接、摩擦作用，但毕竟很小，一旦失去平衡，就会大面积大范围破坏。

8.3.4.2 地质构造的影响

地质构造包括地震、断层、褶皱带、岩体不整合、高地应力、强变质、强风化、侵入岩岩脉、新构造运动、岩溶发育等。区域稳定、山体稳定是硐体稳定的前提，硐体稳定还和硐体走向当地地应力方向、当地主（控制）构造线方向有关，选线时还应注意硐体上方有无偏压情况。

8.3.4.3 地应力的影响

地应力也可以称为构造应力，即构造运动（地壳运动）中积存在岩体内部的作用力（能量），因各种原因释放了一部分，还残余、残留一部分，就像弯弓后，弓还有一种反弹力，这也是一种能量。这种能量从局部突然释放，打出岩块就称为岩爆。这种作用力一旦超过了岩石强度，从一个区域、从断层上突然释放，引起大地震动，这就称为地震。

根据李四光的研究和大量实测，证明地应力（构造应力）常常是水平力大于垂直力，这对地下硐室的硐形设计具有指导意义。一般浅埋硐室，垂直压力大于侧压力，使用高跨比大于 1.0 的硐形即竖放鸡蛋。当水平压力明显大于垂直压力时，应使用高跨比小于 1.0 的硐形即横放鸡蛋。我国及世界各地的一些大型天然溶硐，它的宽度明显大于高度，多年来很稳定就是这个道理。

8.3.4.4 风化作用和渗流活动的影响

风化就是岩石在自然力作用下产生崩解、破碎、变质作用。风化作用破坏了岩石的整体性，使裂隙增多，削弱了岩石的强度，也加强了岩石的透水性，更加剧了风化，破坏了岩体的稳定性。渗流水加剧了风化，也使岩石软化，形成软弱夹层，甚至形成泥化夹层，又加剧了岩溶作用，破坏了岩石的整体性，削弱了岩石的强度，也增加支护结构上的水压力，使地下硐室中产生涌水、涌泥等重大事故,对硐体稳定很不利。

8.3.4.5　地下硐室设计与施工的影响

这方面的影响作用包括硐体轴向布置、埋置深度、硐体形状、尺寸大小、硐体间距、支护结构设计特征。还包括开挖的速度、顺序、方式、支护结构的设置早晚、刚度大小、对围岩中应力重分布的影响等。在工程中,设计影响施工是众所周知的,而施工影响设计,在地下工程中更加明显,其影响应力状态、位移和稳定状态。

8.3.5　地下工程的形式

地下工程(硐室)的平面、剖面(a、b、c、d)形式如图 8-5 所示。有拱顶直墙、拱顶曲墙、高跨(宽)比大于 1.0、小于 1.0 的情况,图 8-5e 是地下工厂,图 8-5f、g 是地下油库、通信中心或战时地下指挥所的剖面、平面。

8.3.6　地下工程(硐室)的支护结构类型及支护结构上岩土(地层)压力的确定

8.3.6.1　支护结构的类型

支护结构的类型有混凝土、钢筋(少筋或多筋)混凝土结构、喷－锚支护或喷－锚－网支护、钢结构(铁路钢轨弯成拱形)呈肋拱布置,在大型黄土窑洞中也用柳圆木作肋拱支护,还有大拱脚薄边墙,只有拱部有支护的半衬砌支护。

8.3.6.2　支护结构上岩石(地层)压力的确定

确定地层压力的方法有下列几类:

(1)按松散体理论确定。这方面又有两个理论和方法。这就是前苏联的普氏理论和方法,还有美国的太沙基理论和方法。这两种理论和方法应用很广,但也存在不少问题,在各国的实践中得到了修改、补充、完善。

对于浅埋或明挖法施工的地下工程,地层垂直压力计算即上覆地层(岩土)的总重,侧向压力按挡土墙理论处理。

(2)按弹性、弹塑性理论确定地层压力。具体参见岩石力学、岩体力学方面的书。

(3)按喷－锚支护理论确定地层压力。这种理论是围岩和支护结构共同工作理论,松动围岩不只是荷载,还有一定的承载能力,在一定程度上也起到结构的作用,因而这种理论是先进的。

(4)按工程地质方法确定危岩体,再按岩石层或岩块极限平衡原理确定危岩和支护之间的平衡关系并留有一定的安全度。

(5)用弹性波测试硐周围岩中的松动区范围,由此确定地层压力并作出支护设计。

(6)按经验办法确定地层压力并作出支护设计。经验是实践过程的总结积累和提炼,来自实践再用于实践是可靠的。原水电部、铁道部、煤炭部、冶金部、工程兵等部门早已总结出了成套的经验方法供使用。

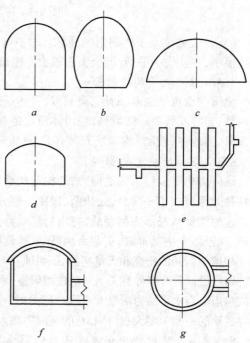

图 8-5　地下硐体的剖面、平面形状

8.4 地下工程(硐室、隧道)的施工

8.4.1 地下工程的开挖

地下工程的开挖属于广义的岩土工程。开挖的机械和方式分为五类。

8.4.1.1 人工开挖或爆破开挖

在自然山体或地层中若要开挖出如图 8-5 所示的硐体形式,工程量很大。在土地层中用人工开挖,在岩石地层中用爆破法开挖。在开挖时一定要和设计的硐壁周边一致,欠挖、超挖都不利,因为欠挖或超挖是引起硐壁周边应力集中的主要原因之一,而且很敏感,所以一定要慎重对待。采用光面爆破可以减少开挖误差。

还有一个弃土、弃渣问题,必须注意环境保护,不要压埋土地、堵塞河道。有的地方在低洼的地方弃土、弃渣,可以造田,增加耕地,这是好事。

8.4.1.2 简易机械和人工相辅相成开挖

爆破、挖掘、出渣运输相继进行和完成,直到完成地下工程的开挖任务,也要注意尽量减少开挖误差。

8.4.1.3 大型机械化开挖

在大型岩硐工程中,使用大型凿岩机开挖,效率很高,工序可以合并完成。减少了硐室时间效应的影响。

8.4.1.4 沉井法施工

沉井就是沉下去的井筒状构筑物。在地面上预制好第一节沉井,在井下用人力或水力挖土,井筒靠自重下沉,直到达到设计标高。上海有一座地下热电厂,整个在一个大型沉井中,该沉井直径 68m,高 28m,其中 25m 在地下。

8.4.1.5 顶管法施工和盾构法施工

在铁路公路下开挖时常用顶管法,在江河下、海底下开挖时常用盾构法。顶管法和盾构法是特殊的施工方法,它把施工开挖和随后的支护结构设置连成了一条龙作业,这种施工方法彻底克服了容易欠挖、超挖的毛病,但是又有新的更难控制的难题,工程技术的发展步步深入,要不断地克服各种困难,解决各种问题。

8.4.2 地下工程支护结构的设置

8.4.2.1 支撑和衬砌

支撑一般指临时支撑,有木支撑、钢支撑、钢筋混凝土支撑、喷-锚临时支撑。支护结构也称衬砌,有的部门叫被覆。衬砌是永久性的。衬砌的作用是随地层压力(岩土压力)、水压力、封闭围岩裂隙并防止水的渗漏或渗流,同时为硐内的生产和生活造成一个较为适宜的小环境。衬砌按材料可分为:砖石衬砌、混凝土衬砌、钢筋混凝土衬砌、钢板衬砌、喷-锚支护等。按衬砌覆盖硐壁的面积可分为:半衬砌(只在拱部做衬砌)、全断面贴壁式初砌、离壁式衬砌(硐周围岩稳定,为了防落石和防潮,衬砌和硐壁不接触)。按衬砌断面厚度可分为:薄衬砌、厚衬砌、刚性衬砌。刚性初砌断面厚度土、刚度大,不能和围岩变形协调,硬阻止围岩变形,这并不好,因为围岩变形产生的变形地压很大,刚性衬砌也可能产生破坏。

8.4.2.2 喷-锚支护

从支护结构说,这种形式发展较晚,但支护理论和思想比较先进,有时在硐壁还要再加一层

钢筋网。锚杆的作用是悬吊作用、组合作用、加固作用。喷射混凝土层的作用是支托作用、加固作用、侧向压力作用,使硐壁围岩由两向或单向受力变成了三向受力,显著提高了强度。钢筋网的作用是封堵裂隙,减少应力重分布,减少混凝土的收缩裂隙,提高了围岩的自承载能力,提高了围岩的抗震能力。

8.4.2.3　支护结构的设置时间及刚度的影响

有人主张硐室开挖后立即设置衬砌和支护,实践证明开硐以后围岩总要向硐内变形,立即衬砌阻止围岩变形,变形地压极大。衬砌应当和围岩有一定的变形协调,仅阻止围岩的破坏变形,衬砌的设置要适时而不一定是一律要及时。新奥法施工的道理正在此。这个道理和挡土墙理论中主动土压力的大小和墙体位移的关系是相同的,因为衬砌(支护)要求和围岩有一定的变形协调能力,所以支护刚度过大并不好,喷-锚在这方面就具有显著的优点。

9 水利工程

9.1 概　述

人所共知,没有水就没有生命,人类的生存与发展和水密切相关。农田灌溉,水产渔业,河海航运,水力发电,工矿企业的生产,城乡居民的生活用水等等,可以说,人类生活领域的各方面,国民经济的各部门,都离不开水这一宝贵的物质资源。

我国地域辽阔,水力资源极其丰富。我国水能蕴藏1万千瓦以上的河流300多条,水能资源丰富程度居世界第一。全国水力资源普查结果表明,我国水能蕴藏量为6.76亿千瓦,相应的年电量可达6.02万亿千瓦·时,总计约占世界总量的1/6。预计"十五"期间每年将净新增装机1000万千瓦以上。按照规划,2005年水电装机容量的比重将提高到24.9%,未来10年电力的平均增长率在5.9%。由于我国有80%的水力资源可开发,远低于22%的世界平均水平和50% ~ 100%的发达国家水平,因此,水电增长空间很大。

9.1.1　水利工程概述

水利工程的目的是控制或调整天然水在空间和时间上的分布,防止或减少旱涝洪水灾害,合理开发和利用水利资源,为工农业生产和人民生活提供良好的环境和物质条件。水利工程原来是土木工程的一个分支,由于水利工程本身的发展,现在已成为一门相对独立的学科,但仍和土木工程有密切的联系。水利工程包括:农田水利工程(又称排水灌溉工程),治河工程,防洪工程,跨流域调水工程,水力发电工程,内河航道工程。

无论治理水害还是开发水利,都需要通过水工建筑来实现。水工建筑物有3类:

(1)挡水建筑物以水坝(横跨河道者)和河堤(沿水流方向位于河道两侧者)为代表。其作用是阻挡或拦束水流,壅高或调节上游水位。水坝有土坝、石坝、混凝土重力坝、混凝土拱坝、溢洪坝以及用于中小型工程的砌石坝。

(2)泄水建筑物以溢洪道、水闸为代表。其作用是保证能从水库中安全可靠地放泄多余或需要的水量。溢流道为设置在坝体上或其附近河岸的泄洪设施,有河床式和河岸式溢洪道两种。绝大多数的水闸采用钢结构的平面或弧形闸门。

(3)专门水工建筑物以水力发电站、升(降)船机和各种输水渠道为代表。水力发电站利用水位落差发电,具有一般工业厂房的性质,但它承受着较大的水压力,因此它的许多部位要采用钢结构。升(降)船机为船只通过水坝时必须设置的构筑物,从上游(高水位处)过往的船只必须进入升(降)船机内,并在升(降)船机内使水位下降,以便船只可以开出升(降)船机驶向下游。升(降)船机一般都用钢结构制成。

一般水利枢纽总体布置以及坝式水电站示意图如图9-1所示。

我国自建国以来对水利工程给予了高度重视。50年来,国家投资兴建了大量水利工程,形成固定资产1100亿元。我国兴建的大中小型水库8万余座,总库容达4000多亿立方米,是世界上水库最多的国家之一。1991年、1992年世界各国正在建造的大坝情况如下:

中 国	253 座	日 本	178 座	美 国	48 座
意大利	38 座	巴 西	27 座	印 度	25 座
法 国	16 座	加拿大	6 座		

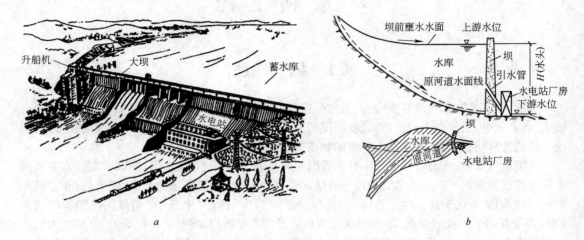

图 9-1　坝式水电站以及水利枢纽总体布置示意图

a—坝式水电站示意图;*b*—水利枢纽总体布置示意图

　　可见,我国的水利工程建设目前在世界上最为活跃。目前,我国已建造的位于西陵峡三斗坪的长江三峡工程必将对我国的经济建设产生重大影响。

9.1.2　长江三峡工程的基本情况

　　长江三峡工程,是由孙中山先生 1919 年在《建国方略·实业计划》中提出设想,经过 70 余年,尤其是新中国建国 40 余年来的反复论证和基础性研究,终于在 1992 年由我国全国人民代表大会通过并列入国民经济和社会发展十年规划的,该工程由国务院组织实施。它是我国目前最大的水利工程,也是世界上最大的水利枢纽工程之一。

　　三峡水利枢纽坝址位于西陵峡的三斗坪,下距葛洲坝工程 38km(见图 9-2),是一座具有防洪、发电、航运、养殖、供水等巨大综合利用的特大型水利工程。它由拦江大坝、水电站和通航建筑物 3 部分组成。

　　三峡拦江大坝建于坚硬、完整、强度很高的花岗岩地基上,是常规型的混凝土重力坝,坝高175m,坝顶高程 185m(吴淞基面以上),总水库容量 393 亿立方米,其中防洪库容 221.5 亿立方米,能有效地控制长江上游暴雨形成的洪水,对荆江地区防洪起重要决定作用;1954 年 5 月至 8月间,长江流域连续暴雨,中下游地区出现上世纪最大洪水,曾先后三次运用荆江分洪工程,才保住荆江大堤安全,但灾情十分严重,受灾人口 1888 万人、死亡 3 万余人、受灾农田 3169683 万平方米(4755 万亩)。

　　三峡水电站规模巨大,装机 26 台,总容量 1768 万千瓦,年发电 840 亿千瓦·时,居世界第一位,可供电华中、华东,少部分送川东。每年可替代原煤 4000 万～5000 万吨,相当于 10 座大亚湾核电站。

　　三峡通航建筑物为永久梯级船闸(双线,5 级梯级船闸,闸室有效尺寸 280m×34m×5m)(图9-3),其最大工作水头和最大输水量超过国内外已建工程的水平。通航的年间年通过能力为

5000 万吨,可改善航道约 650km。

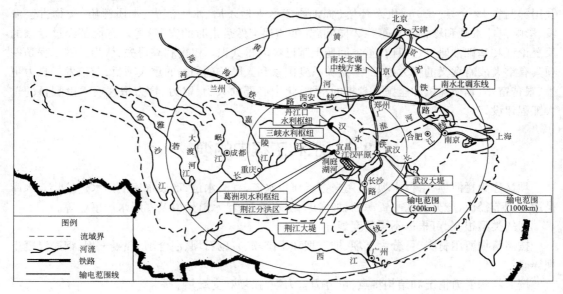

图 9-2　长江三峡地理位置示意图

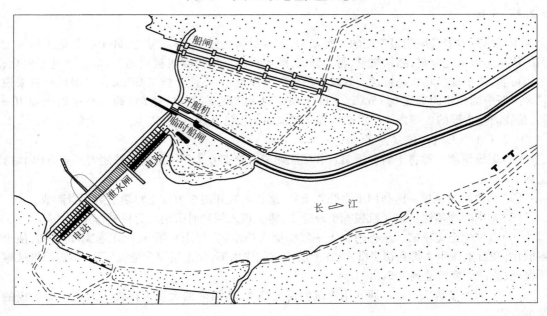

图 9-3　三峡水利枢纽平面布置示意图

　　三峡工程施工的最大特点是规模巨大:土石方填筑和混凝土浇筑工程均达 2000 万 ~ 3000 万立方米,拟用钢材和钢筋约 50 万 ~ 60 万 t,最高峰的混凝土年浇筑量高达 400 万立方米。工程分三期施工,主体工程施工总工期 15 年,正式开工后第 9 年,永久通航建筑物启用,第一批机组发电。按 1990 年价格计算,三峡工程(包括枢纽工程、水库移民、输变电工程)的总投资为 570 亿元。

　　三峡工程规模空前,其建造疑点、难点有:技术复杂(如泥沙淤积、水库诱发地震和库岸稳定等);资金筹措(平均每年投入近 40 亿元);水库移民(淹没区人口约 73 万人、耕地约 36 万亩,涉及川鄂两省 19 个县(市));生态环境(如加剧库区人地矛盾、水土流失、水质污染、文物古迹淹没、影响自然景观和珍稀物种等);人防问题(如遭遇突然袭击时的灾害)等。它们都经过专家的反复论证和基础性研究,并且在重要问题上都已经取得共识。权衡利弊得失,认为三峡工程是一项具有重大战略意义的特大型工程,是关系到国家和人民长远利益的重大项目,应该发扬自力更生、艰苦奋斗、勤俭建国和全国一盘棋的精神,集中必要的人力、财力、物力把这项举世瞩目的重大工程建设好。

9.2　水利工程中的坝

坝又称为拦河坝,俗称水坝,是用来拦截河川水流,壅高水位,形成水库的挡水建筑物。水库是用来调节径流,充分利用水资源的,如发电,引水灌溉,给水航运以及发展水产事业等。

坝的类型很多,可根据不同角度划分。

按照筑坝所用材料,可分为土坝、堆石坝和干砌坝、浆砌石坝、混合坝、混凝土坝、钢筋混凝土坝等。

按照坝的受力情况和结构特点,可分为重力坝、拱坝和支墩坝。

根据坝顶过水情况,分为溢流坝和非溢流坝。

9.2.1　土坝

土坝是最古老且应用最广泛的一种坝型,主要材料是黏土、砂质黏土、砂土或其他土料。土坝的优点是可就地取材,结构简单,易于修筑,既可人工又可高度机械化施工,能适应地基变化,工作可靠,便于维修和加高扩建。其缺点是坝顶不便过小,不便于施工导流,且工程量相对来说较大。新中国兴建的高度在 15m 以上的土坝超过 15000 座,甘肃(南部)碧口水电站土坝 10m 高,是我国较大型的土坝之一。目前世界上建筑的土坝已高达 300m 以上。

9.2.1.1　土坝的修筑方式

(1)碾压筑坝。即将土料分层填筑和碾压而成。施工方法类同筑路或其他大型土方(回填)工程。

(2)水力冲填筑坝。即利用水力开采土料、运送泥浆并用水力将土料填筑到坝身而成。

(3)半水力冲填法。采用机械挖土及运土,将土填入坝身时采用水力机械作业。

(4)水中填土筑坝法。是将团状土一层层倒入静水内,利用水浸入土团,破坏其结构,使土壤散化,在自重作用下得到初步沉实,在上层土重的作用下,使土层得到继续压实,不需用机械碾压,一般能使干容重达到 $1.5t/m^3$。

(5)定向爆破筑坝方式。即利用爆破的巨大推力,将河岸的大量土体投入河床内而形成的筑坝方式。

根据对土坝失事的分析,其破坏的基本原因,第一是泄水建筑物泄洪能力不足,洪水漫顶而造成失事;第二是经过坝体、基地或沿土坝和其他建筑物的交接面的强烈渗透造成的土壤被冲刷掏空而造成失事;第三是由于土坝边坡的滑动而造成失事。因而,为防止事故,必须在土坝的构造上采取对应措施。

(1)土坝应有足够的安全超高,保证发生洪水时不漫坝顶。这一措施和要求,应根据对数十年甚至一百年一遇的洪水情况及对水库的使用要求而定。坝顶也可设置防浪墙。

根据坝高和交通情况要求,坝顶宽度一般为 4～6m,或更宽些。为防止雨水的冲刷,坝顶可用砌石或砾石护面。

(2)土坝必须有维持其稳定的合理边坡,以保证坝体不滑动。土坝的边坡坡度,取决于坝型、坝体及坝基土壤强度等因素。

1)边坡取值范围通常在1:2~1:4之间。

2)在土坝下游一侧,沿边坡高度每隔10~15m,设一(水平)马道,其宽度为1.5~2.0m。马道用于拦截坝坡雨水,以防顺坡冲刷,在马道上设置排水沟以排除拦截的雨水。此外还用来对土坝进行观测和检修。马道通常也是土坝的变坡处。

为了防止雨水冲刷,下游坡面可植草皮护坡。

3)上游坡面用干砌块石或混凝土护面,下面铺设碎石料作垫层过渡到土料,该护坡用以防止水浪冲击。

(3)土坝的防渗(水)更为重要,除均质土坝,因坝体本身所采用的土料透水性较小,可直接利用坝体防渗外,一般用透水性土料填筑的坝,均须采用防渗措施。

1)为降低浸润线,在下游坝址处设置排水设施,如图9-4所示。

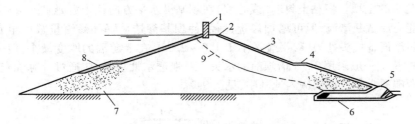

图9-4 均质土坝排水设施示意图

1—黏土斜墙;2—反滤层;3—截水槽;4—混凝土齿墙;5—不透水层;
6—保护层;7—砂壳;8—砂砾卵石冲积层;9—浸润线

任何土料都有一定的透水性,在上游水位形成的水头作用下,土坝内将形成从上游向下游的渗流,渗流的自由面即浸润面与坝横剖面的交线称为浸润线,为避免不带走土料而产生渗透变形(此现象称管涌),在排水设施与土料接触面处敷设反滤层,反滤层是用若干层由砂到砾石按一定级配做成,保证其孔隙只能渗水不带走土料,而且不能堵塞失效。

2)黏土心墙防渗。黏土心墙也称塑性心墙,尤其是高土坝采用较多。防渗心墙位于坝体中央或偏上游,两侧用强度较高的无黏性土料支撑与保护,在心墙与坝体接触的地方应设置反滤层。防渗设备置于坝体中间,对防冻、抗震、适应沉陷都有明显的优点。

为了保证上游水流不致自心顶漫过,心墙顶部应超出水库上游最高洪水位,但不应直通坝顶,以防冻晒开裂。所以心墙上部应设防护覆盖,心墙顶部应和防浪墙紧密相连(见图9-5)。

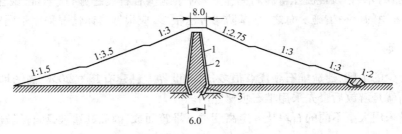

图9-5 防渗心墙示意图

1—心墙;2—过滤层;3—截水槽

3）黏土斜墙防渗。其性质和心墙类似，但斜墙的位置在黏性土坝的上游坡面。斜墙的坡度应使上面的保护层（表面用块石保护，以防冲刷）不致沿斜墙表面滑动，同时保持斜墙稳定。斜墙由上而下逐渐加厚，斜墙与坝体接触处设反滤层，见图9-6。

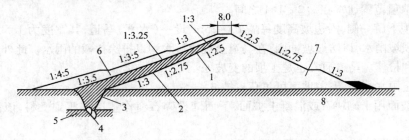

图9-6　黏土斜墙防渗坝示意图
1—黏土斜墙；2—反滤层；3—截水槽；4—混凝土齿墙；5—不透水层；
6—保护层；7—砂壳；8—沙砾卵石冲积层

4）铺盖防渗的土坝。将黏土斜墙（或心墙）在坝基沿水平方向往上游延伸一段距离，称为铺盖。铺盖不能完成截断渗流，但可增加渗透途径，使坝基渗透坡降和渗流量减小至允许范围以内。铺盖与防渗设备接头处最厚，一般不小于 1.0~2.0m，在上游端的厚度最小，但一般不小于 0.5m。铺盖的长度一般采用 3~5 倍坝前的水头。对强透水性坝基，应通过计算确定铺盖长度，铺盖的头尾两端通常做成小槽嵌入地基中，见图9-7。

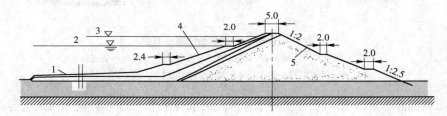

图9-7　带铺盖的斜墙防渗坝示意图
1—铺盖；2—设计水位；3—校核水位；4—块石护坡；5—草皮护坡

带铺盖防渗坝常用于坝基透水性覆盖层较深的地方，因为这种情况不易做截水槽防渗。当坝基透水性覆盖层较浅（小于 10~15m）时，才将坝基挖槽至不透水层，然后回填形成截水槽达到防渗目的。为加强截水槽底部防渗作用，还可以在槽底与不透水层接触面再做一条混凝土齿墙。

对于不透水层埋深较大，不易做截水槽时，还可以在防渗墙下面加一道混凝土防渗墙或者板桩截水墙（板桩有木、钢及混凝土等材料制作）。对于地基岩石裂缝施行（水泥、黏土浆）灌浆防渗，也是经常采用的一种措施。总之，坝基防渗方法很多，应根据具体情况采用不同对策。

9.2.2　堆石坝

在石多土少的山区，建造堆石坝优点很多，目前世界上已建有超过 200m 高的堆石坝。我国狮子滩水电站就是解放后最先采用堆石坝修建的。

堆石坝是采用大小不同的石块从一定高度抛下堆筑而成，因而其边坡是自然坡度，横断面也呈梯形。

堆石坝主要由堆石主体和防渗设备两部分组成，根据二者的相对位置，可分为斜墙堆石坝和心墙堆石坝。

9.2.2.1　堆石坝的沉陷变形

堆石坝的最重要特点是坝体沉陷变形较大。堆石坝体所用石块具有不同的形状尺寸,而且表现不规则平整,堆成坝体后,各石块间以点或锐角的边缘相接触,某些条状石块可能架空于其他块石上,因而堆石体空隙较大。在自重和水压力作用下,架空的条石可能受压折断,石块间的接触点及锐角边缘也可能受挤压而破碎,致使石块发生移动、坝体产生沉陷变形。此外,气候、降雨和冻融交替等因素所形成的风化作用,也可能使石块接触点碎裂,产生附加的沉陷。

堆石体的变形可分为:垂直的沉陷、向下游的水平移动及由两岸向谷中心的侧向移动三种。

影响沉陷的因素很复杂,如石料的坚韧程度、级配、形状、施工方法、河谷的形状等等。所以很难预先确定沉陷的确切值。据资料表明,堆石坝的沉陷值为坝高的 0.6% ~5%,水压力作用堆石向下游水平移动值约为垂直沉陷的 0.5 ~1.0 倍,堆石体总位移方向,大致与上游坝面相垂直或稍向下偏斜。河谷中间最大断面处的沉陷最大,向两岸逐渐变小;沉陷主要发生在水库最初运用的几年间,以后逐年减小;两岸附近坝的上部,侧向移动值较大。

为减小堆石坝的沉陷变形,应注意采取措施。

(1)施工过程中,尽可能使堆石密实。方法有从高向下抛掷石块,利用石块互相撞击和振动,使堆石密实。当每层填筑的高度不大时,可采用振动碾或载重汽车压实石料,还可用压力水枪冲击坝体石料,将较小的石料从大石块间的接触处冲出,填入空隙,使大石块的接触更加稳定,接近最后的稳定状态,减小运用期间堆石体的沉陷变形。

(2)选择品质优良的石料和合适的石块形状尺寸。堆石坝的石料应具有足够的强度和坚韧性,能抵抗水的化学侵蚀,不易风化,石块形状越接近球形越好,这样石块间互相支承情况好,互相压碎和剪断尖角危险性小,对减小沉陷有利。石块尺寸大者可达几吨或十几吨,小者也应在 100kg 左右,比例应在 20% ~30% 以下,起填充作用的细小石块含量一般限制在 3% ~5%。

(3)坝体平面布置采用向上游凸起成曲线形状。由于上游坝面呈拱状,受荷载时坝面受压缩短,要增加堆石紧密性,减小向下游的移动,并在一定程度上可阻止两岸堆石向河谷中心移动,减少侧向变形。

9.2.2.2　堆石坝的剖面形状

堆石坝的横断面和土坝类似,采用直线形坝坡的梯形断面,下游坝坡上有时设置马道,宽度一般为 1 ~2m,除检查及观测坝坡时供通行之外,尚可起放缓坝坡的作用。

坝顶宽度由交通要求、施工条件及坝高等因素决定,但不得小于 3 ~3.5m,坝高应根据计算和预留沉陷值而定。

堆石坝的坝坡和石料性质、坝高、坝身构造及建坝地区的地震烈度有关。如果适合采用自然坝坡时,对施工非常方便,应当首先考虑。当防渗设备采用塑性心墙时,为稳定起见,坝坡要稍缓,上游一般为 1:1.75 ~1:2.0,下游一般为 1:1.75 ~1:2.25 或更缓。地震区比无震区坝坡应更缓,可按公式计算,或直接将无震区的上下游坝坡放缓 15% ~20% 也可。

9.2.2.3　堆石坝的防渗

防渗设备是堆石坝的重要组成部分。按结构形式分为刚性的(混凝土、钢筋混凝土的)和塑性的(土料、沥青等);按防渗设备在坝体内的位置可分为斜墙及心墙两类;按所用材料则分为土质、木质、沥青混凝土、钢筋混凝土、塑料的等等。

实践证明,刚性防渗设备不能很好适应坝体沉陷变形,容易产生裂缝,结构复杂,施工干扰大,不经济。塑性的则与此相反,土料应用最广,塑料防渗也越来越多地应用于水工建筑物。

堆石坝的各种材质的斜墙和心墙,其作用原理与性质类似于土坝的斜墙和心墙,这里不再细述。

9.2.3　混凝土重力坝

混凝土重力坝的特点是依靠坝身自重的作用来维持坝身的稳定,是被广泛采用的坝型之一。目前世界上已建有高达 284m 的大坝,我国贵州乌江渡混凝土重力坝高度也达 165m。

混凝土重力坝的优点很多,其结构简单,施工可以高度机械化,可以利用坝体导流,一般不需要另开导流隧洞;对地形、地质及气候条件适应性强;管理方便,便于分期扩建加高;使用安全可靠。其缺点有,消耗水泥量大;按稳定要求,坝体积大;施工时混凝土散热困难,常需要冷却设备,但仍难免出现裂缝;坝体应力较低,材料强度未能充分发挥,经济性较差。

混凝土重力坝有溢流的,也可以做成非溢流的。

溢流重力坝一兼二用,既能挡水又能泄水,因而不需在坝外另外修建泄水建筑物。它除需满足稳定、强度要求外,还需满足安全泄洪的要求。必须根据调洪演算,合理地确定溢流坝的溢流孔口尺寸,对坝顶溢流堰的形状也应有严格的要求,以保证水流平顺地流过坝体,不使高速水流产生严重的表面气蚀和振动,并采用有效措施,使高速水流的巨大能量对下游坝基及河床不产生危及坝体安全的冲刷。

(1)溢流孔口的设置。采用坝顶宣泄洪水的形式,称为坝顶溢流式。可设置闸门,也可以不设置闸门。设置闸门的溢流孔,闸门顶与正常水位大致相同,堰顶高程较低,可以调节水库水位和下泄流量。上游淹没损失及坝的工程量均可减少。不设闸门者则坝的构造简单,管理方便。

坝顶高过溢流孔闸门者,称为大孔口溢流式,孔口上部设置胸墙,堰顶高程较低。当水库水位低于胸墙时,不泄洪水与坝顶溢流式一样,当水库水位高过孔口时,则为大孔口泄流(图 9-8)。该形式可根据预报而提前放水,能腾出较多库容蓄洪水,提高了调洪能力。但它的超泄能力不如坝顶溢流式。

(2)溢流坝的下游消能。由溢流坝下泄的水流含有很大的能量,具有极大的破坏性,应当设法消除。例如,上下游水位差 $h = 40 \sim 70m$,下泄的单宽流量 $q = 50m^3/s \cdot m$,在下游 1m 宽的河床上水流动能约为 1.8 万~3.1 万千瓦。对于高坝,即使单宽流量不大($1 \sim 4m^3/s \cdot m$),这种能量也可达到很大的数值。由于这种能量,使西班牙的里拜约坝下游冲刷坑深达 70m,冲走岩体约100 万立方米。

下泄水流的巨大能量消耗于:1)破坏河床,形成坝后的局部冲刷;2)水的内部摩擦(如涡流、紊流、冲击等);3)水流表面与空气的摩擦。采用加大水流内部摩擦耗能的办法,以减小对河床的冲刷能力,此即消能所求。

1)水跃与消能,水跃是水流由急流变缓流、水深急剧增大的一种水力现象。水跃中水流是急变流。在水跃内部,水流紊动剧烈,并有大量空气掺入,使水跃中水头损失很大。由水力学知,对于非均匀水流的某一断面,若无因次数 $F_r(= v/\sqrt{gh}) > 1$ 时,水流是急流,$F_r < 1$ 时则为缓流。当水跃发生前急流的 $F_r = 9$ 或更高时,产生水跃后损失的能量可达急流中能量的 85%。由于水跃可消耗掉急流中的绝大部分能量,所以工程中较常用。

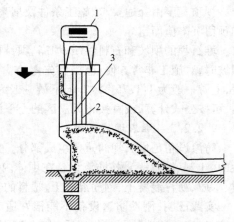

图 9-8　大孔口溢流式示意图

1—闸门机;2—闸门;3—检修门

2)消能方式:①底流式消能,是在坝址下游修造足够水深的消力池,辅以消力坎,使下泄水流在坝后不远的限定范围内形成所谓淹没式水跃。如果坝下为非岩基,为了防止水跃后仍有较大能量的水流冲刷基础,在消力池后设混凝土护坦再经过一段(干砌石或抛石等)海漫,使水流的流速及其分布达到河床允许的状态后再进入河道。底流式消能工作可靠,但工程量较大,一般适用于水位比较低、地质条件比较差的情况。②面流式消能,是利用坝脚鼻坎将主流挑至水面,在水流下形成旋滚而消能,水滚流速较低而流向坝址。面流式消能适用于下游尾水较深,流量变化范围较小,水位变化不大,或有排冰、漂木要求的情况。③挑流式消能,是利用坝脚鼻坎将下泄的高速水流排至空中,使水流扩散,并掺入大量空气,然后落到远离坝脚的河床水垫中。水流在空中和空气混合摩擦过程中,能够消耗能量的20%,高者可达50%。降低了冲刷力的水落入水垫形成旋滚并冲刷河床,当冲刷坑逐步扩大、加深到一定程度,便稳定下来。由于冲刷坑距坝脚较远,不会影响大坝安全。该方式消能效果好,并可减少保护河床的工程量,被广泛用于基岩比较坚硬的高中坝工程中。

9.2.4 拱坝

拱坝在平面上呈拱形,从力学上看是一种推力结构,在空间表现为壳体。库中的水压力等荷载主要通过拱的作用传递给两岸,当河谷宽时,有一部分荷载靠竖向悬臂梁的作用传到河底基岩。

由于受力特点,拱坝能充分发挥混凝土材料的抗压强度,使坝体减薄,见表9-1。

表 9-1 拱坝参数表

大坝名称	托拉坝	瓦央坝	英古里(双曲拱)坝
大坝高度	80.00	266.00	272.00
大坝厚度	2.44	24.00	42.00
厚高比	0.035	0.09	0.19

如果条件许可,修筑同样高度的拱坝要比重力坝节约工程量1/3~2/3。所以,拱坝越来越被重视,据20世纪60年代有关资料,在150m以上的高混凝土坝中,拱坝占58%。

拱坝的安全性是很大的,当两岸基岩在拱端推力下能保持稳定时,坝的破坏主要看压应力是否超过极限。根据国内的拱坝结构模型实验研究表明,拱坝的超载能力可以达到设计荷载的5~11倍。

拱坝不设永久性伸缩缝,因此对温度变化和基岩变形都很敏感,设计时应充分考虑温度荷载和基岩的稳定性。同时,也对施工质量和坝身材料提出了很高的要求。如图9-9所示。

图 9-9 拱坝示意图

a—平面图;*b*—垂直剖面图;*c*—水平剖面图

9.2.5 支墩坝

支墩坝是由上游面的倾斜挡水盖板和位于下游而有一定间距的支墩所组成,水压力由挡水盖板传给支墩,再由支墩传给地基。

按照挡水盖板的形式可分为:

(1)平板坝,即盖板采钢筋混凝土平板的支墩坝,如图 9-10a 所示;

(2)大头坝,即盖板呈拱形的支墩坝,如图 9-10b 所示;

(3)连拱坝,即盖板为支墩的上游部分加大加厚成弧形或多角形,头部用来挡水的支墩坝,如图 9-10c 所示。

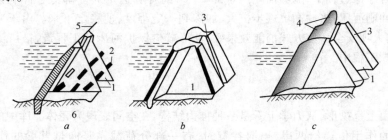

图 9-10　支墩坝示意图

a—平板坝;b—大头坝;c—连拱坝

1—支墩;2—加劲梁;3—加劲肋;4—拱;5—挡水盖板;6—岩石

除了这 3 种常见的以外,还有其他形式的支墩坝,如反向坝(盖板在下游而支墩在上游)、多孔球形坝(盖板呈双向弯曲的薄壳结构)、楔形支墩坝(窄河谷的斜向支墩把水压力传给两岸)等等。

根据支墩构造还可分为实体支墩式(图 9-10)、空腹支墩式、格式支墩式(每个支墩系由一系列的柱和梁组成,节省材料,但施工复杂、很少采用)等。

根据使用要求,支墩坝还可做成溢流式的,但非溢流式的还是居多。

支墩坝的工作特点是支墩间留有空隙,坝与地基接触面积小,所受压力很小,又可借助上游面倾斜挡水盖板上的水重帮助坝体稳定,因此比重力坝节约材料和投资;坝体构件单薄,有利于充分发挥材料强度;混凝土施工散热容易。但是较单薄,防渗及抗冻性较差,侧向刚度小稳定性差,不如重力坝可靠,施工技术要求高,模板复杂,耗钢量多,对地基要求也比重力坝严格。

我国已建造了多座支墩坝,如超过 100m 高的柘溪和桓仁大头坝,高 84m 的梅山水库连拱坝。加拿大建造的坦尼尔约翰逊连拱坝,最大坝高达 214m,拱的最大跨度 165m。支墩坝是一种较为经济合理的坝型,随着人们的实践将会进一步发展。

9.3　水利工程中的闸

这里的闸即水闸,是重要的一种水工建筑物。闸中设置有能开能闭的闸门,它既能挡水,又能泄水,因而被广泛应用于水利工程。

根据水闸的用途有:

(1)进水闸。修建于引水渠(管、孔)的首部,用来控制水量的闸。

(2)排水闸。设置在排水渠道末端,河流的一侧,或者一个排水区最有利地方的闸,用于控制排水量,关闭闸门还可兼作他用。

（3）分洪闸。设在河道一侧，遇到洪水时可以开闸泄水，减少对下游河道的威胁。

（4）节制闸。用于挡水抬高水位而横跨在河、渠上的闸，还可用于泄洪。

（5）冲沙闸。设在进水闸前（另设出口），或与拦河坝并列（中间可设分界墙），用于冲洗泥沙。

按工作特性，水闸又可分为：

（1）开敞式。闸门门顶高于上游水位，如溢洪道上的闸。由于闸室是露天的，故而得名。

（2）深孔式。闸门门顶低于上游水位，如泄水孔前的闸。有的称其为涵洞式或封闭式。

9.3.1　开敞式水闸的构成

开敞式水闸主要由闸室、消能防冲设备（主要由护坦和海漫两部分组成）、防渗排水设备（闸室高水位一侧的防渗铺盖，低水位一侧的排水孔、反滤层等）以及两岸连接建筑物（连墩和上下游翼墙）四部分组成。

9.3.1.1　闸室

闸室是水闸的主体，包括底板、闸墩、闸门、胸墙、工作桥等，有交通要求的闸上可设交通桥，如图 9-11 和图 9-12 所示。

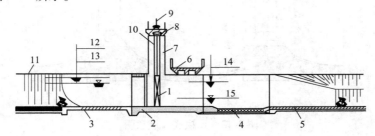

图 9-11　水闸纵剖面示意图

1—闸门；2—闸底板；3—铺盖；4—护坦；5—海漫；

6—公路桥；7—支墩；8—工作桥；9—启闭机；10—悬吊设备；

11—护坡；12—上游非正常洪水位；13—上游正常洪水位；

14—下游非正常洪水位；15—下游最低水位

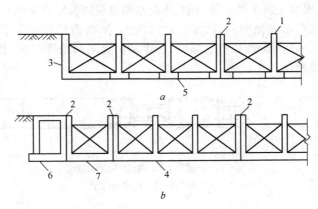

图 9-12　平底板闸室示意图

a—底板与闸墩为分离式连接；b—底板与闸墩为整体式连接

1—闸墩；2—沉降缝；3—边墩；4—三联闸孔；5—缝止水；6—岸墩；7—单闸孔

A   底板

底板是闸室的基础部分,用以支承上部结构中的闸门、闸墩、桥等,并将上部结构传来的重量通过底板均匀地传给地基,同时利用底板与地基间的摩擦力抵抗滑动,保证闸室的稳定。此外,底板还有防渗、防冲刷作用。

底板有平板和反拱底板两种类型(图9-12,图9-13)。

平底板受力条件较差,混凝土和钢筋需要量大,但构造简单,施工方便,工作可靠,所以应用较广。

反拱底板,由于结构的受力特点,可以薄些,钢筋用量也少。有资料表明,在同样条件下,采用反拱底板节约混凝土40%~50%,节约钢筋95%以上。

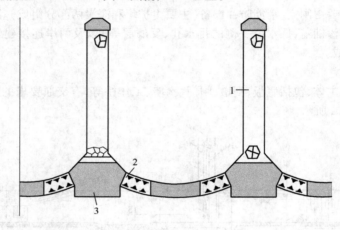

图9-13   反拱底板示意图
1—闸墩;2—反拱底板;3—闸墩底板

反拱底板和闸墩为整体连接。不均匀沉陷、温度变化对其影响较大,其构造较平底板复杂,要求施工质量高。

B   闸墩

闸墩的作用主要是用来分隔闸孔,支承闸门、胸墙、工作桥和公路桥等,并把这些荷载较均匀地传给底板。一般为混凝土或少筋混凝土的,小型水闸也可以采用浆砌块石闸墩。

为使过水平顺,减小水流侧向收缩,加大过水能力,闸墩头尾部分多采用流线型或半圆形(图9-14),闸墩应有一定的厚度,以满足强度、稳定和设置闸门槽等要求,其高度应满足最高水位的要求,并有一定的超高。

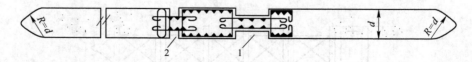

图9-14   平面闸门闸墩的平面示意图
1—工作闸门槽;2—检修闸门槽

C   闸门

闸门是水闸的主要组成部分之一,能够部分或全部开启与关闭孔口的活动结构,其功用为拦挡水流、控制和调节上下游水位及流量。

闸门由活动部分(闸门本身)、固定部分(平面闸门两侧的轨道或导轨,弧形闸门的支座,止水的固定构件)和悬吊设备(联系闸门和启闭机的拉杆或牵引索)等组成。

根据工作性质,闸门分为工作(主要)闸门、修理闸门和事故闸门。

(1)平面闸门。平面闸门是用平面面板挡水,门支承于两侧闸墩上的闸门槽内。常用的有钢闸门、钢筋混凝土闸门、钢丝网水泥闸门,木闸门已很少采用。

大型钢闸门常用桁架式平面闸门结构,小型的则采用实体(槽形钢)梁平面闸门。钢闸门承受压力大,其跨度较大,工作可靠,但钢量多,维修麻烦。

钢筋混凝土闸门施工技术简单,可以现场预制,造价和维修费用比钢闸门低,但重量大(约为钢闸门的 1.5 ~ 2.0 倍),常用于水头较低和跨度不同的水闸。

钢丝网水泥面板闸门比钢筋混凝土闸门轻,在低水头、跨度不大的水闸中常采用。

(2)弧形闸门。弧形闸门(图 9-15)的挡水面板为圆弧形,其后面有梁系和支臂(固定于闸墩的铰座上)。

弧形闸门的启闭力小(约为平面闸门的 1/3 ~ 1/2),适用于大跨度孔口,由于不设门槽,可减小闸墩厚度,水流条件好。但闸墩较长,比平面闸门构造复杂,制作较困难,且有侧向推力。

其他形式闸门,如叠梁闸门、钢丝网水泥壳体闸门,拱形闸门等,在这里不作介绍。

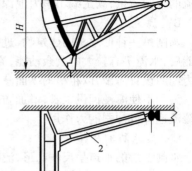
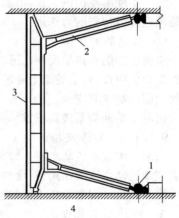

图 9-15　弧形闸门示意图
1—支铰;2—支臂;3—面板;4—闸墩

D　胸墙

对于闸前挡水高度很大的情况,可在闸门顶部设置胸墙挡水,以减小闸门高度。胸墙底部所留闸孔,应有足够的通水能力,胸墙顶部与闸墩高度要求一样。胸墙材料一般为钢筋混凝土,为了减小(大跨度)胸墙厚度,可以采用墙后加肋梁的结构形式。胸墙一般简支于闸墩(胸墙槽内)上,其间的缝隙处可涂以沥青防水。胸墙与闸墩也可做成整体式,以增强闸室刚度,但易产生裂缝。

E　工作桥

工作桥是为了安置闸门的启闭设备和工作人员操作而设置的。工作桥一般由两根 T 形梁或 Π 纵梁支承,并在纵梁的适当位置设置两根横梁,以便安置启闭设备,桥两侧设栏杆。

闸门的启闭设备常用螺杆式启闭机和绳鼓式(卷扬机)启闭机,闸门和启闭机的重量可达几吨或数十吨,如此大的启闭力都要加在桥上,所以工作桥应有足够的强度和刚度。

F　公路桥

根据交通需要,公路桥一般设在闸室低水位一侧,若是行人桥,宽度应不小于3m。

G　缝和止水

针对不均匀沉陷和温度变化影响,在闸室、闸墩、边墩、底板等部分的连接处的适当位置设置沉陷缝和伸缩缝。根据铅直缝和水平缝,设置相应的止水。

9.3.1.2　消能防冲设备

A　防冲护坦

护坦紧接闸室,用来保护过闸水流在水跃范围内的河床免受冲刷。

闸的上下游存在一定水位差,过闸水流具有较大的动能,原河(渠)道不能适应其水流状态,如果不采取措施,下游河床可能被严重冲刷而危及闸的安全,因而设置护坦十分必要。如果下游水浅,可以挖深河道,把护坦做成能产生水跃的消力池。为了增加效果,还可以在消力池末端设置消力坝,在消力池坡脚处设置消力墩,并且把闸下游两侧挡水翼墙做成喇叭口形,以减小过闸水流的单宽流量,满足减小消力池深度要求。

B　海漫

水闸是一种低水头的建筑物,过闸水流水头低而流量大,所以水跃消能效率较低,经过护坦消能后,水流仍有较大的剩余动能,流速大,脉动剧烈,还会冲刷河床及两岸。因此,紧接护坦或消力池后设置海漫,以粗糙的表面减小水的底部流速,消除水流剩余动能,保护河床免受冲刷。

为了不使海漫铺设很长,增加防冲效果,通常将海漫末端降低并做成防冲槽,槽中填块石,起减缓流速降低冲刷能力作用。

C　其他防冲措施

水闸上游的水道呈反喇叭形,流向水闸的水逐渐由宽变窄,由浅变深,水速也逐渐增大,加大了冲刷力。所以,对上游渠底要进行护砌(石或混凝土)一段长度,对两侧岸坡也应护砌,以防止水流冲刷影响水闸安全。

闸的下游两侧紧接翼墙继续向下游砌护两岸岸坡,一般比海漫长,但要求比海漫低。

9.3.1.3　防渗及排水

当闸下渗透水流动水压力较大时,砂质土中的颗粒由小到大会被渗流带走而形成管涌;黏土则会在渗透动水压力作用下,使整块土体被顶起而产生流土现象。

管涌和流土现象造成土壤渗透变形,最终会导致水闸失事。

A　防渗铺盖及板桩

在水闸上游,沿河床水平铺设一定厚度透水性小的黏土或混凝土铺盖,有必要时还可做成钢筋混凝土的。这样会使渗径增大,减小渗流坡降和渗流速度,同时能降低闸底的渗透压力。

如果防渗铺盖的效果仍不理想,还可向水闸地基中打(木、钢、钢筋混凝土)桩,形成一道铅直的阻水墙,用以增加渗径。防渗的目的就是尽量阻滞流进入闸基,消除渗流对闸体的不利影响。然而,尽管采取了防渗措施,降低了渗流的速度和对闸基的不利影响,但渗流最终还要到达闸基下,于是,应在下游采取排水措施,使渗水尽快流出,减小渗透压力。

B　下游排水

排水设备一般设置在下游护坦下边,如果是土基,采用较多的是在地基表面铺设透水性大的碎石、砾石或卵石层进行排水。这种平铺式排水构造简单,施工方便,一般情况下都能满足要求。

为了防止因排水而造成土壤的渗透变形,排水设施应按反滤层的方式铺设。反滤层用无黏性的砂、砾石、卵石或碎石做成,按渗流方向,颗粒由小到大,分层铺设,最大颗粒在排水设备中心部位。反滤层的层面大致和渗流方向垂直(见图9-16)。

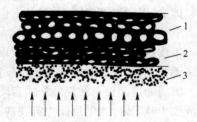

图 9-16　反滤层构造示意图
1—厚 25cm, $d = 5 \sim 20mm$;2—厚 15cm, $d = 1 \sim 5mm$;3—厚 15cm, $d = 0.25 \sim 1mm$

对于岩石地基,则在护坦下设置沟状排水,排水沟设在护坦接缝和排水孔下面,呈互相沟通网状布置。

9.3.1.4　边(闸)墩和翼墙

边墩和翼墙为闸室两侧与堤岸或者坝体的连接建筑物。其作用归为一点,就是使水流平顺通过,保护堤、坝或河岸免遭过闸水流冲刷,并保证它们的稳定和安全。

A 边墩

边墩即边闸墩。布置形式有:

(1)边墩直接挡土:可以做成边墩与闸室底板分开(分缝)或连成整体。用于土压力小的低闸室。

(2)边墩不挡土:即在边墩外侧(由沉陷缝分开)并列设置岸墩(挡土)。用于侧向土压力较大的水闸。

(3)边墩部分挡土:边墩外侧填土达一定高度,再以一定坡度达堤顶,因而边墩起部分挡土作用。

B 翼墙

上下游的翼墙形式有:

(1)反(向)翼墙:即翼墙由闸室向上、下游延伸一定距离后,便转弯向外插入堤岸。

(2)扭曲翼墙:即在闸室附近为铅直的,向上下游延伸则逐渐变为倾斜面到与堤坡度一样为止。

(3)斜降翼墙:由闸室向上下游延伸时逐渐由高到低变化。

9.3.2 船闸及其工作原理

凡是通航河道形成集中落差(如修筑拦河坝)的地方,都必须修建通航建筑物,船只才能借以通过。葛洲坝水利枢纽将我国第一大河——长江拦腰截住。1、2、3号船闸就是为轮船过坝而设置的。其中1号船闸也算得上世界大型船闸之一,它的闸室宽34m,长280m,最小通航水深5m。

9.3.2.1 船闸的构成

(1)闸室过船时,船只停泊的地方(图9-17)。

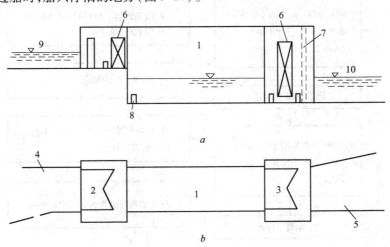

图9-17 船闸示意图

1—闸室;2—上闸首;3—下闸首;4—上引航道;

5—下引航道;6—闸门;7—检修闸门槽;8—输水孔;

9—上游最低水位;10—下游最低水位

(2)闸首。闸首包括上游闸首和下游闸首,位于闸室的两端,内部设置许多设备和工作系统。其中两端的工作闸门都关闭时,由于向闸室灌水或由闸室向外泄水(通过由阀门控制的输水孔或廊道进行灌泄水工作），船只在闸室便可升降。如果船是上行，当达最高水位时，打开上闸首的工作闸门，船只即可驶出闸室向上游而去。当船是下行时，由闸室向外泄水至最低水位，便可打开下闸首工作闸门，使船驶出闸室向下游航行。

闸首内的检修闸门常处于开启状态，只有在检修时才关闭。

（3）输水系统。设置于闸首，包括输水孔（或廊道）和控制闸门。用于向闸室灌水或由闸室向外泄水。

（4）引航道。包括上游引航道和下游引航道，是用于船只进出船闸的。

（5）交通桥。设置于闸首部分。

（6）其他。如闸门启闭机系统，其他辅助设备等。

9.3.2.2　船闸的类型

A　按照水流落差方向排列的闸室数分类

（1）单级船闸。沿航线方向只有一级（一个台阶）闸室的船闸，适用于水头较低的地方。优点是船只过闸时间短、周转快，设备集中，便于管理。

（2）多级船闸。沿航线方向（台阶式）排列两个以上闸室的船闸，适于水头较大的水利枢纽。船只通过时，像走台阶一样，一级一级地过坝。

B　按同一落差并列的闸室数分类

（1）单线船闸。沿落差方向只有一条通航线路的船闸。

（2）多线船闸。通过拦河坝的船闸有两条以上的通航线路。

9.3.2.3　船闸的工作流程

船闸的工作流程如图9-18所示。其工作的始点，可以为闸室泄水完毕并打开下闸门，也可以为闸室灌水至平齐上游水位并打开上闸门。

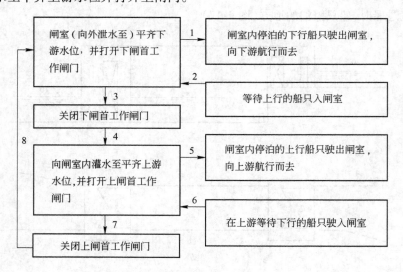

图 9-18　船闸工作流程图

9.4　溢洪道和泄水孔

在水利工程中，溢流坝、泄水孔和河岸式溢洪道都是经常采用的泄水方式。河岸式溢洪道是设置在坝体以外的水工建筑物，主要有正堰、侧堰和竖井等；泄水孔可设在坝体或坝外。

9.4.1　正堰溢洪道

正堰(也称正槽)溢洪道由引水渠、溢洪道坎(又称溢流堰)和泄水渠三部分构成。其主要特征是,库水由引水渠经过垂直水流方向的溢洪道坎下泄的水流方向没有急剧改变,且水流始终具有自由水面(图9-19)。

引水渠的作用是,使库水能顺畅流向溢洪道坎。引水渠一般呈直线形,尽量避免弯曲,横断面多为梯形。

溢洪道坎为咽喉部位,设在溢洪道最高处,起控制溢流水位作用,可设置闸门或不设闸门。大中型水库宜采用闸门,以便充分利用坎顶至正常挡水位之间的库容。

泄水渠用于引导水流进入河床,多采用陡槽形式,土基槽坡一般为3%~8%,岩基可达50%~100%。如果采用陡槽有困难,可以采用多级跌水和水平渠道来解决。

由于陡槽坡大,泄水渠的平面布置宜为等宽直线形。

陡槽出口末端应采取消力池或挑流鼻坎等设施进行消能。

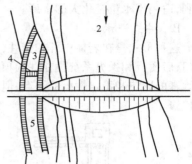

图 9-19　正堰溢洪道示意图
1—坝;2—河道;3—引水渠;
4—溢洪道坎;5—泄水渠

9.4.2　侧堰溢洪道

侧堰溢洪道是溢流堰前缘平行于河道流向沿岸边等高线布置,并且把溢流堰前沿等高线做得很长,以满足泄洪量大而又不使挖方量增加很多的要求。由于这种布置方式库水流过溢洪道坎后则要急转弯,水流形成旋流而使运动复杂化。

侧堰溢洪道通常不设闸门。

侧堰溢洪道坎以后的泄水渠和正堰溢洪道相同。

侧堰溢洪道如图9-20所示。

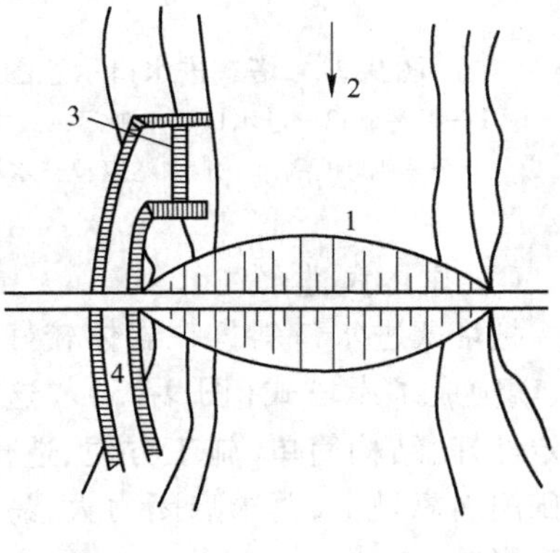

图 9-20　侧槽溢洪道示意图
1—坝;2—河道;3—溢洪道坎;4—泄水渠

9.4.3　泄水孔

泄水孔可以设置在坝身内(如混凝土坝或钢筋混凝土坝的坝身泄水孔),也可以设置在坝体外(如坝基内或两岸)。泄水孔统称为深式泄水,细分为三类,即构成坝身的泄水孔,设在坝底的涵管和岸体内的隧洞。

泄水孔的进水口一般位于水库深水处,其深度和用途有关。例如施工导流、宣泄洪水、放空水库、灌溉或发电取水,同时还应考虑水库泥沙淤积等。

由于水下压力较大,泄水孔的闸门要求要比溢洪道的闸门更坚固、可靠,孔壁的高标准(包括衬砌和围岩)也是不言而喻的。

泄水孔通常由进水口、管道(或隧洞)、出口和下游消能设施等构成。

9.4.3.1　进水口

进水口后边连接泄水管道(或隧洞),在二者之间设置闸门以控制泄水孔的工作。进水口(非坝身泄水孔)的形式有:

A　塔式进水口

在大中型水利枢纽中,常在进水口处设置钢筋混凝土(封闭式控制)塔,塔顶设置启闭机及操纵控制系统,塔顶与坝(或岸)用工作桥连通,塔的底部连接进水口和管道(或隧洞),在它们之间设置闸门以便控制泄水(图9-21),塔身直立于水中。这种形式受风浪以及地震等影响较大,稳定性较差,但可以在塔身不同高度设取水口,以便分层取用上层温度较高的库水,对灌溉农田有利,适用于水位变化大的水库。

B　井式进水口

这种形式是在岩体中开挖竖井,井壁用钢筋混凝土衬砌,井底和泄水孔相交,并在井底设置闸门,启闭机和操纵系统设在井的顶部以便控制泄水(图9-22)。这种形式克服了塔式易受风浪等因素的影响和稳定性差的缺点,但是井底闸门之前的进水口段只有在库水水位降至孔底时才好检修。

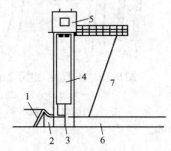

图9-21　塔式进水口示意图
1—拦污栅;2—进水口;3—闸门;4—塔身;
5—启闭机室;6—泄水隧道;7—水坝

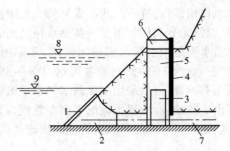

图9-22　井式进水口示意图
1—拦污闸板;2—进水口;3—闸门段;
4—通气管;5—操作井;6—启闭机室;
7—压力管;8—正常挡水位;9—死水位

C　岸塔式进水口

把塔式进水口斜靠在岩体较好的岸坡上,就构成了岸塔式(图9-23)。这种形式稳定性好、结构简单、施工方便、造价也低,但闸门斜靠坡上,要求启闭力大,易受斜坡变形影响。

D　斜坡式进水口

在岩体比较完整的岩坡上,顺坡开挖孔口斜面,把拦污栅轨道、闸门直接安置在斜坡上,不设置控制塔,就成为斜坡式进水口,类似岸塔式,但有岸却无塔,因而它的结构、施工、安装都较简单,工程量小,造价低,而且稳定性好,但闸门因孔口而增大,闸门靠自重下降有困难,要求启闭力大。

E　卧管式进水口

卧管式是在水库岸坡上,或在上游坝坡上,沿坡由高而低铺设砌石、混凝土或钢筋混凝土卧管,卧管的最顶端应高于最高库水水位,坡度宜为1:2～1:3,在卧管上每隔一定距离设置一个孔口,用盖盖住。用水的时

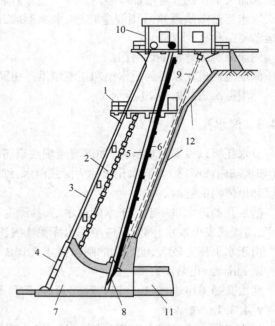

图9-23　岸塔式进水口示意图
1—清污台;2—固定拦污格栅;3—拦污格栅轨道;
4—拦污栅;5—闸门槽;6—闸门轨道;
7—进水口;8—闸门;9—通气孔;
10—启闭机室;11—泄水道;12—用锚筋锚固

候由上而下逐级开放,水由卧管进入底部消力池后,由涵管泄出库外,如图9-24所示。

9.4.3.2 管身和洞身

涵管和隧洞位于地下,紧接进水口,可以是有压的或无压的。有压者需在闸门后设置通气孔,以免发生真空而损坏管洞。它不但受岩土压力,还要承受高压及高速水流的作用。为了避免内壁产生气蚀和震动,过水断面应尽量平顺光滑,并具有足够的强度及防水性能。

对于通过具有一定水头的涵管或隧洞,一般都采用圆形断面(图9-25),以钢筋混凝土壁或预应力钢筋混凝土壁来应付内水压力。

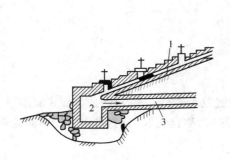

图9-24　卧管式进水口示意图
1—卧管;2—消力池;3—涵管

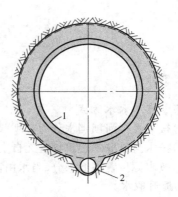

图9-25　洞断面示意图
1—喷浆;2—排水管

对于无压隧洞,就是非全断面过水,洞内有自由水面的隧洞,主要承受外岩土压力,洞体断面可采用直墙圆拱顶形或马蹄形,如图9-26所示,衬砌应根据围岩情况采用喷浆、砌石、混凝土或钢筋混凝土。

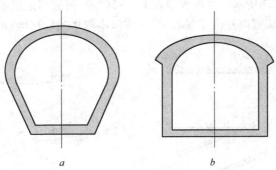

图9-26　无压隧洞断面示意图

为了防止隧洞或涵管渗水而使围岩变形、导致洞管破坏的发生,应采取灌浆措施。其一为回填灌浆,用以填塞岩层与衬砌之间的空隙,保证岩体与衬砌之间更好地结合,并有防止地下水对衬砌的浸蚀作用;其二为固结灌浆,即对衬砌外的围岩灌浆(钻孔间距2~4m,孔深2~5m或更深),起到加固围岩,提高围岩的承载能力,同时也具有阻止地下水浸蚀衬砌的功能。在隧洞或涵管下部设置排水管,是为排除收集到的地下水或管内渗水,以免对洞管造成危害。纵向排水管沿隧洞(正下方)铺设,用多孔混凝土管或碎石;横向排水管用于收集水,与纵向管连通。

隧洞或涵管混凝土浇筑,必有横向和纵向施工缝,缝设键槽,温度缝和沉陷缝必须设置止水。

9.4.3.3　出口及消能

有压管洞的出口常设闸门,水流出口后即为消能设施。消能目的是防止水流冲坏洞口及冲刷下游河道。消能方式有挑流消能及平面扩散水跃消能。后一种消能方式是在洞的出口设置水平扩散段(逐渐扩宽通水面),使水流在重力作用下产生横向扩散,减小单宽流量,使能量分散,再通过消力池(水跃)消能。

无压管洞出口仅设门框,以防止洞脸及其上部岩体崩塌。并与扩散消能设施的两侧边墙相接。

9.5　取水和输水

9.5.1　取水

9.5.1.1　取水方式

(1)按有无拦河坝挡水分为有坝取水和无坝取水;

(2)按水流过取水建筑物有无自由表面分为开敞式取水和封闭式取水(或称深式取水);

(3)按水源位置高低来分,当水由高处向低处输送时,称自流取水;当水由低处向高处输送时,称为提升取水。

9.5.1.2　开敞式取水

A　无坝取水

河流水源充足,无明显枯水期,全年的水位和流量均能满足用水要求,无须在河中修建拦河坝来抬高水位,可以直接从河中取用水,这种取水方式即为无坝取水。无坝取水经济、方便、容易,常用于农业灌溉工程。无坝取水有下列三种方式。

(1)直岸取水。直岸取水是在直流河道一边修筑取水口,轴线与河流流向之间的夹角成锐角(称为取水角),如图 9-27 所示。当取水角在 15°~30°时,河道与渠道的流速相差不多。

(2)凹岸取水。在河流弯道外侧布置取水口,称凹岸取水(图 9-28)。应注意水流对河岸的冲刷,一般要做护岸保护。

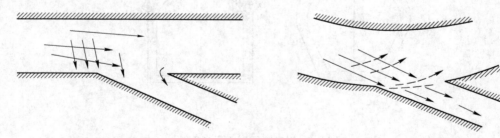

图 9-27　直岸取水示意图　　　　　　图 9-28　凹岸取水示意图

凸岸取水(取水口在弯道内侧)会把大量泥沙带入渠道,造成淤积,不宜采用。

(3)引水坝取水。当河床中水位不能满足要求时,可在河道中修建丁坝(或称刺墙),即微斜的顺河道引水坝,用以抬高水位,并使水流平顺地进入取水口(见图 9-27)。修建于 2300 多年前的四川的都江堰取水工程就是这种类型。

B　有坝取水

对于有些用水量大,河道水位较低,河水不能自流入渠的,或者河流含沙量较大,不能直接取用的(例如水力发电)等,需要在河道上修建拦河坝(闸),以抬高水位,改善取水条件。这种用拦河坝（闸）来达到取水要求的取水方式,称为有坝取水,如图9-29所示。

有坝取水同样要入渠水流平顺,防止泥沙入渠,并在进口设置拦污设施。

9.5.1.3 深式取水

深式取水（图9-30）即有压取水,如在水库工作深度较大的有压引水式水电站所用的取水方式。这种取水方式要求防止水中泥沙和漂浮物进入管道,所以在进水口必须设置排污栅和排沙设施。在闸门后设通气孔,以便在开闸通水时排除空气,当检修管道时可以补入空气。这样可避免发生真空、损坏管道。另外,应在闸门旁设通水管,用以连通闸门前后的管道,在开闸放水前先向闸门后管道充水,平衡闸门前后压力,利于闸门开启。

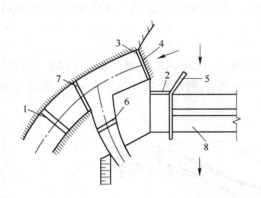

图 9-29 有坝取水示意图
1—进水闸;2—冲刷闸;3—进口坎;4—拦污设备;
5—分界墙;6—冲沙闸;7—拦沙坎;8—水坝

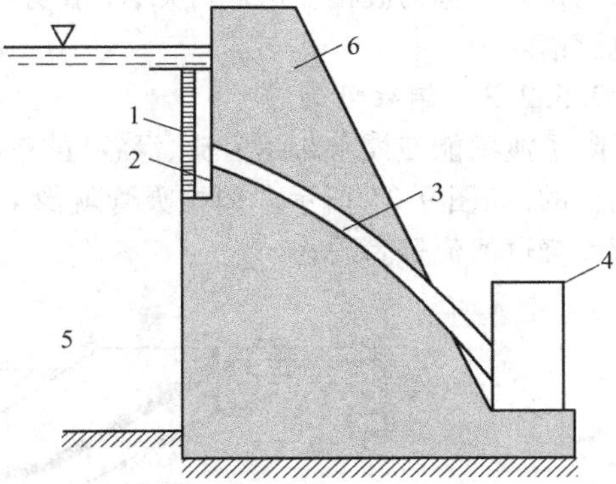

图 9-30 坝身取水口示意图
1—拦污栅;2—闸门;3—压力水管;
4—发电厂房;5—水库;6—坝

深式取水的管道和泄水孔基本相同,但没有下游出口的消能设施,而且全为压力管道。

有压引水用得较多的部门是水电站,一般采用塔式进水口、井式进水口、斜坡式进水口以及坝身进水口等,其共同之处在于进口必须设置拦污栅,闸门后必须是压力管（隧）道。其压力管道的特点是坡度陡,内水压力大,而且要承受水击的动水压力。有的压力管道很短（如坝内厂房的引水管道）,有的压力管道则很粗大（世界上已有直径达9.5m的压力水管）,有的承受水头很高（如意大利劳伦斯电站达2030m）。正由于这样,要求它必须安全可靠。大型水电站的压力水管一般都采用钢管,因而就同时满足了防渗性能好、内壁光滑等一系列要求。

9.5.2 输水

要把河水或库水由取水进水口一直引送到各用水单位去,需经过许多输水建筑物,主要有渠道、隧洞、渡槽、倒虹吸管等。

9.5.2.1 渠道

渠道是水利工程中广为应用的水工建筑物,如灌溉、航运、发电、给水等各种输水渠道。由于用途不同,对各种渠道要求就有所不同,但是无论哪一种渠道,都必须满足相应的流量、流速要求,都必须具有一定的防渗漏能力,并且力求一渠多用,一水多用,创造更多的经济效益。

引水渠道的断面一般采用梯形、矩形或半圆形。

渠道可以是全断面开挖,全断面填筑或位于斜坡则需半挖半填。

需要护面的渠道,一般可采用黏土护面,三合土护面,砌石护面,混凝土或钢筋混凝土护面。

渠道的底坡和水的流速有密切关系。底坡是指某段渠道两端的高差和沿水流方向长度之比,底坡小则水流速度也小,反之则水流速度大。对于不同渠道,底坡有不同要求,灌溉和发电渠道要求尽可能平,以减小水流量损失,给水渠道则可陡些。不引起渠道冲刷的最大允许流速称为不冲流速,对于土质渠道,不冲流速一般为 1.0 ~ 1.5m/s。能防止渠道淤积的最小流速称为不淤流速,土质渠道一般应不大于 0.5m/s。渠道底坡应保证水流速度小于不冲流速,大于不淤流速。

9.5.2.2　渡槽

当渠道需要跨越河流、深谷、道路或其他渠道时,可以架设桥梁,在桥上修筑引水渠道,这种渡水的桥梁就称为渡槽。由此可知,渡槽就是桥梁加水渠,二者的构造特性和要求的结合,便可修筑渡槽。

9.5.2.3　倒虹吸管

除了渡槽能使渠水跨越河流、深谷、道路或其他渠道外,还可以采用埋设在地下的倒虹吸管达到目的,如图 9-31 所示。倒虹吸管就像 U 形管埋在地下,管的两端连接引水渠,渠水通过 U 形管而绕过河流等障碍物。

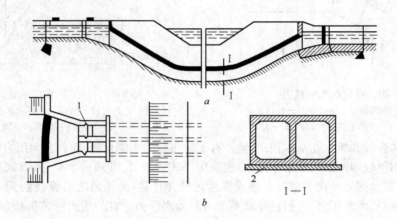

图 9-31　倒虹吸管示意图
a—纵剖面图;*b*—平面图
1—叠梁槽;2—索混凝土

倒虹吸管的断面有圆形、矩形等。当渠水流量大时,可以并列铺设多根管子,这样在检修时也可不中止引水。

由于管子处于地下,在进口处应设沉沙池、拦污栅、闸门。为了便于检修时排水,应在底部设置排水孔,在出口设置闸门用于挡水。

9.5.2.4　涵洞、跌水和陡槽

当水渠遇到不深的山谷或溪沟时,不做渡槽或倒虹吸管,而采用填方渠道。同时,为了排泄山谷或溪沟中的雨水,应在渠道下方的谷(沟)底埋设涵管(或涵洞)。涵管分有压的和无压的,有压涵管通常采用钢筋混凝土管或钢管,无压涵管常用砌筑或混凝土浇筑的箱形及拱形断面。

跌水和陡槽是在渠道通过地形急剧下降时经常采用的过水建筑物,其作用和构造类型同泄水用设施,但是渠道上的跌水和陡槽一般落差较小,所以单级跌水较为多用。

对于渠道流量较大,每年通水时间较长而又是连续工作的情况,可以考虑利用跌水和陡槽处的落差,建造容量不等的水电站,充分利用水能,为国民经济建设服务。

9.6 水电站建筑物

9.6.1 水电站的类型

9.6.1.1 坝式水电站

坝式水电站示意图如图9-32所示。

坝式水电站集中落差的方式是拦河筑坝，抬高上游水位。落差是指上下游水位差，落差也称水头。水头越高，势能越大。但是由于各种因素限制，筑坝形成的水头不可能太高。

按照厂房的布置，有以下两种形式。

A 坝下(或坝后)式水电站

图9-33为坝后式厂房示意图。厂房修建于坝的下游，与大坝相邻，发电用水通过坝体内的压力水管引入厂房。这是坝式水电站的典型布置形式。厂房紧挨下游坝址而不破坏坝体的基

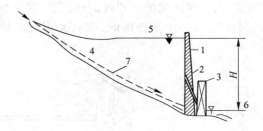

图9-32 坝式水电站

1—坝；2—引水管；3—厂房；4—水库；5—上游水位；
6—下游水位；7—原河道水面线

本剖面，厂房与坝体用纵向永久缝分开，在纵缝处的钢管段上设伸缩节，允许有相对变位，厂坝各自保持自己的稳定，互相间无制约作用。我国新安江水电站就是(溢流式)坝后厂房。

在某些条件下，厂房可以布置在坝体内，成为坝内式厂房。

B 河床式水电站

厂房和坝体并列为一条线，也起挡水作用(图9-34)。由于厂房起拦河坝作用，承受很大水压力，所以要求有足够的强度、稳定性和防渗能力。

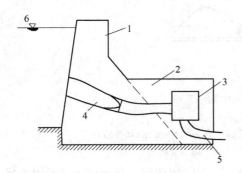

图9-33 坝后式厂房示意图

1—水坝；2—厂房；3—水轮发电机；
4—进水管；5—尾水管；6—上游水位

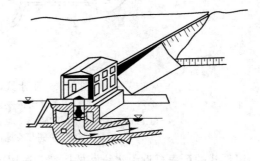

图9-34 河床式厂房示意图

9.6.1.2 引水式水电站

在坡降很大的河流上修筑拦河坝、闸或堰蓄水，厂房修建于下游高坝、离闸很远的河岸或地下，发电用水由引水建筑物(引水渠或隧洞)引入厂房。

按照引水方式，分为有压引水和无压引水。无压引水一般用明渠或无压隧洞，在渠道末端接陡坡水管而形成集中落差用来发电，如图9-35所示。

有压引水必须用压力管道或压力隧洞，适用于地形、地质及水文条件复杂，不利于无压引水

的情况。

地下厂房引水式电站,主要特征是厂房位于开挖的洞室内,有较长的有压引水隧洞或尾水隧洞。

根据厂房在引水线路上的位置,可分为首部式、尾部式和中部式,如图9-36所示。

首部式厂房靠近上游水库,其压力引水隧洞较短,尾水无压隧洞较长。但当水头较高时,由于厂房靠近水库,防渗防潮的处理较困难,当尾水位变幅大时,尾水隧洞必须是有压的,因而又须设置尾水调压室。

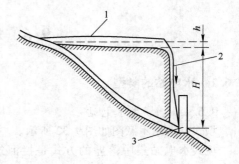

图9-35　无压引水式示意图
1—渠道;2—压力水管;3—厂房

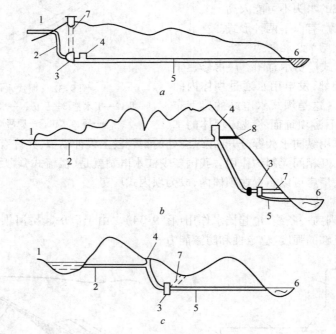

图9-36　引水式地下水电站示意图

a—首部式;*b*—尾部式;*c*—中部式

1—上游;2—压力引水(管)道;3—地下厂房;4—调压井;5—尾水隧洞(道);
6—下游;7—进厂交通(竖井)洞;8—施工支洞

尾部式的厂房靠近引水线路的尾部。适用水头较高、引水道线路地势也较高的情况以减少进厂交通、出线及施工等方面的困难。

中部式是厂房在引水道的中间,其压力引水隧洞和尾水隧洞都比较长。适用于水头较高而其他各方面不宜采用首部式和尾部式的情况。

地下式厂房造价比地面厂房要贵得多。由于地下电站有它的优越性,随着地下建筑技术的进步,特别是抽水蓄能电站的大量建设,地下厂房式水电站会大量出现。我国已建造了多个地下水电站,其中白山水电站装机3台,总计90万千瓦。

9.6.1.3　筑坝引水混合式水电站

混合式水电站,水头的一部分由坝形成,另一部分由引水建筑物来集中,如图9-37所示。

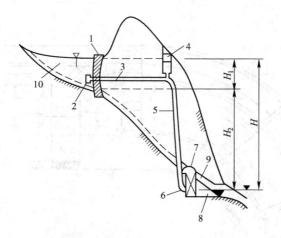

图 9-37 混合式水电站布置示意图
1—水坝;2—进水口;3—隧洞;4—调压井;5—斜井;6—钢管;
7—地下厂房;8—尾水梁;9—交通洞;10—水库

对于适于建造水坝、形成水库的河道,同时坝的下游河道坡度很陡,那么就可以用一条不很长的引水管道或隧洞而获得较大水头的环境,建造混合式水电站则是经济合理的。我国的狮子滩、古田溪水电站就是根据这种原理布置的。其中古田溪水电站采用一条约 2km 长的隧洞截割 9km 长的大河湾,获得了 78m 的水头,相当于将水坝加高了 78m。

9.6.1.4 抽水蓄能式水电站

这是由电站工作性质而单列的一种形式。

抽水蓄能电站是用来调节电力系统负荷的,夜间用户的用电量减少,可以利用电力系统多余的电能,通过抽水机将下水库的水抽蓄至上水库;当白天电力系统高负荷时,将上水库蓄水,通过水轮机发电而放至下水库,用放水所发电力满足电力系统峰荷要求。

没有天然流量的上下库之间,只有抽水蓄能发电机组的,称为纯抽水蓄能电站。利用一般水电站的水库,加装抽水蓄能发电机组的,称为混合式抽水蓄能电站。

随着我国经济建设和电力事业的发展,水力资源较缺的东北、华北和华东地区,将会建设较大的抽水蓄能电站。在日本,新建和扩建的水电站,有 80% 是抽水蓄能电站。

9.6.2 输水压力前池

压力前池也称为压力池,位于引水渠道或无压引水隧洞的末端,是无压引水建筑物与水轮机压力水管的连接建筑物,也称为过渡建筑物。

因为水轮机总需在一定水头下工作,所以在水流进入水轮机之前,总要采取有压引水的方式。因为过渡建筑物(水池)在厂房进水之前,故称前池,又称为压力前池,如图 9-38、图 9-39 所示。

压力前池为明流转换成压力流的转换处,池子横断面大大超过渠道横断面,所以用来调节电站负荷变化时水轮机用水和渠道来水之间的矛盾,均匀地按机组需求分配给各压力水管并将多余的水泄走(由泄水道),拦截、排除渠内漂浮物、泥沙和冰块等,以免进入压力水管和淤积前池。

根据前池的功用,基本类似一般进水口。在水轮机压力管进口设置拦污栅、闸门、通气孔等,在渠道末至进水口的连接段要逐渐加宽加深作为过渡,即压力前池;前池的一侧设置溢流堰及其后的泄水陡槽,用以泄洪;在前池底部设有排沙廊道;压力管前还要设排水道、排沙道,排除的泥

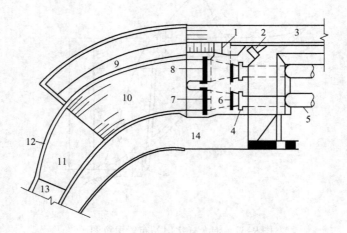

图 9-38　压力前池示意图(一)

1—排水道出口;2—排沙道出口;3—陡槽;4—工作门槽;5—高压管道;6—检修门槽;

7—拦污栅槽;8—排水道失梁槽;9—溢流堰;10—压力前池;11—扩散段;

12—混凝土衬砌;13—渠道;14—检修平台

沙和冰块均经泄水陡槽排入下游河道。

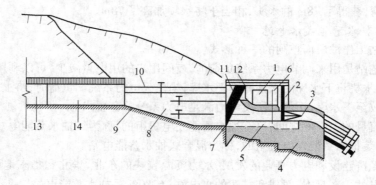

图 9-39　压力前池示意图(二)

1—排水道;2—工作门槽;3—渐变段;4—上镇墩;5—排沙廊道;6—检修门槽;

7—排沙廊道进口;8—压力前池;9—钢筋混凝土衬砌;10—溢流堰;11—拦污栅槽;

12—排水道挡水梁;13—渠道;14—扩散段

9.6.3　调压室

调压室是具有自由(水)表面的竖井,开挖山岩并衬砌而成,位于靠近于厂房的有压引水道上,把有压引水道分成两段(图 9-40)。

9.6.3.1　调压室工作原理

调压室的工作原理可分为两种情况讨论:

(1)当电站丢弃负荷时,水轮机停止工作,压力管中流量为零。由于引水管中水的惯性,水流仍继续流向调压室,使室中水位升高,当室中水位平齐库水位后,水流还以逐渐减小的速度流入调压室,直至水道中的流速等于零。这时室中水位高于库水位,于是引水道中的水流由静止开始以相反方向流向水库。当室中水位和库水位平齐时,同样由惯性使水流继续流向水库。室中

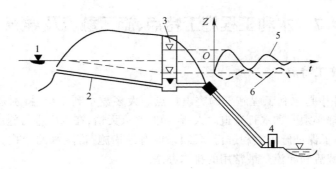

图9-40 具有上游调压室的引水系统示意图
1—水库;2—引水管;3—调压室;4—水电站;5—曲线1;6—曲线2

水位继续降低,当引水道中流速减小到零时,调压室水位降至最低点。此后重复上述过程,水在引水道和调压室之间往复流动。由于摩擦作用,全部能量逐渐消耗完,最后达到调压室水位和库水位平齐状态而稳定。

(2)当水电站增加负荷时,进入水轮机中的水量增多,由于引水道中水流的惯性作用,不能立即满足负荷变化需要,首先由调压室补充一部分水量,使调压室水位下降,低于库水位。在水位差影响下,引水道中水流加速流向调压室,使室水位回升。在室水位平齐库水位后,由于引水管中水流的惯性作用,使室中水位继续上升到某一高度,这样就形成了调压室水位的波动,最后稳定在一个新的水位,此水位与库水位之差,等于引水道通过电站引用流量时的水头损失。

9.6.3.2 水击现象与调压室的作用

正如前面所述,当电站机组突然丢弃负荷时,压力管中流量突然变为零,由于水流的惯性,管内水的动能转为压能,使管内压力突然增大;当机组负荷突然增加时,压力管水的流量迅速增大,管内压力则显著减小。这种由于压力水管中水流速度急剧变化而引起管内压力的迅速升高或降低,其作用于管壁上,就像锤击一样,这种现象称为水击现象(水锤现象)。

调压室的主要作用就是降低压力水管中的水击压力,使机组运行条件得到改善。水击压力与压力引水道长度成正比关系。所以,调压室应布置在靠近厂房的压力引水道上,使降低水击压力效果更佳。

9.6.3.3 调压室的布置类型

当上游压力引水道不太长时,调压室设置在厂房上游不远处的引水道上。这种形式采用最多。

在上游压力引水道很长的情况下,一个调压室的调节水击压力能力不足时,可以在上游增设一个调压室,呈上游双调压室布置形式。

如果厂房下游的有压尾水管道较长,则需设尾水调压室,其位置尽可能靠近电站厂房。

对于上下游均有较长有压水道的水电站,应采用在厂房上下游都设置调压室的布置形式。

9.6.4 高压水管及厂房

高压水管指的是由压力前池或调压室直接把水引入电站水轮机的压力水管,也称高压管道。

水电站的厂房有主厂房和辅厂房之分。主厂房主要安置动力设备(水轮机、发电机等),辅厂房用于安置(升)变压器、高压开关等附属设备。

9.7　水利工程施工特点、施工截流及导流

9.7.1　水利工程施工特点

（1）与水流作斗争是水利工程施工的突出特点。大多数水利工程，特别是拦河筑坝、修闸，兴建港口、码头等，都必须要和水打交道。人所共知，水火无情，在水中进行施工要比在陆地施工困难得多。因此，为了保证施工顺利进行，必须采取有效措施，排除水的干扰。在河道上进行水利工程施工，围堰、截流和导流是最常用的排水办法。

（2）水利工程施工的季节性特点明显。如前所述，我国有 60% 的降雨量集中在全年（7～9）3～4个月份之内，因而形成河流的枯水期和洪水期。人们都会记得，冬春季节是修筑水利工程的良好时光，夏秋期间则忙于防汛抗洪。但是很多水利工程都必须全年连续施工，不能中断，这就要求对季节性要有足够的重视，很好安排施工进度，把工程项目和严寒、暑热、雨季、洪水期等结合考虑，尽可能减小它们的影响以及给施工带来的困难。

（3）工程量大，质量要求高是水利工程的又一特点。通常，水利工程的规模都是很大的，土石方和混凝土工程量往往以 100 万立方米计，例如引黄（河水）济青（岛）工程，共计土石方约为 5000 万立方米，目前国内较大的葛洲坝水利枢纽工程，混凝土工程量达 983 万立方米，三峡工程，混凝土浇筑约 2800 万立方米。

水利工程一般使用年限很长，有的数十年，有的上百年，特别是大型钢筋混凝土堤坝工程更是如此。另外，水利工程的工作条件，一方面受水的渗流、浸蚀、水压等作用，再者随自然条件千变万化，还要受冻晒风化的危害。因而，水利工程质量要求较严格，安全系数较大，以确保使用期间不发生意外，保证人民生命财产的安全。

（4）水利工程的特殊性强是又一特点。由于不同地方的水文、地质、地形等各种环境条件千差万别，使各建筑物的形状、大小、构造型式各不一样。这一特点决定了水利工程的施工方法和施工组织从甲地搬到乙地，或从甲工程搬到乙工程是行不通的，应当根据以往的施工经验和新建工程的实际情况，预测可能出现的问题，采取相应的措施来组织施工，"知己知彼，百战百胜"。

（5）水利工程一般地处偏僻，交通不便。因而，施工时期的物资供应、生活和文化娱乐活动都会有很多不便，这就对参加施工的建设者提出了更高的政治思想要求。充分发挥人的积极性、主动性和创造性，是做好工作的重要保证。

9.7.2　施工截流及导流

在河川修建水利工程，首先遇到的问题是如何避开水的干扰。通常采用被称为围堰的临时性挡水建筑物，把要修建的水利工程地址围起来，同时把河水引开并由预先安排的泄水道排放到下游，然后抽干围堰内部的水以利于施工。这种工作就称为施工导流。

9.7.2.1　围堰与截流

作为临时性挡水建筑物的围堰，其工作条件和坝一样，挡水使之不能进入施工地点，保护施工顺利进行。因为具有临时性，标准就低一些。一般采用土或土石混合材料，木材尽可能避免使用，在比较特殊的情况下，才用混凝土或钢板桩围堰。沉井基础的施工中，沉井实质上就是一种特殊的围堰。

根据工程分段施工或是全面铺开，围堰也可修筑成分段的或断流的形式。

在围堰修筑过程中，河床被逐渐缩窄，因而河水流速逐渐增加，当围堰修筑到一定程度，留下

一个缺口,称为龙口,需要采用较特殊的办法来封堵,这一工作称合龙,也称为截流。

截流是摆在施工面前的第一关,截流的成功就给施工创造了有利条件。一般说来,截流的有利时机即截流时段,都选择在枯水期,或者接近枯水期,因为这时河水流量较小,截流容易。除了截流流量,还应考虑其他条件,如施工进度、工程量大小等等来确定截流时段。

截流时沿龙口全线抛投石料,堆石体近于均衡地逐渐升高,水位也相继抬高,这种称为平堵截流法,适用于河床覆盖层较深的情况,能避免河床的冲刷。

由一岸或两岸同时抛石进点而缩窄龙口,最终断流的方法称为立堵截流法。由于河床逐渐缩窄,流速逐渐增大,因而要求河床岩石良好或覆盖层很浅,否则会形成过大的冲刷。一般应根据流速变化,先抛小块石料,逐渐抛投较大的石块。

有时还可采用平堵和立堵相结合的混合方法进行截流。无论采用哪一种方法截流,都离不开具体情况具体分析,不能主观决定。

9.7.2.2 施工导流

根据施工导流的总体方案来看,有分期围堰导流和一次断流导流;按照所采用的具体措施可分为明渠、涵管、隧洞、渡槽等施工导流方式;由允许过水与否,施工导流有基坑允许淹没式和基坑不允许淹没式。

一项工程究竟采用何种方式进行导流,要根据多方面因素,例如河流宽度,流量大小,工期长短,工程量以及施工期间的航运、漂木、供水、灌溉等。

施工导流的主要任务:确定各个施工阶段宣泄河水的方式和流量;确定各个施工阶段基坑围护的措施;设计临时性挡水建筑物和泄水建筑物;选择截流时段,制订截流措施。

施工导流直接关系到工程施工的全局,与工程造价、施工进度、施工安全、施工现场以及水利枢纽的布置都密切相关。因此,在水利枢纽设计的时候,常须同时考虑并提出各个施工阶段的导流方案作为设计论证的一个重要内容。

A 施工导流的方式

(1)明渠导流。在平原区域内的河床修建闸、坝等水利工程,地形较平坦或有较宽的滩地可以利用,则可于岸边或滩地先开挖渠道,再用围堰拦断原河道,使河水经渠道宣泄到下游。在围堰围护下进行水工建筑物施工,待到一定高程后,即可堵塞渠道,使河水经已建的建筑物或预先准备的后期导流建筑物下泄到下游(图9-41)。

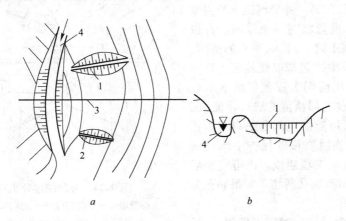

图9-41 明渠导流示意图

1—上游围堰;2—下游围堰;3—坝轴线;4—明渠

导流用的明渠,应布置在河湾的凸岸,以缩短渠道,减少开挖工程量。

(2)隧洞导流。对于山区河谷狭窄、两岸陡峻、岩石坚硬完整、坝址处有利于布置隧洞的,就采用隧洞导流方式,如图 9-42 所示。这时用上下游围堰拦截河水,使河水经由隧洞下泄,工程施工始终在围护下进行。

由于隧洞修建费用较贵,应尽可能考虑和永久性隧洞相结合。

(3)涵管导流。涵管导流也是较为常用的方式,最好建筑于岩基上,设计时应统筹考虑,运用永久性涵管导流更好。涵管通常设在坝下,施工中应注意与坝体的结合问题。如果是临时性涵管,预先要安排在完成导流任务后的封堵设施。

(4)渡槽导流。用上下游围堰拦断河流,在其上架设渡槽,以便使河水由它泄到下游河道,如图 9-43 所示。渡槽导流适用于流量较小、河道不太窄的情况。由于水在施工场地上面,故要求不能漏水,以免影响施工。当水工建筑物达一定高度后,便可由其他形式替换渡槽导流。

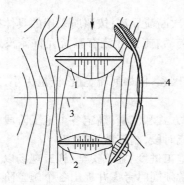

图 9-42　隧洞导流示意图
1—上游围堰;2—下游围堰;
3—坝轴线;4—隧洞

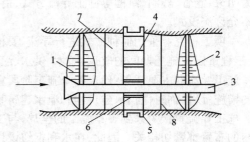

图 9-43　渡槽导流示意图
1—上游围堰;2—下游围堰;3—渡槽;4—闸室;
5—边墩;6—闸墩;7—铺盖;8—护坦

(5)分段围堰导流。在较宽河道上修建闸、坝工程,常采用分段建造办法,其优点在于用围堰先围堵一部分河道,用另一部分河道下泄河水(图 9-44),无需另外设置临时导流设施。在进行下一段水工建筑施工时,可拆除原来的围堰,并把预建工程的河段围护起来以便施工。这时河水的下泄,可以利用前期工程预留的泄水底孔、隧洞以及已建工程上部预留的缺口导流(图9-45)。缺口导流时,可以由一部分缺口承担任务,另一部分缺口在临时闸板的保护下继续施工,如此交替进行,直至工程建成。也可直至后期完工后,最后将缺口和底孔封堵。如果底孔为永久性设施则更理想。

(6)基坑允许淹没导流。对于工期很长,导

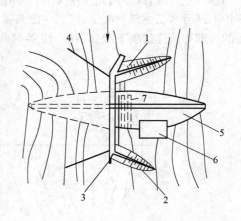

图 9-44　分段围堰导流示意图
1—上游围堰;2—下游围堰;3—纵向围堰;4—二期围堰
轴线;5—大坝;6—水电站;7—底孔

流时段需要跨过洪水、枯水不同时期的水利工程,如果河水流量季节性变化幅度大,按洪水设计围堰和相应的导流建筑很不经济时,可以考虑混凝土水工建筑物的围堰(基坑)允许被洪水淹没

问题,该导流方式,在河水小于导流设施的设计流量时,只靠导流设施下泄河水,围堰挡水。河水超过设计的导流流量时,围堰允许过水,并停止围堰内的工程施工。大水过后,再检修围堰、基坑抽水,再恢复施工。

在实际工作中,导流方案大都为几种导流方式组合而成,在不同施工阶段采用不同的导流方式。

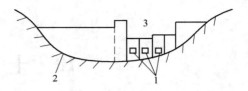

图 9-45 底孔或缺口导流示意图
1—底孔;2—二期围堰基坑;3—缺口

B 导流时段和设计流量

导流时段是按施工导流划分的各施工阶段的时间,例如一个工程,第一期安排在第一年的9月至第二年2月枯水期间,采用明渠导流;第二期为原河床导流,安排在第二年的3~9月。汛前(5月底前)导流时段封堵明渠,抢修导流涵管和部分坝体,汛期转到两岸施工;第三期用涵管导流,第二年10月至第三年底,其中第一个时段,包括一个枯水期、一个中水期,用涵管导流,围堰挡水。第二个导流时段,是洪水期以后,用坝体挡水,涵管结合隧洞导流。

导流时段的划分,主要根据河水流量的变化(枯水期、洪水期和中水期)、工程量大小、施工进度以及物资供应等多种因素而定。我国大多数河流在冬春季节处于枯水期,施工导流建筑物可以做得小一些,比较容易实施,费用较低,因而是水利工程施工的黄金季节。

施工导流所采用的流量,也称设计流量,主要取决于河流的水文特征、导流时段的长短与所处季节、所建工程的等级诸因素。施工导流设计流量标准是过去导流经验的总结,应当重视它,但它又会随着实践而发展。

10　土木工程施工

土木工程施工是生产建筑产品(包括各种建筑物和构筑物)的活动,而要保证质量、加快进度、降低成本、提高综合效益,必须要研究施工过程的规律、方法和掌握施工技术,精心组织施工。

土木工程施工一般包括施工技术与施工组织两大部分。土木工程施工就是以科学的施工组织设计为先导,以先进、可靠的施工技术为后盾,保证工程项目高质量、安全、经济的完成。

10.1　土石方工程施工

任何建筑物或构筑物的施工都是由土石方工程开始的。土石方工程简称为土方工程,是土木工程施工的主要工种工程,主要包括土(或石)的挖掘、填筑和运输等施工过程以及排水、降水和土壁支护等工作。土方工程施工大多为露天作业,施工条件复杂,施工易受地区气候条件影响。在组织施工时,应根据工程自身条件,制订合理施工方案,进行全面规划,以节省费用,加快进度,保证工程质量。

10.1.1　场地平整

场地平整是将天然地面改造成所要求的设计平面时所进行的土方工程施工全过程,往往具有工程量大、劳动繁重和施工条件复杂等特点。因此,在组织场地平整施工前,应详细分析、核对各项技术资料(如实测地形图、工程地质、水文地质勘察资料;原有地下管道、电缆和地下构筑物资料;土方施工图等),进行现场调查并根据现场施工条件,制订出以经济分析为依据的施工设计。

10.1.2　基坑(槽)土方施工

10.1.2.1　土方边坡与土壁支撑

土方工程施工中,主要是依靠土体的内摩擦力和黏结力来平衡土体的下滑力,保持土壁稳定。一旦土体在外力作用下失去平衡,就会出现土壁坍塌或滑坡,不仅妨碍土方工程施工,造成人员伤亡事故,还会危及附近建筑物、道路及地下管线的安全,后果严重。

为了防止土壁坍塌或滑坡,对挖方或填方的边缘,一般需做成一定坡度的边坡。土方边坡坡度以其挖方深度(或填方高度)H 与其边坡底宽 B 之比来表示。边坡可以做成直线形边坡、阶梯形边坡及折线形边坡(见图10-1)。

$$土方边坡坡度 = \frac{H}{B} = \frac{1}{B/H} = \frac{1}{m}$$

式中,$m = \dfrac{B}{H}$,称为边坡系数,即当边坡高度为 H 时,边坡宽度为:$B = mH$。

由于条件限制不能放坡或为了减少土方工程量而不放坡时,常需设置土壁支护结构,以确保施工安全。挖土时,支撑一层,下挖一层,土壁要平直,挡土板要紧贴土面,并用木桩或横撑撑住。常用的土壁支撑形式如图10-2所示。

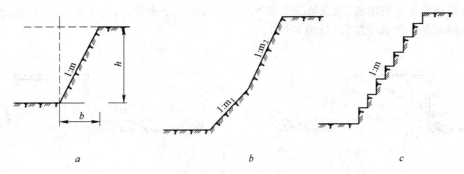

图 10-1　土方边坡
a—直线形边坡；*b*—折线形边坡；*c*—台阶形边坡

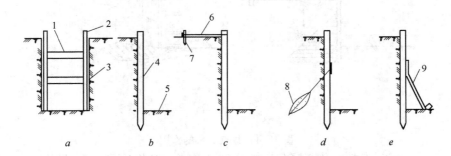

图 10-2　土壁支撑形式
a—衬板式；*b*—悬臂式；*c*—拉锚式；*d*—锚杆式；*e*—斜撑式
1—横撑；2—立木；3—衬板；4—桩；5—坑底；6—拉条；7—锚固桩；8—锚杆；9—斜撑

10.1.2.2　基坑排水与降水

在地下水位以下开挖基坑(槽)时，要排除地下水和基坑中的积水，保证挖方在较干状态下进行。降水方法可分为集水井降水和井点降水两类。

(1)集水井降水。这种方法是在基坑或沟槽开挖时，在坑底设置集水井，并沿坑底的周围或中央开挖排水沟，使水流入集水井内，然后用水泵抽出坑外(如图 10-3)。

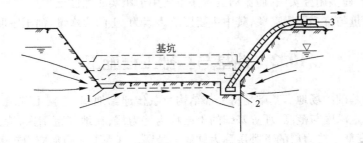

图 10-3　集水井降水
1—排水沟；2—集水坑；3—水泵

(2)井点降水。井点降水就是在基坑开挖前，预先在基坑四周埋设一定数量的滤水管(井)，在基坑开挖前和开挖过程中利用真空原理，不断抽出地下水，使地下水位降低到坑底以下，从根本上解决地下水涌入坑内的问题，防止边坡由于受地下水流的冲刷而引起的塌方，使坑底的土层消除了地下水位差引起的压力，因此防止了坑底土的上冒。由于没有水压力，使板桩减少了横向荷载,由于没有地下水的渗流,也就消除了流沙现象。降低地下水位后,由于土体固结,还能使土层密实,增加地基土的承载能力(见图10-4)。

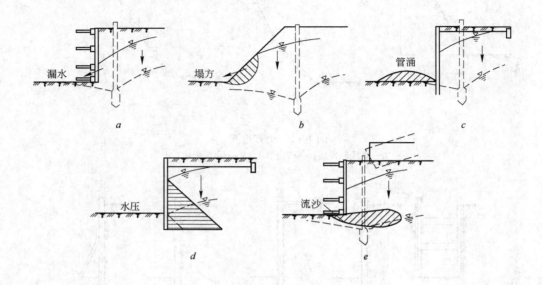

图 10-4　井点降水的作用

a—防止漏水;*b*—使边坡稳定;*c*—防止土的上冒;*d*—减少横向荷载;*e*—防止流沙

10.1.3　土方的填筑与压实

土方回填必须正确选择土料和填筑方法,填料土方应符合设计要求或有关规定,如:土方中含水量、有机质含量、水溶性硫酸盐含量等均有规定。冻土、软土、膨胀性土等不应作为填方土料。

填土应分层进行,每层厚度,应根据所采用的压实机具及土的种类而定。填土的压实方法一般有碾压法、夯实法、振动压实法及利用运土工具压实等。平整场地等大面积填土多采用碾压法,小面积的填土工程多用夯实法,而振动压实法主要用于压实非黏性土。

填土压实的质量与许多因素有关,其中主要影响因素为:土的含水量、铺土厚度及压实遍数。

10.2　地基与基础工程施工

地基是指承托基础的场地。基础是将上部结构荷载传递给地基、连接上部结构与地基的下部结构。地基有一定深度与范围,埋置基础的土层称为持力层;在地基范围内,持力层以下的土层称为下卧层;强度低于持力层的下卧层称为软弱下卧层。基底下的附加应力较大,基础应埋置在良好的持力层上,如图10-5所示。

10.2.1　地基

地基分为土质地基、岩石地基和特殊土地基。地基处理是指天然地基很软弱,不能满足地基承载力和变形的设计要求,需经过人工处理的过程。地基处理的目的是采用各种地基处理方法以改善地基的剪切特性、压缩性、透水性、动力特性等条件。

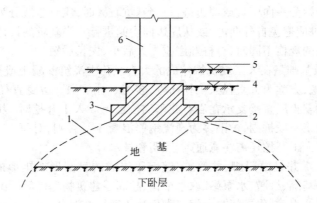

图 10-5　地基与基础示意图
1—持力层;2—基础底面;3—基础;4—天然地面;
5—设计地面;6—上部结构

地基处理的方法有:

(1)机械压实法包括机械碾实法(采用平碾、羊足碾、振动碾压实地基土,适用于大面积地基施工)、重锤夯实法(用起重机械将重锤提升到一定高度后自由落下,重复夯打,使地基表面形成一层较密实的土层,适用于地下水位距地表 0.8m 以上的黏性土、砂土、杂填土及分层填土的地基)、振动压实法(用振动压实机械,使之产生很大的垂直振动力,将地基表层振实。适用于黏土颗粒含量少、透水性较好的松散杂填土及砂土地基)。

(2)换土垫层法适用于软弱地基的浅层处理。

(3)挤密法是在软弱地基中先成孔,再在孔中填以砂、石、土等材料,分层振(挤、冲)实成桩,使桩挤密周围软弱土或松散土层,土与所成桩组成复合地基,从而提高地基承载力,减少沉降量。

(4)排水固结法在软土或填土中,使地基强度极低,变形很大,故必须先排除孔隙水。主要方法有堆载预压法、砂井堆载预压法和真空预压法。

10.2.2　基础

基础分为浅基础和深基础。把位于天然地基上、埋置深度小于 5m 的一般基础(柱基或墙基)以及埋置深度虽超过 5m,但小于基础宽度的大尺寸基础(如箱形基础),统称为天然地基上的浅基础。位于地基深处承载力较高的土层上,埋置深度大于 5m 的或大于基础宽度的大尺寸基础,称为深基础。基础应有足够大的底面积和埋置深度,以保证地基的强度和稳定性,并使其不发生过大的变形。

浅基础分为单独基础、条形基础、柱下十字交叉基础、片筏基础、箱形基础和壳体基础等。深基础主要有桩基础、墩基础、沉井基础、地下连续墙等。下面主要介绍深基础的施工。

(1)桩基础。桩基础是一种能适应各种地质条件,各种建筑物荷载和沉降要求的深基础。具有承载力高、稳定性好、变形量小、沉降收敛快等特性。它是由桩和桩顶的承台组成。桩按荷载的传递方式分为摩擦桩和端承桩两种。摩擦桩是悬在软弱土层中的桩,建筑物的荷载由桩侧摩擦力和桩尖阻力共同承受。端承桩是穿过软弱土层达到硬层的一种桩,建筑物的荷载主要由桩尖阻力承受。桩按其施工方法分为预制桩和灌注桩两种。预制桩按制作材料的不同,有木桩、钢筋混凝土桩和钢桩。

桩基础进行施工时,打桩的顺序一定要合理,否则会影响打桩的进度和施工质量。确定打桩顺序时,要综合考虑桩的密集度、基础的设计标高、现场地形条件、土质情况等。一般当基坑不大时,打桩应从中间开始分头向两边或周边进行;当基坑较大时,应将基坑分为数段,而后在各段范围内分别进行。打桩应避免自外向内,或从周边向中间进行。当基坑的设计标高不同时,打桩顺序应先深后浅;当桩的规格不同时,打桩顺序应先大后小,先长后短。

(2)墩基础。墩基础是在人工或机械挖成的大直径孔中浇筑混凝土或钢筋混凝土而成。由于我国多用人工开挖,亦称为大直径人工挖孔桩,多为一柱一墩。墩身直径大,有很大的强度和刚度,多穿过深厚的软土层直接支承在岩石或密实土层上。人工开挖时,为防止塌方,需制作护围,每开挖一段则浇筑一段护围,护围多为现浇钢筋混凝土。否则,对每一墩身则需事先施工围护,然后才能开挖。人工开挖还需注意通风、照明和排水等。

(3)沉井基础。沉井是由刃脚、井筒、内壁墙等组成的呈圆形或矩形的筒状钢筋混凝土结构,多用于重型设备基础、桥墩、水泵站、取水结构、超高层建筑物基础等。沉井施工时,先在地面上铺设砂垫层,设置枕木,制作钢板或角钢刃脚后浇筑第一节沉井,待其达到一定重量和强度后,抽去枕木,在井筒内边挖土(或水力吸泥)使其下沉,然后加高沉井,分段浇筑、多次下沉,下沉到设计标高后,用混凝土封底,浇筑钢筋混凝土底板则构成沉井结构。亦可在井筒内填筑素混凝土或砂砾石。在施工沉井时要注意均衡挖土,平稳下沉,如有偏斜则及时纠偏。

(4)地下连续墙。地下连续墙的施工过程,是利用专用的挖槽机械在泥浆护壁下开挖一定长度(一个单元槽段),挖至设计深度并清除沉渣后,插入接头管,再将在地面上加工好的钢筋笼用起重机吊入充满泥浆的沟槽内,最后用导管浇筑混凝土,待混凝土初凝后拔出接头管,一个单元槽段即施工完毕(见图10-6)。如此逐段施工,即形成地下连续的钢筋混凝土墙。

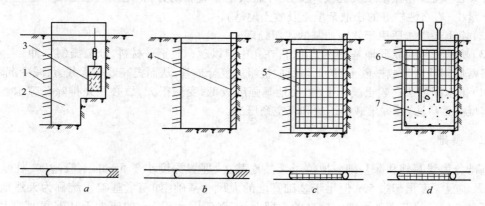

图 10-6　地下连续墙施工过程示意图

a—成槽;b—插入接头管;c—放入钢筋笼;d—浇筑混凝土

1—已完成的单元槽段;2—泥浆;3—成槽机;4—接头管;5—钢筋笼;6—导管;7—浇筑的混凝土

10.3　砌筑工程施工

砌筑工程是指普通砖、石和各类砌块的施工。砌筑工程是一个综合的施工过程,包括材料的准备、运输、脚手架的搭设和砌体砌筑等。它具有就地取材,坚固耐久,技术较易掌握,造价低廉等特点。

10.3.1　砌筑材料

砌体主要由块材和砂浆组成。其中砂浆作为胶结材料将块材结合成整体以满足正常使用要求及承受结构的各种荷载。块材分为砖、石及砌块三大类。

砌筑工程所用砖有烧结普通砖、烧结多孔砖、蒸压灰砂砖、蒸压粉煤灰砖等;砌块有混凝土中小型砌块、加气混凝土砌块及其他材料制成的各种砌块;石材有毛石和料石。

10.3.2 砌筑工艺

砖砌体在施工前,应对普通砖提前浇水湿润,以免砖过多吸收砂浆中的水分而影响其黏结力。但浇水不宜过多,否则会发生跑浆现象,其含水率宜控制在 10% ~ 15%,以将砖砍断后砖心还有 10 ~ 15mm 的干心为宜。

砖墙砌筑工艺为抄平、放线、摆砖、立皮数杆、砌砖和清理等。砌砖的操作方法很多,各地的习惯及使用工具也不尽相同,一般宜用"三一"砌砖法,即一块砖、一铲灰、一揉压,并随手将挤出的砂浆刮去的砌筑方法。其优点是灰缝易饱满,黏结力好,墙面整洁。

砖砌体质量要求用十六字概括,即横平竖直、砂浆饱满、组砌得当、接槎可靠。

(1)横平:要求每一皮砖必须在同一水平面上,每块砖必须摆平。竖直:要求砌体表面轮廓垂直平整,竖向灰缝垂直对齐。

(2)砂浆的饱满程度对砌块均匀传力、砌块之间的连接和砌体强度影响很大。其规范规定:实心砖砌体水平灰缝的砂浆饱满度不得低于 80%。

(3)为保证砌体的强度和稳定性,各种砌体均应按一定的组砌形式砌筑。常用形式有一顺一丁、三顺一丁、梅花丁、两平一侧(用于 3/4 砖墙)、全顺(用于半砖墙)、全丁(用于圆弧形砌体,如烟囱等),砖块之间要错缝搭接,错缝长度一般不应小于 60mm,不应使墙面和内缝中出现连续的垂直通缝。

(4)接槎是指先砌筑的砌体与后砌筑的砌体之间的接合,有斜槎和直槎两种,如图 10-7 所示。

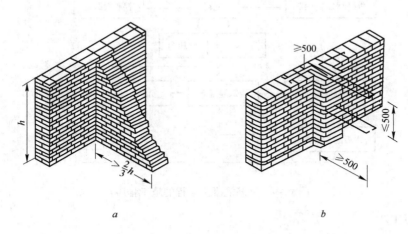

图 10-7 房屋的接槎
a—斜槎;b—直槎

10.3.3 砌筑用脚手架

砌筑用脚手架是砌筑过程中堆放材料和工人进行操作的临时设施。按搭设位置可分为外脚手架、里脚手架两类;按其所用材料分为金属脚手架、木脚手架和竹脚手架;按其结构形式分为多立杆式、多功能式、悬吊式及悬挑式脚手架等。外脚手架常用的四种形式如图 10-8 所示。

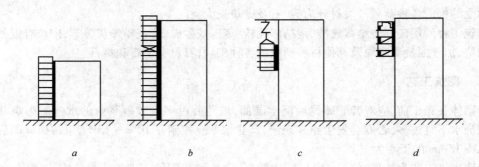

图 10-8　外脚手架的四种形式

a—落地式；b—悬挑式；c—吊挂式；d—附着升降

10.4　钢筋混凝土工程施工

钢筋混凝土工程在建筑施工中占有重要的地位，它对整个工程的工期、成本、质量都有极大的影响，由模板工程、钢筋工程和混凝土工程三部分组成，在施工中三个工种之间要密切配合，合理组织施工，才能确保工程质量和工期。混凝土结构工程按施工方法分为现浇混凝土结构工程和装配式混凝土结构工程。

钢筋混凝土工程的一般施工程序如图 10-9 所示。

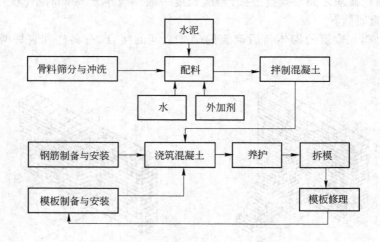

图 10-9　钢筋混凝土工程的施工程序

10.4.1　模板工程

模板是使新浇混凝土成型并养护，使之达到一定强度后拆除的临时性的模型板。钢筋混凝土结构的模板系统由两部分组成：一是形成混凝土构件形状和设计尺寸的模板；二是保证模板形状、尺寸及空间位置的支撑系统。模板应具有一定的强度和刚度，以保证混凝土在自重、施工荷载及混凝土侧压力作用下不破坏、不变形。支撑系统既要保证模板空间位置的准确性，又要承受模板、混凝土的自重及施工荷载，因此，亦应具有足够的强度、刚度和稳定性。

模板的种类很多，按材料分：木模板、钢模板、胶合板模板、钢木模板、塑料模板、铝合金模板等；按结构的类型分：基础模板、柱模板、楼板模板、楼梯模板、墙模板、壳模板和烟囱模板等；按施工方法分:现场装拆式模板、固定式模板和移动式模板。

10.4.1.1 爬升模板

爬升模板是一种在楼层间自行爬升、不需起重机吊运的工业化模板体系。施工时模板不需拆装,可减少起重机的吊运工作量;而模板可分片或整体自行爬升,又具有滑模的优点。大风对其施工的影响较少,爬升平稳,工作安全可靠;每个楼层的墙体模板安装时可校正其位置和垂直度,施工精度较高;模板与爬架的爬升、安装、校正等工序可与楼层施工的其他工序平行作业,因而可有效地缩短结构施工周期,故在我国高层建筑施工中已得到推广。

10.4.1.2 滑升模板

滑升模板是一种工业化模板,常用于浇筑剪力墙体系及筒体体系的高层建筑。用滑升模板施工,可以大大节约模板和支撑材料、减少模板支撑人工、加快施工速度和保证结构的整体性;但其模板一次性投资多、耗钢量大,在建筑施工中水平楼板施工较困难。同时施工时宜连续作业,施工组织要求较严。

10.4.2 钢筋工程

钢筋在钢筋混凝土工程中起着关键性的作用。由于钢筋工程属于隐蔽工程,需要在施工过程中进行严格的质量控制,并建立起必要的检查和验收制度。

钢筋工程主要包括:钢筋的进场检验、加工、成型和绑扎安装,以及钢筋的冷加工和连接等施工过程。

10.4.2.1 钢筋验收

钢筋进场应有出厂质量证明书或试验报告,每捆(盘)钢筋应有标牌,并分批验收堆放。验收内容包括查对标牌、外观质量检查和力学性能,合格后方可使用。

钢筋的外观检查要求钢筋平直,无损伤,表面不得有裂纹、油污、颗粒状或片状老锈。

钢筋的力学性能指标有:屈服点、抗拉强度、伸长率及冷弯性能。屈服点和抗拉强度是钢筋的强度指标;伸长率和冷弯性能是钢筋的塑性指标。

热轧钢筋的机械性能检验以 60t 为一批,按国标《钢筋混凝土用热轧带肋钢筋》GB1499—1999 等的规定抽取试件做力学性能检验,其质量符合有关标准的规定。

钢筋进场时一般不做化学成分检验。钢筋在加工过程中,当发现脆断、焊接性能不良或力学性能显著不正常等现象时,应对该批钢筋进行化学成分检验或其他专项检验。

10.4.2.2 钢筋的加工

钢筋一般在车间(或加工棚)加工,然后运至现场安装或绑扎。

钢筋冷拉是将钢筋在常温下进行强力拉伸,迫使钢筋产生塑性变形,从而使其内部结晶产生重组,达到提高强度和节约钢筋的目的。经过冷拉钢筋硬度提高了,但其塑性、韧性以及弹性模量都会有所降低,一般目前不提倡使用。

钢筋冷拔是将Ⅰ级光面细钢筋在常温下强力拉拔使其通过特制的钨合金拔丝模孔,钢筋轴向被拉伸,径向被压缩,使钢筋产生较大的塑性变形,其抗拉强度提高,但塑性有所降低。钢筋冷拔如图 10-10 所示。

10.4.2.3 钢筋连接

钢筋的连接包括绑扎连接、焊接连接、机械连接。

钢筋绑扎连接时采用镀锌铁丝,按规范规定的最小搭接钢筋长度,绑扎在一起而成的钢筋连接。此法由于需要较长的搭接长度,浪费钢筋且钢筋受力偏心,故宜限制使用。

钢筋的焊接常用的方法有:闪光对焊、电弧焊、电阻点焊、电渣压力焊、气压焊、埋弧压力

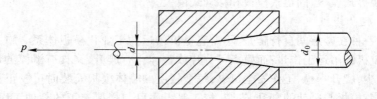

图 10-10　钢筋冷拔示意图

焊等。

钢筋的机械连接包括套筒挤压连接和锥螺纹接头连接,是近年来大直径钢筋进场连接的主要方法。钢筋套筒挤压连接时将需连接的钢筋插入特制钢套筒内,利用液压驱动的挤压机进行径向或轴向挤压,使钢套筒产生塑性变形,使它紧紧咬住钢筋实现连接(见图 10-11)。锥螺纹接头连接是将两根钢筋的端部预先加工成锥形螺纹,然后用力矩扳手将两根钢筋端部旋入连接套形成锥螺纹接头。

此外,钢筋工程还包括钢筋的配料、代换、调直、除锈、切断和弯曲成型等。

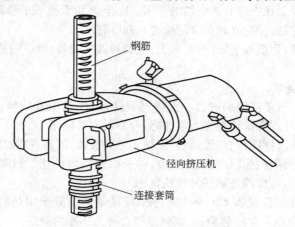

图 10-11　钢筋径向套管挤压连接

10.4.3　混凝土工程

混凝土工程是钢筋混凝土工程中的主要组成部分,混凝土工程的施工过程包括制备、运输、浇筑、养护等,各施工过程既相互联系,又相互影响,任一过程施工不当都会影响混凝土工程的最终质量。

10.4.3.1　混凝土的制备

混凝土的制备就是根据混凝土的配合比,把各种原材料通过搅拌的手段使其成为均质的混凝土。

混凝土的原材料包括水泥、砂、石、水和外加剂。水泥是一种重要的施工材料,进场时要进行严格的检查。普通混凝土所用的砂石的质量应符合国家现行标准的规定。搅拌混凝土宜采用饮用水,当采用其他来源水时,水质必须符合国家现行标准《混凝土拌合用水标准》的规定。

混凝土的搅拌在搅拌机中实现。搅拌机按其工作原理,可分为自落式和强制式两种。搅拌时常用的投料顺序有:

(1)一次投料法,先投入砂(或石子),再投水泥,然后投石子(或砂),将水泥夹在砂、石之间,最后加水搅拌,可减少水泥的飞扬和粘罐现象。

（2）二次投料法,分为预拌水泥砂浆法和预拌水泥净浆法。前者是先将水泥、砂和水投入搅拌筒内进行搅拌,成为均匀的水泥砂浆后,再加入石子,搅拌成均匀的混凝土。后者是先将水泥和水充分搅拌成均匀的水泥净浆后,再加入砂和石搅拌成混凝土。

（3）两次加水法,先将全部的石子、砂和70%拌合水投入搅拌机,拌合15s,使骨料湿润,再投入全部水泥搅拌30s左右,然后加入30%拌合水再搅拌60s左右即可。此法亦可提高混凝土的强度和节约水泥。

此外,混凝土的搅拌还应注意搅拌的时间。搅拌时间是指从原材料全部投入搅拌筒时起到开始卸出时止所经历的时间。为获得混合均匀、强度和工作性能都能满足要求的混凝土,所需的最短的搅拌时间称最短搅拌时间。一般情况下,混凝土的匀质性是随着搅拌时间的延长而增加,因而混凝土的强度也增加了;但搅拌时间过长,不但会影响搅拌机的生产率,而且对混凝土强度的提高也无益处,甚至由于水分的蒸发和较弱骨料颗粒经长时间的研磨破碎变细,还会引起混凝土工作性能的降低,影响混凝土的质量。混凝土搅拌的最短时间与搅拌机的类型和容量等因素有关,应符合表 10-1 的规定。

表 10-1　混凝土搅拌的最短时间

混凝土的坍落度 /mm	搅拌机机型	搅拌容量/L		
		<250	250～500	>500
不大于30	自落式	90	120	150
	强制式	60	90	120
大于30	自落式	90	90	120
	强制式	60	60	90

10.4.3.2　混凝土的运输

混凝土从搅拌机中卸出后,应及时送到浇筑地点,以使混凝土在初凝之前浇筑完毕。运输混凝土应保证混凝土的浇筑量,在运输过程中应保持混凝土的均匀性。

混凝土运输分水平运输和垂直运输两种情况。常用水平运输机具主要有搅拌运输车、自卸汽车、机动翻斗车、皮带运输机、双轮手推车等。常用垂直运输机具有塔式起重机、井架运输机。混凝土搅拌输送车如图 10-12 所示。

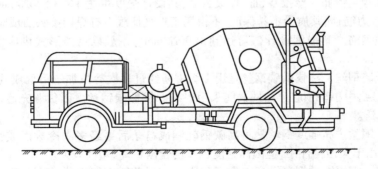

图 10-12　混凝土搅拌输送车

目前,在高层、超高层建筑、桥梁、水塔、烟囱、隧道和各种大型混凝土结构的施工中广泛使用混凝土泵输送混凝土,此法具有可连续浇筑、加快施工速度、保证工程质量,适合狭窄施工场所施工等优点。

10.4.3.3　混凝土的浇筑

混凝土的浇筑包括浇灌和振捣两个过程。保证浇灌混凝土的均匀性和振捣的密实性是确保工程质量的关键。

混凝土应连续浇筑，但由于技术或组织上的原因不能连续施工，中间的间歇时间需超过了规定的混凝土运输和浇筑所允许的延续时间，则应留置施工缝，其位置应在混凝土浇筑前确定，且宜留在结构受剪力较小和便于施工的部位。柱应留水平缝，梁板应留垂直缝。继续浇筑前，在已硬化的混凝土表面上，应清除水泥薄膜和松动石子以及软弱混凝土层，并加以充分湿润和冲洗干净，且不得有积水。然后，宜先在施工缝处铺一层水泥浆或与混凝土内成分相同的水泥砂浆，即可继续浇筑混凝土。混凝土应细致捣实，使新旧混凝土紧密结合。

混凝土浇筑入模后，应立即进行充分的振捣，使新入模的混凝土充满模板的每一角落，排出气泡，使混凝土拌合物获得最大的密实度和均匀性。混凝土的振捣分为人工振捣和机械振捣。

混凝土浇筑成型后，为保证水泥水化作用能正常进行，应及时进行养护。养护的目的是为混凝土凝结硬化创造必需的湿度、温度条件，确保混凝土质量。

10.5　预应力混凝土工程施工

普通钢筋混凝土构件是由钢筋和混凝土自然地结合在一起而共同工作的。这种构件的最大缺点是抗裂性能差。由于混凝土的极限拉应变很小，在使用荷载下受拉区混凝土均已开裂，使构件的刚度降低，变形增大。裂缝的存在，使构件不适用于高湿及侵蚀性环境。预应力混凝土是改善构件抗裂性能的有效途径。在混凝土构件受荷前，对其受拉区预先施加压应力，就成为预应力混凝土结构。这种预压应力可以部分或全部抵消外荷载产生的拉应力，因而可推迟甚至避免混凝土裂缝的出现。

预应力混凝土与普通混凝土相比具有以下的特点：提高了构件的抗裂能力；增大了构件的刚度；充分利用高强度材料；扩大了构件的应用范围。但它也存在一定的局限性，如施工顺序多、对施工技术要求高、劳动力费用高等。

10.5.1　预应力钢筋

目前，我国常用的预应力钢筋有钢筋、钢丝和钢绞线三大类：

（1）冷拉低合金钢筋。冷拉Ⅱ、Ⅲ、Ⅳ级钢筋，其设计强度可达 $420 \sim 580N/mm^2$，广泛用于中小型构件的预应力筋，因其质量不易保证，不得用于重复荷载下有焊接接头的预应力构件。

（2）热处理钢筋。其强度设计值可达到 $1000N/mm^2$，一般以盘条形式供应便于施工，应用广泛。

（3）冷拔低碳钢丝。冷拔低碳钢丝是用Ⅰ级钢筋经过多次冷拔加工后而成的钢丝，分为甲、乙两级，规范规定，中小型预应力构件只能采用甲级冷拔低碳钢丝。因货源充足，冷拔工艺设备简单，故应用广泛。

（4）高强度钢丝。高强度钢丝是将高碳钢轧制成盘条后再经多次冷拔而成，设计强度高达 $1130N/mm^2$，多用于大型构件中，但因高强度钢丝的含碳量高，塑性较差。

（5）钢绞线。钢绞线是把多根高强度钢丝围绕一根芯线绞织而成的钢丝束，强度设计值可达 $1000N/mm^2$ 左右，钢绞线施工方便，多用于后张法大型构件中。

10.5.2　混凝土

预应力混凝土结构的混凝土的强度等级不宜低于C30；当采用碳素钢丝、钢绞线、热处理钢筋作预应力钢筋时,混凝土强度等级不宜低于C40;对大跨结构、特殊结构的预应力混凝土的强度等级也不低于C40。对混凝土的要求是高强、快硬、早收缩和徐变小。

10.5.3 预应力混凝土施工

对混凝土施加预应力的方法,一般是通过张拉钢筋的回缩对混凝土产生的挤压力来实现的。根据张拉钢筋与浇筑混凝土的次序,可分为先张法和后张法。目前常用的还有无黏结预应力筋施工法。

10.5.3.1 先张法

先张法是在浇筑混凝土构件之前,张拉预应力筋,将其临时锚固在台座或钢模上,然后浇筑混凝土构件,待混凝土达到一定强度(一般不低于混凝土强度标准值的75%),并使预应力筋与混凝土间有足够黏结力时放松预应力,预应力筋弹性回缩,借助于混凝土与预应力筋间的黏结,对混凝土产生预压应力。先张法的施工工艺示意图见图10-13。先张法多用于预制构件厂生产定型的中小型构件,尤其适合小型预制场生产冷拔低碳钢筋混凝土构件。

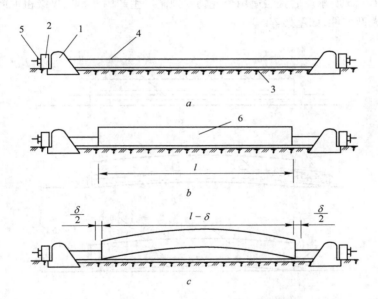

图 10-13 预应力混凝土先张法施工示意图

a—预应力筋张拉;*b*—混凝土浇筑;*c*—放松预应力筋

1—台座承力结构;2—横梁;3—台面;4—预应力筋;5—锚固夹具;6—混凝土构件

(1)先张法的优点:构件配筋简单,不需要锚具;省去预留孔道、拼装、焊接、灌浆等工序;一次可制成若干构件,生产效率高。

(2)先张法的缺点:需要建长线台座,投资较高;养护期较长,为提高台座和模板周转,往往需要蒸养;对于大型构件,运输不便,灵活性差,生产受到一定的限制。

先张法的施工工艺流程如图10-14所示。

10.5.3.2 后张法

后张法是在构件或块体制作时,在放置预应力筋的部位预先留有孔道,待混凝土达到规定强度后,孔道内穿入预应力筋,并用张拉机具夹持预应力筋将其张拉至设计规定的控制应力,然后借助锚具将预应力筋锚固在构件端部,最后进行孔道灌浆(亦有不灌浆者)。后张法张拉设备和

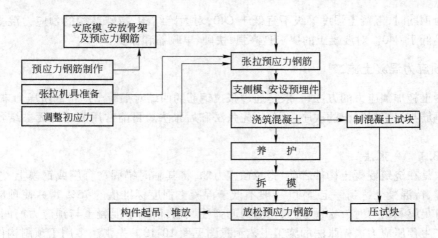

图 10-14　先张法施工工艺流程

施工工艺如图 10-15 所示。后张法适用于现场或预制厂生产用Ⅱ、Ⅲ、Ⅳ级粗钢筋及钢丝束作为预应力筋的较大型构件,如屋架等。

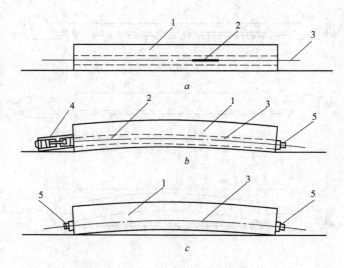

图 10-15　预应力混凝土后张法生产示意图

a—制作混凝土构件;b—张拉钢筋;c—锚固和孔道灌浆
1—混凝土构件;2—预留孔道;3—预应力筋;4—千斤顶;5—锚具

后张法的优点:不需要台座设备,投资少;大型构件可分块制作,运到现场拼装,利用预应力筋连成整体,节约运输费;灵活性较大,现场、预制厂均可生产。缺点:在构件内预留孔道,需加大截面和加强配筋;同时浇筑混凝土较困难;传递应力必须使用锚具,增加优质钢用量及机械加工费,制作成本较高。

后张法施工工艺流程如图 10-16 所示。

10.5.3.3　无黏结预应力混凝土

无黏结预应力混凝土的施工技术,是将先张法和后张法的优点揉合在一起而发展起来的一种新工艺。其施工方法是在预应力筋表面刷涂油脂并包塑料带(管)后,如同普通混凝土一样先铺设在支好的模板内,再浇筑混凝土。待混凝土达到设计规定的强度后,进行预应力筋张拉和锚

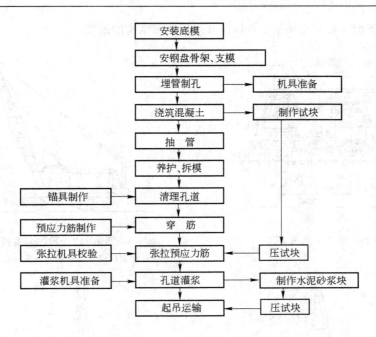

图 10-16 后张法施工工艺流程

固。这种预应力施工工艺是借助预应力筋两端的锚具传递预应力,不需要预留孔道,施工简便,张拉时摩擦损失小。预应力筋易弯成曲线形状,但对锚具性能要求较高,适用于大柱网整体现浇楼盖结构,尤其在双向连续平板和密肋楼板中使用最为经济合理。

10.6 结构安装工程施工

结构安装工程就是将许多单个构件,分别在预制厂和施工现场预制成型,然后用起重机械按照设计要求进行拼装,以构成一幢完整的建筑物或构筑物的整个施工过程。

结构安装工程是钢筋混凝土装配式房屋施工中的主导工程,这项工程直接影响整个工程的施工进度、工程质量、工程成本和施工安全。因此,必须引起充分重视。

结构安装工程的特点是建筑设计标准化、构件定型化、产品工厂化、安装机械化,这种施工方法可以提高工人的劳动生产率、降低劳动强度、加快施工进度。

10.6.1 起重机械

为了要将预制构件安装到设计位置上去,就需要用到起重设备。起重设备可分为起重机械和索具设备两类。

结构安装工程中常用的起重机械有:桅杆起重机、自行式起重机、履带式、汽车式和轮胎式、塔式起重机等(如图 10-17 ~ 图 10-19)。索具钢丝绳、吊具(卡环、横吊梁)、滑轮组、卷扬机及锚旋等。在特殊安装工程中,各种千斤顶、提升机等也是常用的起重设备。结构吊装工程施工中除了起重机外,还要使用许多辅助工具及设备,如卷扬机、钢丝绳、滑轮组、横吊梁等。

10.6.2 结构安装

结构安装可以分为按单个构件吊装,吊至安装位置后组拼成整体结构、地面拼装后整体吊装和特殊安装法。下面主要介绍单层工业厂房和多层房屋结构的吊装。

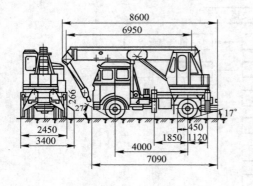

图 10-17　汽车式起重机

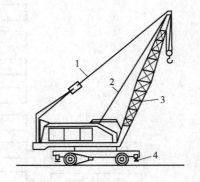

图 10-18　轮胎起重机
1—起重杆;2—起重索;3—变幅索;4—支腿

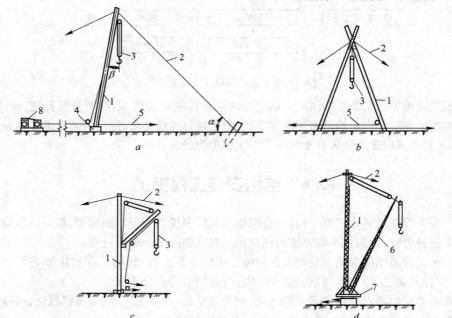

图 10-19　桅杆式起重机
a—独脚起重机;b—人字起重机;c—悬臂起重机;d—索揽式桅杆起重机
1—拔杆;2—揽风绳;3—起重滑轮组;4—导向装置;5—拉索;6—起重杆;7—回转盘;8—卷扬机

10.6.2.1　单层工业厂房的结构吊装

单层工业厂房一般采用钢筋混凝土装配式结构,主要承重结构除基础在施工现场就地灌注外,柱、吊车梁、基础梁、屋架、天窗架、屋面板等多采用钢筋混凝土预制构件。尺寸大、构件重的大型构件一般在施工现场就地预制,中小型构件多在工厂制作,运到现场安装。

构件吊装前的准备工作包括:清理现场、铺设道路,敷设水电线,基础的准备,构件运输、堆放,拼装与加固,检查、弹线、编号等。

装配式钢筋混凝土单层工业厂房的结构构件的吊装过程包括绑扎、吊升、对位、临时固定、校正、最后固定等工序。现场预制的一些构件还需要翻身扶直排放后,才进行吊装。

单层工业厂房的结构吊装方法有分件吊装法、节间吊装法与综合吊装法三种。

①分件吊装法。起重机在单位吊装工程内每开行一次,仅吊装一种或几种构件,一般分三次开行吊装完全部构件。第一次开行,吊装全部柱子,并对柱子进行校正和最后固定;第二次开行,吊装吊车梁、联系梁及柱间支撑等;第三次开行,依次按节间吊装屋架、天窗架、屋面板及屋面支撑等。此外,在屋架吊装之前还要进行屋架的扶直排放,屋面板的运输堆放,以及起重臂的接长等工作。

②节间吊装法。起重机在厂房一次开行中,分节间吊装完所有各种类型的构件。开始吊装4~6根柱子,立即进行校正和最后固定,然后吊装该节间内的吊车梁、联系梁、屋架、屋面板等构件。按节间进行吊装直至整个厂房结构吊装完毕。

分件吊装法的特点是:操作程序基本相同,准备工作简单,构件吊装效率高且便于管理;可利用更换起重臂长度的方法分别满足各类构件的吊装。目前在单层工业厂房结构安装工程中应用广泛。节间吊装法操作复杂多变化,不能充分发挥起重机的能力,影响生产效率,各类构件需运至现场堆放,不利于施工组织管理,因此,只有采用桅杆式起重机时,才予以考虑。

③综合吊装法。综合吊装法是指厂房结构一部分构件采用吊装法吊装,一部分构件采用节间吊装法吊装的方法。此法吸取了分件吊装法和节间吊装法的优点。普遍的做法是,采用分件吊装法吊装柱、柱间支撑、吊车梁等构件;采用节间吊装法吊装屋盖的全部构件。

10.6.2.2　多层房屋结构吊装

多层房屋是指多层工业厂房和多层民用建筑。在工业建筑中,由于工艺流程和设备管线布置的要求,一般多采用装配式钢筋混凝土框架结构;在民用住宅建筑中,以钢筋混凝土墙板为承重结构的多层装配式大型墙板结构房屋应用广泛。

装配式结构的构件全部在预制厂或现场预制,运到现场后用起重机吊装成整体,多层装配式结构房屋的施工特点是:房屋高度较大而占地面积相对较小;构件类型多,数量大;各类构件接头处理复杂,技术要求较高。因此,在拟定结构吊装方案时应着重解决吊装机械的选择与布置、结构吊装方法与吊装顺序、构件的平面布置、构件吊装工艺等问题。

多层装配式框架结构的吊装方法,有分件吊装法和综合吊装法两种。

(1)分件吊装法。分件吊装法按其流水方式不同,分为分层分段流水吊装法和分层大流水吊装法。

分层分段流水吊装法是以一个楼层为一个施工层(如柱子是两层一节,则以两个楼层为一个施工层),而每个施工层又再划分为若干个施工段,以便于构件吊装、校正、焊接及接头灌浆等工序的流水作业。起重机在每一个施工段做数次往返开行,每次开行吊装该段内某一种构件,待一层各施工段构件全部吊装完毕并固定后,再吊上一层构件。框架结构的施工段一般是4~8个节间。

图10-20所示为塔式起重机用分层分段流水施工吊装法吊装框架结构的实例。起重机依次吊装第一施工段中1~14号柱,在此时间内,柱的校正、焊接、接头灌浆等工序依次进行。起重机吊完14号柱后,回头吊装15~33号梁,同时进行各梁的焊接和灌浆等工序。这就完成了第一施工段中柱和梁的吊装,形成框架,保证了结构的稳定性。然后如法吊装第二施工段中的柱和梁。待第一、二段的柱和梁吊装完毕,再回头依次吊装这两个施工段中64~75号楼板,然后如法吊装第三、四两个施工段。一个施工段完成后,再往上吊装另一施工层。

分层大流水吊装法是每个施工层不再划分施工段,而按一个楼层组织各工序的流水。

(2)综合吊装法。综合吊装法是以一个节间或几个节间为一个施工段,以房屋的全高为一个施工

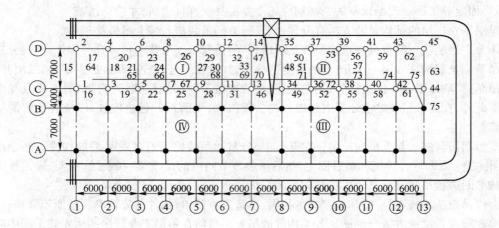

图 10-20　塔式起重机吊装框架结构分层分段流水法

Ⅰ、Ⅱ、Ⅲ、Ⅳ—施工段编号；1、2、3…—构件吊装顺序

层来组织各工序的流水。起重机把一个施工段的构件吊至房屋的全高，然后转移到下一个施工段。

当采用自行杆式起重机吊装框架结构，或用塔式起重机在跨内开行时，要求采用综合吊装法。图 10-21 所示为采用履带式起重机跨内开行以综合法吊装两层框架结构的实例。该工程采用两台履带式起重机，其中Ⅰ号起重机先吊装 CD 跨的柱、梁和楼板，纵向逐间后退。顺序是：先吊装第一节间柱，柱一节到顶（1～4），随即吊装第一层梁（5～8），形成框架后，接着吊装该层 9 号楼板，接着吊装第二层（10～13）和楼板（14）。当第一节间完成后起重机Ⅰ后退，用同样顺序吊装第二节间各层构件，以此类推，完成 CD 跨全部构件的吊装后退场。Ⅱ号起重机则在 AB 跨开行，负责吊装 AB 跨的柱、梁和楼板，再加 BC 跨的梁和楼板，吊装方法和Ⅰ号起重机相同。

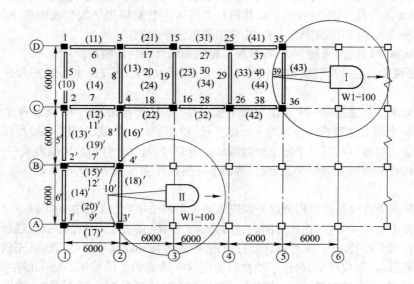

图 10-21　履带式起重机跨内开行用综合吊装法吊装梁板式结构（二层）的顺序图

1、2…—起重机Ⅱ的吊装顺序；（　）—第二层梁板吊装顺序

10.7 装饰工程施工

建筑装饰工程包括抹灰、饰面、门窗、刷浆、油漆、花饰等工程。具体内容有内外墙和顶棚抹灰;楼地面饰面;内外墙饰面和镶面、门窗及玻璃幕墙;油漆及墙面刷浆、裱糊等。但由于篇幅有限,在此不再赘述。

建筑装饰工程的作用是:能增强建筑物的美观和艺术形象,改善清洁卫生条件,可以弥补维护结构在隔热、隔音、防潮功能方面的不足,还可以减少外界有害物质对建筑物的侵蚀,延长维护结构的使用寿命等。

建筑装饰工程的特点是工程量大,施工工期长,耗用劳动量多,所占造价比重高,且装饰工程的施工,应在不致被后续工程所损坏和沾污的条件下方可进行,故一般在屋面防水工程完工之后,造成装饰工程的工期开始时间受到一定的限制。因此,做好施工管理工作,组织好流水施工和提高机械化工程是很有意义的。

10.8 施工组织概论

建筑工程施工组织设计,是指导施工准备和组织施工的全面性技术经济文件,是指导现场施工的法规。它根据建筑产品及其生产的特点,按照产品生产规律,运用先进合理的施工技术和流水施工基本理论与方法,使建筑工程的施工得以实现有组织、有计划地连续均衡生产,从而达到工期短、质量好、成本低的效益目的。

10.8.1 工程项目施工组织的基本原则

工程项目施工组织的基本原则:
(1)认真贯彻国家的建设法规和制度,严格执行建设程序;
(2)遵循施工工艺和技术规律,合理安排施工程序和顺序;
(3)采用流水作业法和网络计划技术组织施工;
(4)科学地安排冬、雨期施工;
(5)贯彻工厂预制和现场预制相结合的方针,提高建筑工业化的程度;
(6)充分发挥机械效能,提高机械化程度;
(7)尽量采用国内外先进的施工技术和科学管理方法;
(8)合理地布置施工现场,尽可能地减少暂设工程。

10.8.2 施工准备工作

建筑项目施工前的准备工作是如何组织好施工的重要环节,它直接影响工程建设的速度、质量、生产效率以及经济效益。施工准备工作的主要任务是创造必须的施工条件,预见并排除一切在施工中可能出现的问题。对于大型或复杂的过程项目,要专门编制施工准备工作的进度计划。

施工准备工作一般可分为以下四方面:技术准备工作、施工现场准备工作、物资与施工机械方面的准备工作、施工队伍准备工作。

10.8.3 施工组织设计

施工组织设计是基本建设程序中必要的文件,必须遵照执行。在我国的工程建设中,施工组织设计起了极大的作用。在国外，称施工组织设计为施工准备工作文件。国内外的施工准备工作文件均具有三个特点：一是密切结合实际；二是权威性，在工程备料、配料设备及实施的施工方法中，务必遵照执行经审批的施工准备工作文件；三是编入文件的施工方案、设备选用等，均需进行技术经济分析，从中选择最优方案。这三个特点，可以认为就是编制施工组织设计的原则。

施工组织设计分为总体的和单体的两种组织设计。总体的施工组织设计是实施建设项目的总的战略部署，对项目的建设起控制作用。单体的施工组织设计，是指对单个工程项目施工的战术安排，对工程的施工起指导作用。

施工组织设计一般可分为施工组织总设计、单位工程施工组织设计和分部（分项）工程施工组织设计三类。无论何种类型的施工组织设计，都应该具备以下的基本内容：建设项目的过程概况及施工条件、施工部署及施工方案、施工进度计划、施工总平面图、保证工程质量和安全的技术措施、主要技术经济指标。

要完成一个建设项目，需要安排好劳动力、材料、设备、资金及施工方法这五个主要的施工因素。在特定条件的建筑工地上和规定工期的时间内，如何用最小的消耗，取得最大的效益，也就是使工程质量高、功能好、工期短、造价低并且是安全、文明施工，这就要在总结以往经验的基础上，采用先进的、科学的施工方法与组织手段，合理地安排劳动力和施工机械。通过精心规划、设计、计算、分析和研究，最后得出一个书面文件，这就是建设项目的施工组织设计。由此可见，施工组织设计的任务就是根据工程建设的要求、工程实际施工条件和现有资源量的情况下，拟定出最优的施工方案，在技术上和组织上做好全面而合理的安排，以保证建设项目优质、高产、经济和安全。

一个编制得很好的施工组织设计，并在工程施工中切实贯彻，就能协调好各方面的关系，统筹安排各个施工环节，使复杂的施工过程有条理地按科学程序进行，也就必然能使建设项目取得好的指标。因此，建设项目的施工组织设计编制得成功与否，直接影响基本建设投资的效益，它对我国国民经济建设有着深远的意义。

11   计算机在土木工程中的应用

我国的计算机事业是在 1956 年制订 12 年科学发展远景规划时开始的,几十年来,我国已经形成了一支计算机科研、生产、教学和应用的队伍。近十年来,我国的计算机科学技术以惊人的速度发展着,正以信息化带动工业化已成为振兴国民经济的重要支柱。

计算机应用于土木工程始于 20 世纪 50 年代,早期主要用于复杂的工程计算,随着计算机硬件和软件水平的不断提高,应用范围已逐步扩大到土木工程设计、仿真分析、建筑 CAD 等各个方面。本章主要就计算机在土木工程中的应用作一简要阐述。

11.1   人与计算机的关系

为了说明人与计算机的关系,首先要了解计算机应用日益广泛的主要原因。

计算机能帮助我们解决用其他方法不能解决的问题。例如,只有通过高速的空间飞行器的运动,才能使必要的几乎瞬息之间的方向校正成为有效。又如在土木工程中的矩阵问题,通过计算机才好解决几百个甚至更多的联立方程组。

计算机广为使用的另一个主要原因是,它解决问题比人做得快得多,也精确得多。计算机不会在计算上出错,造成漏检,而人却做不到这一点。计算机可以在几分之一秒的时间内累加数十万个各种大小的数而不出任何计算上的差错,但不可想象,一个人在一个月内用算盘累加 10 万个数不会出差错。

现在可以讨论人与计算机的关系了。虽然计算机不会算错,可是它可能出现不正确的结果。原因是,要由人向计算机提供它依次解决一个问题的步骤和处理的数据。因此,解题方法或数据一旦是错的,那就会出现不正确的结果。

值得注意的是,计算机即使有那么巨大的能力,但是它也不能创造性的工作,这也是一个突出的矛盾。例如,计算机能够帮助建筑设计师设计一个建筑物,但是没有建筑师,它不可能产生这项建筑设计。如果用上交互式的计算机辅助设计 CAD(computer aided design)系统就可以较好地解决上述矛盾。

计算机辅助设计(Computer Aided Design,简称 CAD)在工业部门的广泛应用,已成为人们熟悉的并能推动生产前进的新技术。CAD 技术最初的发展可追溯到 20 世纪 60 年代,美国麻省理工学院(MIT)的 Sutherland 首先提出了人机交互图形通信系统,并在 1963 年的计算机联合会议上展出,引起了人们的极大兴趣。在整个 60 年代,人们对计算机图形学进行了大量的研究,为 CAD 技术奠定了很好的基础。直到 80 年代,由于计算机设备价格的降低,使得 CAD 技术成为一般设计单位可以接受的系统。与此同时,一些通用的 CAD 图形交互软件成功地移植到微型机上,从而开始在微机上应用 CAD,也引起了一般中小企业的兴趣。

我国对 CAD 的应用和研究,开始于 20 世纪 70 年代,在 80 年代中期进入了全面开发应用阶段,并对土木工程设计工作带来了越来越大的影响。当前,计算机辅助设计在土木工程领域中的应用首推由中国建筑科学研究院开发的 PKPMCAD 系统。

PKPMCAD 是面向钢筋混凝土框架、排架、框架 – 剪力墙、砖混以及底层框架上层砖房等结构,适用于一般多层工业与民用建筑、100 层以下复杂体型的高层建筑,是一个较为完整的设计软件系统。其中 PMCAD 软件采用人机交互方式,引导用户逐层对要设计的结构进行布置,建立起一套描述建筑物整体结构的数据。软件具有较强的荷载统计和传导计算功能,它能够方便地建立起要设计对象的荷载数据。由于建立了要设计结构的数据结构,PMCAD 成为 PK、PM 系列结构设计各软件的核心,它为各功能设计提供数据接口。PMCAD 可以自动导算荷载,建立荷载信息库;为上部结构绘制 CAD 模块提供结构构件的精确尺寸,如:梁、柱总图的截面、跨度、次梁、轴线号、偏心等;统计结构工程量,以表格形式输出等。

PK 软件则是钢筋混凝土框架、框排架、连续梁结构计算与施工图绘制软件,它是按照结构设计的规范编制的。PK 软件的绘图方式有整体式与分开绘制式,它包含了框、排架计算软件和壁式框架计算软件,并与其他有关软件接口完成梁、柱施工图的绘制,生成底层柱柱底组合内力均可与 PMCAD 产生的基础柱网对应,直接传过去作柱下独立基础、桩基础或梁式基础的计算,达到与基础设计 CAD 结合的工作,以最终绘制出各种构件的施工图,能自动布置图纸版面与完成模板图的绘制等等。目前 CAD 成为一个非常理想的设计方法,我国大多数设计院基本上实现每个设计人员拥有一个图形工作台。计算机辅助设计已得到普遍的应用。

人和计算机的关系应该是很明确的了。因此,既然计算机承担了它所能执行的任务,人就不必去做计算机所能做的事情了。如果利用计算机去做一些需要大量计算和数据处理(data management)的工作,我们就可腾出手来处理和研究新问题,解决现存问题的解答。

11. 2　CAD 的基本概念及在土木工程中的应用

我国 CAD 的应用基本上始于 20 世纪 80 年代。在开始阶段,主要依靠外国引进的通用或专用图形软件包在屏幕上作交互式图形设计,与结构计算和构件设计没有结合,参与者主要是长期与计算机打交道的专门人员。可以说,一直到 80 年代末,土木工程 CAD 才有了真正的发展和较广泛的应用,而这一时期各单位大量购进国产和进口的廉价高性能微机,又在很大程度上促进了CAD 软件的开发和应用。

11. 2. 1　CAD 的基本概念

CAD 是计算机辅助设计的简称。计算机辅助设计(CAD),就是利用计算机系统来辅助完成工程设计领域中的各项工作。

由于计算机应用领域的不断扩展,今天人们常说的 CAD 已不再局限于辅助设计工程的个别阶段和部分,而是将计算机技术有机地应用到设计的每个阶段和所有环节,尽可能地应用计算机去完成那些重复性高、劳动量大以及某些单纯靠人难以完成的工作,使工程师有更多的时间和精力去从事更高一层的创造性劳动。

CAD 目前应用的领域非常广泛,其中主要有航天航空工业、汽车工业、机械设计、建筑设计、工程结构设计、集成电路设计等等。一般认为 CAD 所应具备的主要功能有:

(1)几何造型和图形处理;

(2)工程计算和对设计对象的模拟、检验以及优化等;

(3)计算机绘图与文档编辑;

(4)工程信息的合理输出与存储;

(5)人工智能。

交互式图形编辑和自动绘图是 CAD 的主要特点,也是现今大多数 CAD 系统的主要功能。

工程设计中通常都要处理大量的图形信息,而且绘图工作量也很大。利用计算机的图形显示功能以及彩色、浓淡、阴影、动画等特殊技巧常可收到手工难以达到的效果。例如辅助建筑型体设计,飞机、汽车等复杂模型设计等。利用计算机绘图,不但可以减轻劳动强度和加快出图速度,而且还能提高图面质量和减少工程图纸的常见差错。

11.2.2　CAD 与计算机绘图的内涵

有人以为 CAD 就是计算机绘图,其实计算机绘图只是 CAD 的一个组成部分。但计算机绘图是 CAD 的重要组成部分,它包括图形信息的输入、输出,图形的生成、变换,图形之间的运算,人机交互式作图等方面。

计算机绘图技术除了在 CAD 领域应用最为活跃和广泛外,还在其他领域得到了广泛应用。这是因为现代的"绘图"一词其含义已不再是传统意义上的"在纸上画图",已扩展为在显示屏上显示图形、在打印机上打印图形、人机交互式绘图或用程序自动生成图形文件等等。除了在二维空间绘图外,甚至还在三维空间"绘图",例如控制刀具按既定程序切削出三维形体。

其典型的应用领域有:

(1)自动化办公系统中的图形图表制作。

(2)管理工作中的图形,如工作规划图、生产进度图、统计图(扇形图、直方图)、分布图等等。直观明了的图形能使管理人员或决策人员对所涉及的事物一目了然。

(3)勘测图形,如气象卫星云图、矿物分布图、人口密度分布图、航测地形图、水文资料图、环境污染监测图等等。

(4)数值信息图形可视化。如应力场分布、电场分布、应变分布、温度场分布等,常用"彩云图"通过颜色的深浅反映场中不同位置处量值的大小,将数值可视化。

(5)商业广告及影视动画制作,甚至包括数字摄影中画面配景、编辑等后期制作的应用。

(6)过程控制中的图像辅助功能以及三维形体的全自动加工切削。

(7)计算机辅助教学和仿真模拟。例如,我们可以在屏幕上模拟一根钢筋混凝土梁从加载到开裂直至破坏的全过程,而无需学生亲身去做试验。学生可以在计算机上自由设置梁的尺寸、配筋的多少和加荷的大小。

(8)计算机辅助设计中的图形生成和图形输出。主要可分为交互绘图和非交互式绘图。前者通过人机对话,输入绘图的基本信息生成图形,例如工程师通过人机交互输入建筑平面图,然后由计算机程序自动生成剖面图和立面图;后者主要是对于那些量大面广、又具有规律性和重复性的图形,程序根据少量的控制参数,自动生成图形。例如钢筋混凝土连续梁的结构施工图,就可以仅根据少量原始信息,由程序进行力学计算、自动配筋构造设计直至自动生成全部施工图。

可见,计算机绘图不仅是 CAD 的重要组成部分,也是其他应用领域的重要组成部分。土木工程 CAD 的内容很多,同时又与许多环节紧密配合。在计算机应用高速发展的今天,每个环节、每个阶段的部分或全部工作都可借助计算机来完成。例如工程结构 CAD,它主要内容包括结构计算、构件设计和绘制结构施工图三部分:

(1)结构计算。结构计算要求计算机完成的工作是:对结构计算简图进行静力、动力、线性、非线性等力学分析;按规范要求进行内力和荷载组合,找出截面的最不利内力值;截面和构件的强度设计,即计算截面所需钢筋面积;依据规范对各分析阶段作可行性及优化处理等。随着 CAD 软件技术的发展和硬件设备的提高,结构计算的前后处理程序的开发和应用也有较大的进展。

(2)构件设计。构件设计是整个 CAD 系统中技术难度较大的一部分,主要任务是根据结构计算的结果,完成构件和截面的选配筋等构件设计。如框架结构中的梁、柱选配筋和楼板钢筋布置等。构件选配筋设计不但要使各截面满足内力包络图的强度要求,而且整个构件中的主筋、箍筋和其他构造筋都必须符合有关的规范规定和设计习惯做法。

(3)绘制施工图。结构施工图的绘制可以分为成图(几何图形构成)和绘图(图形输出)两部分。尽管 CAD 的成图过程有多种形式,但通常都需经过将几何图形转移成点的坐标和图形符号的步骤。绘图则是将成图后的信息经验绘图机(或其他图形输出设备)处理后,以线条和符号的形式表示在图纸上,构成一张完整的施工图。

11.2.3 在土木工程中的应用

土木工程 CAD 的开发和研究是一个多学科知识综合应用领域,涉及数学、力学、计算机图形学、软件工程学以及各专业设计理论(如房屋、桥梁结构工程、岩土工程、给排水工程、暖通工程等等),还与工程经济、工程管理、工程决策等知识有关。

对于集成化 CAD 系统和智能化 CAD 系统,还涉及数据库理论和人工智能理论,以及专家系统、人工神经网络等技术。

因此,土木工程 CAD 软件的开发是一件技术难度大、工程浩繁的工作,需要科技人员付出极大的劳动和代价。特别是开发土木工程 CAD 系列软件,牵涉的面更大,需要大量的人力、财力和物力。

CAD 在土木工程中的应用非常广泛,主要介绍有以下几方面:

(1)建筑与规划设计。国内的建筑与规划设计 CAD 软件大多是以 AutoCAD 为图形支撑平台作二次开发的系统。这些软件一般能进行建筑和桥梁的造型设计,从二维的平、立、剖面图到三维的透视图甚至渲染效果图都能生成。

目前国内流行的建筑设计软件主要有:

天正 TARCH、House、德克赛诺 ARCH – T、中国建研院的 APM、ABD、匈牙利 GRAHPISOFT 公司的 ARCHICAD 等。

(2)结构设计。在结构设计方面,若干在微机上研制开发的较成熟的 CAD 软件,目前正在各设计单位发挥着积极的作用。这些软件的特点是:以微机为主要开发机型;符合我国现行规范要求和设计习惯;能与人们所熟悉的计算机程序有关联;自动化程度高,操作简明;有一定的人机交互功能,可适应不同层次的人员使用。就其功能来说,它们基本上能完成从结构计算到绘制结构施工图的全部或大部分工作,从而使传统的结构设计方式发生了根本的变化。另一方面,由于计算能力和图形功能的加强等原因,过去人们所熟悉的结构计算方法,即有限单元法分析程序部分,在 CAD 系统中也大为改观。在系统中由于具备功能齐全而又灵活方便的前后处理功能,大大提高了使用者的工作效率,减少了出错机会和查错时间。更为重要的是,灵活多样的菜单、图形等交互式工作方式使现代化 CAD 系统的操作既简单又方便,使其真正成为每个工程师自己的有力工具。

目前国内流行的结构 CAD 软件主要有:

中国建研院的 PK、PM、TBSA、TAT、SATWE、TBSA – F、TBFL、LT、PLATE、BOX、EF、JCCAD、ZJ 等;

湖南大学的 HBCAD、FBCAD、BSAD、BENTCAD、FDCAD、NDCAD、SBBIA、BRCAD、BGCAD、SLABCAD 等;

交通部公路科学研究所的桥梁设计软件 QXCAD、GQJS、SBCC、STR 等;

清华大学的 TUS,北京市建筑设计院的 BICAD;

德克赛诺的 AUTO – FLOOR、AUTO – LINK。

(3)给排水设计。目前国内流行的给排水设计软件主要有:WPM、PLUMBING、GPS 等。

（4）暖通设计。目前国内流行的暖通设计软件主要有：HPM、CPM、HAVC、THAVC、SPPING、［美］AEDOT、［欧］COMBINE 等。

（5）建筑电气建设。目前国内流行的建筑电气设计软件主要有：TELEC、ELECTRIC、EPM、EES、INTER－DQ 等。

总之，CAD 是一门应用非常广泛的技术，在土木工程的各个领域都占有很重要的地位，因此，它是一门很重要的技术基础课，同学们应认真地学习，努力掌握 CAD 的基本原理和应用技巧，为今后的工作和学习打下扎实的基础。

11.3　计算机模拟仿真在土木工程中的应用

计算机模拟仿真技术是随着计算机硬件的发展而得到迅速发展的。计算机仿真是利用计算机对自然现象、系统功能以及人脑思维等客观世界进行逼真的模拟。这种模拟仿真是数值模拟的进一步发展。

真正的模拟仿真将涉及较多的计算机软件知识。这里我们仅仅就土木工程专业教学中涉及的模拟仿真作一简单介绍，以使读者能有一些初步的了解。

11.3.1　计算机模拟仿真在土木工程教学中的应用

众所周知，结构试验是土建类专业学生的必修课程。但是利用计算机模拟仿真，同样可以获得试验的效果。在土木工程专业的"钢筋混凝土"课程的教学中，钢筋混凝土构件实验是一个很重要的环节。它帮助学生更好地理解钢筋混凝土构件的性能，增加感性认识。但是，真实的构件破坏试验不仅需要庞大的实验室，还要花费很大的人力、物力、财力和准备时间。如果能够采用计算机模拟的方法，利用计算机图形系统构成一个模拟的试验环境，学生向计算机输入构件数据后，就可以在屏幕上观察到构件破坏的全过程及其内外部的各种变化。而且，这比单纯去让学生看教学试验更能调动学生的积极性，使学生有动手参与的机会，能在计算机上进行试件"破坏"和"修复"。这样做可以节省大量的人力、物力、财力和时间。基于这种想法，借助于清华大学土木工程系开发的"钢筋混凝土构件模拟试验软件"，上海大学进一步开发了"钢筋混凝土构件计算机模拟教学试验 CAI 软件"。该 CAI 软件主要包括从对试验基本知识的学习，试验过程的演示，动手做试验，以及试验完成后撰写试验报告等方面的内容。

11.3.2　计算机模拟仿真在结构工程中的应用

工程结构在各种外加荷载作用下的反应，特别是破坏过程和极限承载力，是工程师们关心的课题。当结构形式特殊、荷载及材料特性十分复杂时，人们常常借助于结构的模型试验来测得其受力性能。但是当结构参数发生变化时，这种试验有时就受到场地和设备的限制。利用计算机仿真技术，在计算机上做模拟试验就方便多了。

结构工程的计算机还用于事故的反演（反分析），寻找事故的原因，如核电站、海洋平台、高坝等大型结构，一旦发生事故，损失巨大，又不可能做真实试验来重演事故。计算机仿真则可用于反演，从而确切地分析事故原因。

11.3.3　计算机模拟仿真在防灾工程中的应用

人类与自然灾害或人为灾害作了长期的斗争。由于灾害的重复试验几乎是不可能的，因而计算机仿真在这一领域的应用就更有意义了。

目前,已有不少关于抗灾防灾的模拟仿真软件被研制成功。例如,洪水灾害方面,已有洪水泛滥淹没区发展过程的显示软件。该软件预先存储了洪水泛滥区域的地形、地貌和地物,并有高程数据,确定了等高线。这样只要输入洪水标准(如 50 年一遇还是 100 年一遇),计算机就可以根据水量、流速及区域面积和高程数据,计算出不同时刻淹没的区域及高程,并在图上显示出来。人们可以在计算机屏幕上看到洪水的涌入,并从地势低处向高处逐渐淹没的全过程,这样可为防灾措施提供生动而可靠的资料。

11.3.4　在岩土工程中的应用

岩土工程处于地下,往往难以直接观察,而计算机仿真则可把内部过程展示出来,有很大的实用价值。例如,地下工程开挖常会遇到塌方冒顶,根据地质勘察,我们可以知道断层、裂隙和节理的走向与密度;通过小型试验,可以确定岩体本身的力学性能及岩体夹层和界面的力学特性、强度条件,并存入计算机中。在数值模型中,除了有限元方法外,还可采用分夹层单元,分离散单元在平衡状态下的性能与有限元相仿,而当它失去平衡时,则在外力和重力作用下产生运动直到获得新的平衡为止。分析地下空间的围岩结构、边坡稳定等问题时,可以沿节理、断层划分为许多离散单元,模拟洞室开挖过程时,洞顶及边部有些单元会失去平衡而破坏,这一过程可以在屏幕上显示出来,最终可以看到塌方的区域及范围,这为支护设计提供了可靠依据。

地下水的渗流、河道泥沙的沉积、地基沉降也都开始应用计算机仿真技术,例如美国斯坦福大学研制了一个河口三角洲沙沉积的模拟软件,在给定河口地区条件后,可以显示不同粒径的泥沙颗粒的沉积速度及堆积厚度,这对港口设计和河道疏通均有指导作用。

11.3.5　在建筑系统工程中的应用

系统仿真在计算机仿真中发展最早也最成熟,目前已有不少直接面向系统仿真的计算机高级语言,如 CSSL(continuous system simulation language),CSL(control and simulation language),GPSS(general purpose simulation system)等,系统仿真已广泛应用于企业管理系统、交通运输系统、经济计划系统、工程施工系统、投资决策系统、指挥调度系统等方面。

系统仿真首先要建立系统的数学模型,其次将数学模型放到计算机上进行"实验"。因此,系统仿真一般要经过建模阶段、模型变换阶段和模型试验阶段。建模阶段主要任务是依据研究目的、系统特点和已有的实验数据建立数学模型。常用的数学模型有微分方程、优化模型和网络模型等。模型变换阶段的主要任务是把所建立的数学模型变换为适用于计算机处理的形式,这常称为仿真算法。目前,对连接变量及离散变量的模型已有了多种仿真算法可供选用。最后为模型试验阶段,可输入各种必要的原始数据,根据计算机运算结果输出仿真试验报告。在土建系统工程中,如项目管理系统,可输入各种必要的原始数据,根据计算机运算结果输出仿真试验报告。在土建系统工程中,如项目管理系统、投标决策系统等,在数学上常可归纳为在一定约束条件下的优化模型、优化的目标函数是多种多样的,常用的有:(1)最高的利润;(2)最短的工期;(3)最低的成本;(4)最少占用流动资金;(5)最大的投资效益等。约束条件则有资金、物资供应条件、劳动力素质,甚至竞争对手可能采用的决策干扰等。这种系统往往十分巨大,以至于靠人工难以求解,运用高速计算机则可快速给出各种可行方案。在复杂的系统中,有许多环节是有随机性的,我们可以在统计的基础上将随机事件概率引入仿真系统中,这样可以从仿真结果中得出相应的风险评价。

计算机仿真技术在土建工程中应用成功的例子越来越多,甚至出现了许多专门的名词术语,如数值风洞、数值波浪、数值混凝土等,在此不再一一列举,但从以上列举的几个方面即可看出,计算机仿真在很广阔的范围中得到越来越广泛的应用。

12　土木工程科技论文的写作

土木工程是一门古老的科学,在漫长的演变和发展过程中,不断注入了新的内涵。它与社会、经济、科学技术的发展密切相关,因此,对土木工程学科理论不断地开展学术讨论和研究有着十分重要的现实意义。科技论文是科技经济发展和社会进步的重要信息源,是记录人类发展的历史性文件。土木工程科技论文是科技工作者的脑力劳动成果,是以文字材料为表现形式的科研产品,也是推动科学发展、社会进步和经济繁荣的信息源。为使科技信息迅速、有效地交流和传播,必须规范科技论文的写作和编排格式。本章主要根据国家有关标准规范,讲述适于刊登在各类科技期刊上的科技论文的书写和编排格式。

12.1　科技论文的基本特征

什么是科技论文? 目前尚无完全统一的认识。但是作为科技出版物刊载的客体,我们不妨这样认为:

在认识和改造客观世界的过程中,通过足够的,可以重复其实验(或存在某种类似做法的潜力),使他人得以评价和信服的素材论证,首先揭示出事物及其真谛,并发表于正式科技出版物或其他媒体而得到学术界正式认可形式的叙述文件可统称为科技论文。

因此,完备的科技论文应该具有科学性、首创性、逻辑性和有效性。

12.1.1　科学性

科学性是科技论文在方法论上的特征,使它与一切文学的、美学的、神学的文章区别开来。它不仅仅描述的是涉及科学和技术领域的命题,而且更重要的是论述的内容具有科学性,它不能凭主观臆断或个人好恶随意地取舍足够的和可靠的实验数据或观察结果作为立论基础。所谓"可靠的"是指整个实验过程是可以复核验证的。

12.1.2　首创性

首创性是科技论文的灵魂,是有别于其他文献的特征所在。它要求文章所提示事物的现象、属性、特点及事物运动时所遵循的规律,或者这些规律的运用必须是前所未见的、首创的或部分首创的,必须有所发现、有所发明、有所创造而不是对前人工作的复述、模仿或解释。

12.1.3　逻辑性

逻辑性是科技论文的结构特点。它要求论文脉络清晰、结构严谨、前提完备、演算正确、符号规范、文字通顺、图表精制、推断合理、前呼后应、自成系统。不论文章所涉及的专题大小如何,都应有自己的前提或假设、论证素材和推断结论。通过推理,分析、论证素材和推断结论;通过推理,分析、提高到学术理论的高度,不应该出现无中生有的结论或一堆堆无序数据、一串串原始现象的自然堆砌。

12.1.4　有效性

有效性是指科技论文的发表方式。当今,只有经过相关专家的审阅,并在一定规格的学术评议会上答辩通过、存档归案;或在正式的科技刊物上发表的科技论文才被承认是完备的和有效的。这时,不管论文采用何种文字发表,它发明论文所提示的事实及其真谛已能方便地为他人所应用,成为人类知识宝库中的一个组成部分。

12.2　科技论文的分类

严格且科学地对科技论文进行分类,也并不容易。因为从不同角度去分析,就会有不同的分类结果。例如可以从文章的科学内容分,从文章的发表形式分,从文章的叙述目的分……。对于科技出版物的撰稿者和编者来说,更为重要的是在论文撰写、修改和编辑加工时,如何抓住文章的要害和不同类型文章的特点。为此,暂可将科技论文作如下分类。

12.2.1　论证型

这类科技论文是对基础性科学命题的论述与证明的文件。如对数、理、化、天文、地理、生物等基础学科及其他众多的应用性学科的公理、定理、原理、原则或假设的建立、论证及其适用范围,使用条件的讨论。

12.2.2　科技报告型

国标 GB7713—1987 中所解释的科技报告,是描述一项科学技术研究的结果、进展或一项技术研究试验和评价的结果,或者论述某项科学技术问题的现状和发展的文件。

论述型文章是它的一种特例(如医学领域的许多临床报告即属于此)。

许多专业技术、工程方案和研究计划的可行性论证文章,亦可列入该类。

此类文章一般应提供所研究项目的充分信息。原始资料的准确与齐备,包括正反两方面的结果和经验,往往使它成为进一步研究的依据与基础。科技报告型论文占现代科技文献的多数。

12.2.3　发现、发明型

前者是记述被发现事物或事件的背景、现象、本质及其运动变化规律和人类使用这种发现前景的文件。

后者是阐述被发明的装备、系统、工具、材料、工艺、配方形式或方法的功效、性能、特点、原理及使用条件等的文件。

12.2.4　计算型

此类科技论文是提出或讨论不同类型(包括不同的边值和初始条件)数学物理方程的数值计算方法,其他数列或数字运算,计算机辅助设计及计算机在不同领域的应用原理、数字结构、操作方法和收敛性、稳定性、精确性的分析等。

12.2.5　综述型

这是一种比较特殊的科技论文,与一般科技论文的主要区别在于它不要求在研究内容上具有首创性。尽管一篇好的综述文章也常常包括有某些先前未曾发表过的新资料和新思想,但是它是要求撰稿人在综合分析和评价已有资料的基础上,提出在特定时期有关专业课题的发展演变规律和趋势。

综述文章的题目一般较笼统,篇幅允许稍长。它的写法通常有两类:一类以汇集文献资料为主,辅以注释,客观而少评述。某些发展较活跃的年度综述即属此类。另一类则着重评述。通过回顾、观察和展望,提出合乎逻辑的、具有启迪性的看法和建设。这类文章的撰写要求较高,具有权威性,往往能对所讨论学科的进一步发展起到引导作用。

12.2.6　其他型

由于其他类型较多,为节约篇幅,这里不再赘述。

12.3　题名(篇名)

12.3.1　题名的意义

题名是一篇论文的总标题,也称篇名或文题。科技论文题名的选定是作者对研究成果的命题,科研成果是产生科技论文的基本条件,即有了研究成果,才能写出论文。论文题名的作用:

(1)作为一篇论文的总名称,应能展现论文的中心内容和重要论点,使读者能从题名中了解到该文所要研究的核心内容和主要观点,读者看了题名,才能决定是否需要阅读摘要或全文。

(2)现在科技期刊中大部分论文都提供给二次文献检索机构和数据库检索系统,而检索系统多以选取题名中的主题词作检索词。因此可以说,命题的优劣在很大程度上体现了作者和编辑的"功力",决定着论文价值的发挥,科技期刊的编撰双方都应给予高度的重视。

12.3.2　题名的要求

对题名的基本要求有内容和文字两个方面。题名的基本内容应包括论文的主题:方法、试验和结论,并应准确得体,简短精练,便于检索等。

(1)准确性。准确性是指题名要恰如其分地反映研究项目的范围和深度,用词要反映实质,不能用笼统的、泛指性很强的题名或词语,如:"一个值得研究的问题","关于×××的若干问题","控制系统的研究"等,就太笼统。

(2)简洁性。简洁性是指在把内容表达清楚的前提下,题名应越短越好 GB7713—1987 规定,中文题名一般不宜超过 20 个汉字,如何使题名做到简洁呢?

1)尽可能删去多余的词语,即经过反复推敲,删去某些词语之后,题名仍能反映论文的特定内容,那么这些词语就应删去;

2)避免将同义词或近义词连用,同义词或近义词用其中之一就可以了,如:"问题的分析计算","分析"与"计算"在该处是近义的,不分析又如何计算呢? 所以二者保留其一即可,又如,"分析与探讨",二者取一即可。

(3)鲜明性。鲜明性是指使人一看便知其意,不费解,无歧义,有的题名含混不清和空泛无物,使人读后不知所云,分不清它属于哪个学科范畴,给分类索引造成了困难,也给读者检索带来麻烦。

(4)便于检索。网络技术已给科技论文的传播插上了翅膀。现在的读者索取资料不再像过去那样亲临图书馆,逐一查阅,只需就地轻点鼠标,在网上搜索便能"一网打尽"所需之文。为此题名应将文章中的关键词、技术术语、标准词汇等尽最大可能地列入其中,并严谨规范。不得使用非公知公用、同行不熟悉的外来语、缩写词、符号、代号和商品名称。为便于数据库收录，尽可能不出现数学式和化学式。

12.4　作者署名

论文的作者应在发表的作品上署名。署名可以是个人作者、合作作者或团体作者。

12.4.1　署名的意义

（1）作为拥有版权或发明权的一个声明，作品受法律保护，劳动成果及作者本人得到了社会认可和尊重。

（2）表示文责自负的承诺。所谓文责自负，即论文一经发表，署名者对作品负有责任，包括政治上、科学上和法律上的责任。

（3）便于与读者联系、读者若需向作者询问、质疑或请教以求帮助，可以直接与作者联系。署名即表明作者有同读者联系的意愿。

（4）便于图书情报机构从事检索和读者进行著者的计算机检索。

12.4.2　署名的原则和要求

（1）本人应是直接参加课题研究的全部或主要部分的工作，并做出主要贡献者。

（2）本人应为作品创造者，即论文撰写者。

（3）本人对作品具有答辩能力，并为作品的直接责任者。

（4）不够署名条件但对研究成果有所贡献者可作为"致谢"中的感谢对象。

（5）实事求是，不署虚名。

12.4.3　作者简介

作者简介是科技论文的重要信息之一，是科技期刊沟通读者和作者的桥梁，同时也对情报学和编辑学的研究具有重要参考价值。因此作者简介的书写应统一标志，规范内容，固定位置等。科学期刊中的作者简介中应包含第一作者的姓名（出生年），性别，籍贯，职称，学位，研究方向。例：

作者简介：李志刚（1952—），男，陕西户县人，副教授，博士研究生，主要研究方向高层钢结构、钢结构抗震及损伤。

12.5　摘　　要

摘要是科技论文的重要组成部分。摘要是以提供论文内容梗概为目的，不加评论和补充解释，简明、确切地记述文献重要内容的短文。其基本要素包括研究的目的、方法、结果和结论，摘要应具有独立性和明确性，并拥有与文献同等量的主要信息，即不阅读全文，就能获得必要的信息。

12.5.1　摘要的类型

（1）报道性摘要。这种摘要也称资料性摘要或情报性摘要，一般在200~300字，适用于表达试验及专题研究类的科技论文。多为学术类别较高的刊物所采用。如《中国高等学校自然科学学报编排规范》就建议高校学报采取用报道文摘体裁。

（2）指示性摘要。这种摘要又称叙述性、概述性或简介性摘要，只指示介绍论文的主要内容,解决了什么问题,不给具体数字或不给具体论点,其字数一般不超过 50 ~ 100 字。

(3)报道—指示性摘要。这种摘要介于上述两者之间,以报道性摘要的形式表述论文中价值最高的那部分内容,其余部分则以指示性摘要的形式表达,篇幅以 200 字左右为宜。

12.5.2 摘要的写作原则

(1)客观性和针对性原则。摘要要客观、如实地反映论文的研究内容,保持论文的基本信息,以旁观者的角度,用第三人称来写,切忌主观见解,也不需要解释或评论。摘要应着重反映论文的新内容、新观点,反映读者需要的有用信息。

(2)独立性和自含性原则。摘要是结构完整、独立成篇的短文,读者不阅读全文就能获得必要的信息。作者在写论文摘要时,应抓住摘要写作的四要素,即科技论文的目的、方法及主要结果与结论,将论文进行分析、归纳,将分析综合结果再写成语言简练、语义连贯、逻辑性强的摘要。

(3)简明、概括、规范。摘要应以最简洁的文字表达出最丰富的内容,连续写成,不分段落;格式规范化,采用专业术语,不用图表、化学结构式和非公知公用的符号、代号或术语;也不宜引用正文中图、表、公式和参考文献的序号;不能引用参考文献。摘要的内容要尽可能避免与标题、前言、结论在用词上明显的重复。

综上所述,编写摘要是一项科学性、文学性、逻辑性强的工作,编写过程有其规律可循,这要求作者在写作实践中逐步掌握其正确的方法,不断探索出更为科学与有效的写作方法。

12.5.3 英文摘要的撰写

为了方便国际学术交流,国内发行的科技期刊除了有中文摘要外,也应有英文摘要。英文摘要应与中文摘要相对应,其篇幅,字数以 150 ~ 200 个词为宜,内容也应包括正文的要点,研究的目的、方法、结果和结论,中文摘要编写原则都适用于英文摘要,但英语有其自己的表达方式、语言习惯,在撰写和编辑加工英文摘要时应特别注意。

英文摘要行文原则:

(1)尽量用短句。使用简短词义清楚并为人所熟知词汇,不得使用行话和俗语,避免多姿态的文学性描述。

(2)取消不必要的词语;如"It is reported…""Extensive investigations show that…","The author discusses…""After careful comparison of…"以及文摘开头的"In this paper"。对一些不必要的修饰词,如"in detail"、"briefly"、"here"、"new"、"mainly"也尽量不要用。

(3)只叙述新情况,新内容,过去的研究细节及未来计划均不应列入。

(4)不说无用的话,如"本文所谈的有关研究工作是对过去老工艺的一个极大改进"等。

(5)尽量简化用辞,删繁就简。参见表 12-1。

表 12-1 简化用辞

不 用	而 用
at a temperature of 250℃ to 300℃	at 250℃ ~ 300℃
at a high pressure of 13.8MPa	at 13.8MPa
at a high temperature of 1500℃	at 1500℃
discussed and studied in detail	discussed
has been found to increase	Increased
from the exper imental results, it can be concluded that	the results show

（6）文摘第一句应避免与题目（Title）重复。

（7）采用正确的英语文体风格：

1）用过去时态叙述作者做过的实验工作、实验过程或曾经用过的技术，用过去时叙述的工作往往是不在文章中详细叙述其过程的。推荐作者用现在时态叙述作者文章中的内容（如理论依据、推导方法等）和文章结论：如

"The results of experiments for the natural frequencies and tension of a cable corresponding to a scale model of a guy wire for a 380m tall radio navigation tower are compared to the theoretical predictions. For the theoretical determination of natural frequencies, alternate methods of suing curvature are presented. The first 10 natural frequencies of the cable were measured at a number of different wire tension levels and were found to differ from the theoretical values by an average of only 0.6%. The experimental results for the frequencies show clear evidence of…"

2）能用名词做定语的不用动名词做定语，能用形容词做定语的不用名词做定语。

例如：用 measurement accuracy 不用 measuring accuracy；

    用 experimental results 不用 experiment results；

可直接用名词或名词短语做定语的情况下，不用或少用 of 句型。

例如：用 measurement accuracy 不用 accuracy of measurement；

    用 equipment structure 不用 structure of equipment；

3）可用动词的情况尽量避免用动词的名词形式：

例如：用 Thickness of plastic sheets was measured

    不用 Measurement of thickness of plastic sheet was made；

4）避免使用一长串形容词或名词来修饰名词：

如应用 The pre - stressed concrete beams reinforced with short carbon fiber

代替 The short carbon fiber reinforced Pre - stressed concrete beams；

5）中英文摘要保持基本一致，但中英文有不同的表达方法，不要简单地直译中文摘要。例如，不要用"××are analyzed and studied（discussed）"来直译"分析研究（讨论）"这一中文概念，用"××are analyzed"就可以了。尽量不要使用 not only…but also 直译中文"不但…而且"这一概念用 and 就行了。

6）文摘中不得使用特殊字符及由特殊字符组成的数学表达式。对那些已经为大众所熟悉的缩写词，如 CAD、CPU、laser、NASA、radar 等，可以在文中出现。其他缩写词即便是某些领域的常用缩写词，如 FEM（有限元法）、MTMD（多重调谐质量阻尼器）等，也不宜采用，而应用全称。

综上所述，好的英文摘要是构成一篇高质量论文的重要组成部分，科技论文的写作者应对此给予足够的重视。只要认真地了解英文摘要的构成要素，熟悉其写作规范，掌握一定的技巧，是可以写出符合规范的英文摘要的。如果能在此基础上套用已有的写作模式和一些常用的句型，则更能大大提高写作效率。

12.6   关键词和中图分类号

12.6.1   关键词的意义

关键词是科技论文的文献标引与检索标识，是表达文献主题概念的自然语言词汇，科技论文的关键词是从其题名、层次标题、摘要和正文中选出来的，能反映论文主题概念的词和词组，单独

标写在摘要之后,正文之前,其作用是表示某一信息数目,便于文献资料和情报信息检索系统存入存储器,以供检索。选取和组成科技论文的关键词,应注意以下几种问题:

(1)从论文原稿中精心挑选,同撰写摘要结合起来进行。几个关键词构成一个信息集合体,从不同角度标出论文的主要特征,犹如一件展品的标签,告诉人们该展品的各种主要属性。

(2)要用规范化的词语,主要是名词或名词性短语。虚词和不表示概念、信息的词语不能独立充当关键词,不规范的生造词、同义词的并列结构、化学分子式等也不能作为关键词,动词一般也不宜作为关键词。

(3)一篇科技论文用关键词的数量为 3～8 个,以计算机存储分项和编制程序够用为限度。

(4)几个关键词之间,不存在某种语法关系,也不表达一个完整的逻辑判断和推理,而是各自独立陈列。

(5)几个关键词排列顺序不完全是随意的,一般采取表达同一范畴的概念的关键词相对集中,意义联系紧密的关键词位置靠拢。反映论文研究目的、对象、范围、方法、过程等内容的关键词在前,揭示研究结果、意义、价值的关键词在后。这些安排都是为了服务于电子计算机的存储和检索。

12.6.2 关键词的标引

所谓标引,是指对论文和某些具有检索意义的特征(研究对象、处理方法和实验设备等)进行主题分析,并利用主题词表等检索工具给出主题检索标识的过程。对文献进行主题分析,是为了从内容复杂的文献或提问中分析出构成文献主要的基本要素,以便准确地标引出所需要的叙词(一种规范化的名词术语)。标引是检索的前提,没有正确的标引,也就不可能有正确的检索。

科技论文应按照叙词的标引方法标引关键词,并尽可能将自由词(词表未收,可随需要增补)规范化为叙词。叙词是指收入《汉语主题词表》(叙词表)中可用于标引文献主题概念的即经过规范化的词或词组;自由词是直接从论文题名、摘要、层次标题或正文其他内容中抽出来的,能反映该文主题概念的自然语言(词或词组),即《汉语主题词表》中的上位词(S 项)、下位词(F 项)、替代词等非正式主题词和词表中找不到的自由词。

12.6.3 关键词的选项原则

(1)专指性原则。一个词只能表达一个主题概念,即为专指性。只要能在叙词表中找到与该文主题概念直接相对应的专指必叙词,就不允许用词表中的上位词(S 项)或下位词(F 项);若找不到与主题概念直接对应的叙词,而上位词确实与主题概念相符,即可选用。限制不加组配的泛指词的选用,以免出现概念含糊。

如一篇主题内容为"工程结构设计"的论文,从词表中可查到:"工程结构"、"结构"、"设计"和"结构设计"几个叙词。作者选用"工程结构"和"设计",经分析编者认为,"设计"一词是泛指词,该文的主题概念不是"工程设计"或其他的"设计",所以应选用与该主题概念直接对应的"工程结构"和"结构设计"为关键词。

(2)组配原则。叙词组配应是概念组配。概念组配包括两种类型,即交叉组配和方面组配。在组配标引时,优先考虑交叉组配,然后考虑方面组配,参与组配的叙词必须是与文献主题概念关系最密切,最邻近的叙词,以避免越级组配,组配结果要求所表达的概念清楚、确切,只能表达一个单一的概念,如果无法用组配方法表达主题概念时,可选用最直接的上位词或相关叙词标引。

(3)采用自由词标引。在下列情况下可采用自由词标引:

　　1）主题词表中明显漏选的主题概念词；

　　2）表达新学科、新理论、新技术、新材料等新出现的概念；

　　3）词表中未收录的地区、人物、文献、产品等名称及重要数据名称；

　　4）某些概念采用组配，其结果出现多义时，被标引概念也可用自由词标引。要强调的一点是，一定不要为了强调反映文献主题的全面性，而把关键词写成一句句内容全面的短语。

　　关键词作为论文的一个组成部分，列于摘要段之后，并要求书写与中文相对应的英文关键词。

12.6.4　中图分类号

　　中图分类号是以分类表作为分类语言的《中国图书资料分类法》或《中国图书馆图书分类法》的简称。为了便于文献的检索、存储和编制索引，发表的论文应尽可能按照《中国图书资料分类法》（第三版）或《中国图书馆图书分类法》（第四版）查录分类号。

　　《中国高等学校自然科学学报编排规范》建议按《中国图书资料分类法》给每篇论文编印分类号，《中国学术期刊（光盘版）期刊检索与评价数据规范》则将分类号明确为"中图法分类号"，即《中国图书馆图书分类法》（第四版）对科技论文进行分类和标注。一篇涉及多学科的论文，可以给出几个分类号，其中主分类号排在首位，分类号排印在"关键词"的下方。

12.7　引　　言

　　引言是科技论文的重要组成部分，位于正文的开头，起开宗明义的作用，提出文中要研究的问题，引导读者阅读和理解全文。

12.7.1　引言的内容

　　引言作为论文的开端，主要是作者交代研究成果的来龙去脉，即回答为什么要研究相关的课题，目的就是要引出作者研究成果的创新论点，使读者对论文要表达的问题有一个总体的了解，引起读者阅读论文的兴趣，在引言中要写的内容大致有三方面：

　　（1）学术背景。现代科学发展到今天，无论研究主题是什么，与这一主题相关的问题都已被其他人研究过，这些研究成果最初主要是以论文的形式发表在学术期刊或学术会议汇编的论文集中。因此，作者需将自己研究成果的报道和该领域国内外同行已经取得的成就联系起来，并融入其中。对该领域的国内外同行对与作者论文报道的相关研究问题，已取得进展、存在问题进行评述，就构成了所谓论文的学术背景。

　　（2）应用背景。技术类、工程类研究成果的创新点主要表现在新颖性和实用性方面。这方面的成果一般以解决生产实践的具体技术问题为前提，这类成果往往通过专利的形式表达出来，当然一些成果也可以以论文的形式发表，这类论文一定要把成果的实用价值明确表述出来，这就是所谓的应用背景。

　　（3）创新性。就是作者研究获得的理论的创新论点，或者是方法上的创新，也可以是结果的创新。这三者必备其一，这是作者表达的核心问题，也是审稿人和读者重点关注的方面。学术论文报道的内容，依其字面理解，包含着从毫无应用价值的、完全是基础研究的学问，到全部为实用的技术或技巧这样宽泛的联系。引言内容的表述，也有很大的不同，像基础科学论文的引言，可能就会没有具体实用价值，引言的内容中可不必罗列所谓的应用背景的内容。反之，工程开发一类的技术文章，则不必将学术背景展开论述。但是，创新性则是任何学术论文不可缺少的。

12.7.2 引言的写作要求

(1)开门见山,抓住中心,言简意赅。

(2)尊重科学,实事求是,客观评价。

(3)引言的内容不应与摘要雷同,也不应是摘要的注释。引言一般应与结论相对应,在引言中提出的问题,在结论中应有解答,但也应避免引言与结论雷同。

(4)引言不必交代开题过程和成果鉴定程序,不写方法与结果。

(5)简短的引言,最好不要分段论述,不要插图列表和数学公式的推导说明。

12.7.3 引言的写作技巧

要在短短的几百字把学术背景、应用背景和创新点论述到位是一件很困难的事情。实际上,在科研课题起步、文献调研和科研立项的不同阶段,就把课题研究的背景和可预见的成果表述在不同的文件中,只不过大部分研究人员没有把这件事和以后论文的编写联系起来。研究课题的来源就目前来讲,主要有三方面:

(1)自己工作的延伸,一项研究工作很少有全部完成的时候,经常是在完成了已经提出问题的同时又出现了新的问题,工作的延伸包括工作中出现的值得进一步深入研究的问题,及与原来工作有关的新问题,许多重要问题出于自己工作的延伸,出于对已取得成果的进一步深入。

(2)在通过阅读文献及参加学术会议,追踪当前科研的重要方向时,对当前科学发展重大问题提出自己的看法及解决具体问题的方案。

(3)发现前人理论上和具体结果上的不足之处,或尚未解决的重要问题。

第(2)、(3)方面研究课题往往是通过文献调研和文献评述获得的。对第(1)方面的部分作者可根据自己以前发表的论文为起点,论述问题。第(2)、(3)方面的内容就需要把调研、阅读文献中获取的论点浓缩为学术背景。

在引言写作中,学术背景通常通过标引参考文献的形式给出。因此在阅读、记录评述中文献观点的同时要注意保存好所阅读文献的辅助信息,如:全部作者的署名、题名、出版项、出版年、起止页码等,以便于编写论文的参考文献等。

12.8 正 文

正文是科技论文的核心部分,占全文的主要篇幅。如果说引言是提出问题,正文则是分析问题和解决问题。这部分是作者研究成果的学术性和创造性的集中表现,它决定着论文写作的成败和学术、技术水平的高低。

要写好一篇科技论文,完美地表达出一项研究结果,作者需要从论文的准确性、创新性和简洁性三方面着手。

(1)准确性,一般正文部分都应包括研究的对象、方法、结果和讨论这几个部分。试验与观察、数据处理与分析、实验研究结果的得出是正文的主要部分,应该给予重点的详细论述。要尊重事实,对事物及其特征的描述和分析不作任何渲染和过分的修饰,不作有意的夸张或缩小。应确保论文的真实性,不能只报喜不报忧。写作中文字叙述要思路清晰、合乎逻辑,遣词造句既要符合语法,又要注意词汇的精确性、单义性,以免产生歧义。

(2)创新性,论文的内容务求客观、科学、完备、贵在创新。就是说,在研究的题目范围内,前人或者没有接触过,或者有接触,但未研究透彻,可在其基础上进一步加以研究,提出新的看法,论据确凿,言之有理。这就是创新性。

在论文写作中应对实验材料、实验方法、实验结果的正确性、合理性进行分析和论证,使之上升到理论高度,着重讨论自己的研究工作与他人的不同之处,实事求是评价优缺点,提出今后改进设想和研究方向。

(3)简洁性,科技论文语言文字表述要非常严格,即言简意赅。首先,要求用尽可能少的文字恰当地表达作者的思想、客观地描述事物的存在、运动和变化的性质及特征,使得内容丰富而清晰;其次,强调文字表述单一和数学、物理、化学等相关学科的科技论文中常用符号的专一性,排斥多义,尤其在数学、物理、化学,及其应用学科论文中能用公式、图表说明的,尽可能运用其特有直白的表述方式以表达,坚决反对啰嗦,重复和歧义;第三,语言表达的句法要求大量使用陈述句。用语简洁准确、明快流畅。

正文撰写中涉及量和单位、插图、表格、数学式、化学式、标点符号和参考文献等,都应符合有关国家标准的要求。

12.9　参　考　文　献

所谓的参考文献是为撰写或编辑论著而引用的有关文献资料,即文后参考文献。按规定,在各类出版物中,凡他人的观点、数据、方法等都应当在文中引用的位置标明,并列表置于文后,组成论文的一个重要部分。

12.9.1　参考文献的功能和作用

参考文献是评价文章的学术水平的重要参考,论文明确标示出引用他人的理论、观点、方法和数据等,可以反映论文的真实科学依据,充分体现科学的继承性和对他人劳动成果的尊重,也为编辑部、审稿专家和读者提供了鉴别论文价值水平的重要信息。引用参考文献可以精练文字,节约篇幅。

参考文献不仅作为作者论点的有力论据,而且增加了论文的信息量,为读者提供了有关的文献题录,便于检索,实现资源共享。同时有助于科技信息人员进行信息研究和文献计量学研究。

12.9.2　参考文献著录的一般原则

参考文献的著录原则首要的是能够使读者快捷方便地检索、查找和利用文献,有利于进入文献的检索系统。应遵循以下一般原则:

(1)只著录最必要、最新的参考文献。著录的文献要精选,仅限于著录作者在论文中直接引用的文献。

(2)只著录公开发表的文献。一般不宜著录未公开发表的资料。

(3)采用规范化的著录格式。每条文献著录项目内容应齐全,符合著录顺序与格式。

12.9.3　参考文献的标注方法——顺序编码制

文内参考文献的标注,是按它们在论文中出现的先后用阿拉伯数字连续排序,将序号置于方括弧内,并视具体情况将方括弧排为上标或为语句的组成部分。

示例:

(1)国内外的研究者对此进行长期研究[2,4~8]。

(2)根据文献[4]提供的数据……。

在文后参考文献表中,各条文献按序号排列。

12.9.4 参考文献的著录格式

在文后参考文献著录中,将各条文献按其在论文中出现的先后顺序排列,序号与文中的序号一致,项目齐全,内容准确、符合规范。各类参考文献条目著录格式及示例如下:

(1)专著、论文集、学位论文、报告:

序号   主要责任者.文献题名[文献类型标识].出版地:出版者,出版年.

[1]   周光炯,严宗毅,许世雄,等.流体力学(第2版)[M].北京:高等教育出版社,2000.

[2]   辛希孟.信息技术与信息服务国际研讨会论文集:A集[C].北京:中国社会科学出版社,1994.

[3]   杨勇.型钢混凝土粘结滑移基本理论及应用研究[D].西安:西安建筑科技大学,2003.

[4]   冯四桥.核反应堆压力管与压容器的LBB分析[R].北京:清华大学核能技术设计研究院,1997.

(2)期刊文章:

序号   主要责任者.文献题名[J].刊名,年,卷(期):起止页码.

[5]   李俊华,赵鸿铁,薛建阳,等.型钢混凝土构件界面滑移的计算[J].西安建筑科技大学学报(自然科学版),2004,36(2):142~144.

(3)论文集中的析出文献:

序号   析出文献主要责任者.析出文献题名[A].原文献主要责任者(任选).原文献题名[C].出版地:出版者,出版年:析出文献起止页码.

[6]   徐道远,符晓陵,寿朝辉,等.混凝土三维复合型断裂的FCM和GF[A].涂传林.第五届岩石、混凝土和强度学术会议论文集[C].长沙:国防科技大学出版社,1993.19~24.

(4)报纸文章:

序号   主要责任者.文献题名[N].报纸名,出版日期(版次).

[7]   陈志平.减灾设计研究新动态[N].科技日报,1997-12-13(5).

(5)国际、国家标准:

序号   标准代号.标准名称[S].出版地:出版者,出版年.

[8]   GB/T 7714—2005.文后参考文献著录规则.[S].北京:中国标准出版社,2005.

(6)专利:

序号   专利所有者.专利题名[P].专利国别:专利号,出版日期.

[9]   王杏林.建筑砌块连接件[P].中国专利:CN1036800,1997-09-27.

(7)电子文献:

序号   主要责任者.电子文献题名[电子文献及载体类型标识].电子文献的出处或可获得地址,发表或更新日期/引用日期(任选).

[10]   王明亮.关于中国学术期刊标准化数据库系统工程的进展[EB/OL]http://www.ca-icd.edu.cn/pub/wml.tst/980810-2.html,1998-08-16/1998-10-04.

(8)各种未定义类型的文献:

序号   主要责任者.文献题名[Z].出版地:出版者,出版年.

12.9.5　参考文献著录中应注意的几个问题

（1）个人作者（包括评、编著）著录时一律姓在前，名在后，外国人的外文名可以缩写，但不能加缩写点"·"。

（2）作者为3人或不多于3人应全部写出，之间用"，"号相隔；3人以上只列前3人，后加"等"或相应的文字如"et al"，"等"或"et al"之前加"，"号。

（3）最后，应检查核对文内引文标注与参考文献表编排格式是否符合标准和规范，避免发生遗漏或差错。

12.10　结论和致谢

结论（或讨论）是整篇文章的最后总结。尽管多数科技论文的作者都采用结论的方式作结束，并通过它传达自己欲向读者表述的主要意向，但它并不是论文的必要组成部分。如果在文中不可能明显导出应有的结论，也可以没有结论而进行必要的讨论。

致谢一般单独成段放在"结论"段之后，但它并不是论文的必要组成部分。致谢是对曾经给予本研究的选题、构思或论文撰写以指导或建议，对考察和实验作出某种贡献的人员，或给予过技术、资料、信息、物资或经费帮助的团体或个人致以谢意。

参 考 文 献

[1]　任继愈主编．中国哲学史简编．北京：人民出版社,1973.

[2]　丁雨露等著．中国古代风水与建筑选址．石家庄：河北科学技术出版社,1996.

[3]　王其享等．风水理论研究．天津：天津大学出版社,2005.

[4]　龙彬著．风水与城市营建．南昌：江西科学技术出版社,2005.

[5]　总编辑委员会.中国百科年鉴.北京：中国大百科全书出版社,1987.

[6]　傅信祁,广土奎主编．房屋建筑学(第二版).北京：中国建筑工业出版社,1990.

[7]　沈蒲生,梁兴文主编.混凝土结构设计.北京：高等教育出版社,2003.

[8]　金效仪主编.路基路面工程.北京：人民交通出版社,1993.

[9]　姚祖康编.道路路面工程.北京：中国建筑工业出版社,1987.

[10]　范立础主编.桥梁工程.北京：人民交通出版社,1987.

[11]　兰州铁道学院.隧道工程.北京：人民铁道出版社,1977.

[12]　王焕文,王继良主编.喷锚支护.北京：煤炭工业出版社,1989.

[13]　程良奎.岩土锚固.北京：中国建筑工业出版社,2003.

[14]　陈振木.城市道路工程施工手册.北京：中国建筑工业出版社,2004.

[15]　王近芳.建筑材料.北京：中国广播电视大学出版社,1985.

[16]　丁大钧,蒋永生.土木工程概论.北京：中国建筑工业出版社,2003.

[17]　王士川,李慧民,胡长明编.施工技术.北京：冶金工业出版社,2001.

[18]　李慧民主编.建筑工程技术与计量.北京：中国计划出版社,2003.

[19]　赵树德编.工程地质与岩土工程.西安：西北工业大学出版社,1998.

[20]　赵树德主编.土力学.北京：高等教育出版社,2001.

[21]　李智全,李天佑,白茂瑞,等.土木工程概论.西安：西安地图出版社,1994.

[22]　杨文渊,徐犇.桥梁施工工程师手册(第二版).北京：人民交通出版社,2004.

[23]　武汉水利电力学院农水系水工教研室.水工建筑物.北京：人民教育出版社,1979.

[24]　江见鲸,叶志明主编.土木工程概论.北京：高等教育出版社,2001.

[25]　姚乐人,江河防洪工程.武汉：武汉水利电力大学出版社,1999.

[26]　宋祖诏,张思俊,詹美礼,等.取水工程.北京：中国水利水电出版社,2002.

[27]　熊启钧,隧洞.北京：中国水利水电出版社,2002.

[28]　尚守平,吴炜煜.土木工程 CAD.武汉：武汉工业大学出版社,2000.

[29]　陈浩元.科技书刊标准化 18 讲.北京：北京师范大学出版社,1998.

[30]　王立名.科学技术期刊编辑教程.西安：陕西师范大学出版社,1994.

[31]　李兴冒.科技论文的规范表达.北京：清华大学出版社,1995.

[32]　李明德,张行勇.科技期刊创新论.西安：陕西科学技术出版社,2003.

[33]　孙振华等.上海都市旅游.上海：上海人民出版社,2002.

冶金工业出版社部分图书推荐